钒钛功能材料

邹建新　周兰花　彭富昌　编著

北　京
冶　金　工　业　出　版　社
2024

内容提要

本书主要介绍了功能材料的基本概念及其在信息技术、生物工程技术、能源技术、纳米技术、环保技术、空间技术、计算机技术、海洋工程技术等现代高新技术及其产业等领域广泛应用的例证，简述了主要钒钛功能材料的种类，详细介绍了Ni-Ti形状记忆合金、生物医用钛合金、钒钛基储氢合金、钛基金属陶瓷、钛酸盐系压电陶瓷、Nb-Ti超导材料、钛系梯度功能材料、钒钛新能源电池材料、SCR脱硝催化剂、钒钛光学材料和钒钛薄膜材料的特性、制备方法、应用及发展前景。

本书可作为大中专院校的专业教材和钒钛行业的培训教材，也可供钒钛领域研发人员、工程技术人员、专家学者参考。

图书在版编目(CIP)数据

钒钛功能材料/邹建新，周兰花，彭富昌编著.—北京：冶金工业出版社，2019.3（2024.1重印）

ISBN 978-7-5024-8035-6

Ⅰ.①钒…　Ⅱ.①邹…　②周…　③彭…　Ⅲ.①钒—金属材料—功能材料　②钛—金属材料—功能材料　Ⅳ.①TG146.4　②TG146.2

中国版本图书馆CIP数据核字(2019)第034854号

钒钛功能材料

出版发行　冶金工业出版社　　**电　话**　(010)64027926
地　址　北京市东城区嵩祝院北巷39号　　**邮　编**　100009
网　址　www.mip1953.com　　**电子信箱**　service@mip1953.com

责任编辑　刘小峰　曾　媛　美术编辑　郑小利　彭子赫　版式设计　孙跃红
责任校对　李　娜　责任印制　窦　唯
北京富资园科技发展有限公司印刷
2019年3月第1版，2024年1月第3次印刷
710mm×1000mm　1/16；13.5印张；261千字；200页
定价 78.00元

投稿电话　(010)64027932　投稿信箱　tougao@cnmip.com.cn
营销中心电话　(010)64044283
冶金工业出版社天猫旗舰店　yjgycbs.tmall.com
（本书如有印装质量问题，本社营销中心负责退换）

前　言

我国钒钛资源非常丰富，已探明钛资源储量（以 TiO_2 计）7.2亿吨，约占世界总储量的1/3，钒资源储量（以 V_2O_5 计）4290万吨，约占世界总储量的21%。钛资源被开采并深加工成钛白粉和钛合金材等产品，广泛应用于航空航天、汽车、化工、海洋和涂料等领域，钒资源被开采并深加工成合金添加剂和催化剂等产品，广泛应用于钢铁冶金和化工等领域。此外，钒钛自身构成的氧化物或者与其他元素复合而成的化合物，形成了种类繁多、用途广泛的功能性材料。钒钛不仅是我国重要的战略资源，也是应用广泛的民用产品。

钒钛资源主要以钒钛磁铁矿、钛铁矿和石煤等形式存在。攀枝花—西昌地区和承德地区是我国主要的钒钛磁铁矿产区，钛铁矿广泛分布在云南、两广及海南等地。钛精矿产地主要集中于攀西和云南等地，澳大利亚、东南亚等国家已成为我国重要的钛矿进口国。钛白粉产地遍及全国，但主要集中在攀西、沿海地区和云南。海绵钛生产分布于全国各地。钛合金材料主要集中在宝鸡及东北、华东地区。石煤提钒遍及全国各地。钒产品主要集中在攀西。2008年，攀枝花市被自然资源部授予“中国钒钛之都”称号，宝鸡也素有“中国钛谷”之称的美誉。2013年，攀枝花、西昌、雅安等地被国家授予“攀西战略资源综合利用开发创新试验区”。

随着航空航天业、汽车产业等对钛材需求的增加，以及民生改善对钛白粉和高强度钢需求的增强，还有信息产业、新能源产业的飞速发展，钒钛产业呈现出欣欣向荣的局面，生产技术与成本的竞争也愈加激烈，产品创新的需求也日益强劲，钒钛从业人员对技术创新的需求也更迫切。作为研发人员和从事技术创新的工程技术人员，深感身边缺少一本包含各种钒钛功能材料总汇的书籍，更感觉缺乏一本在广度上描写涉及钒钛功能材料较全面且重点突出的书籍，作为想要深入学习钒钛学科，想要深入研究钒钛课题的大中专院校的本科生和研究生也有同感。为此，作者编著了本书，以飨读者，以期为钒钛行业尽微薄之力。

本书主要介绍了功能材料的基本概念及其在信息技术、生物工程技术、能源技术、纳米技术、环保技术、空间技术、计算机技术、海洋工程技术等现代高新技术及其产业等领域广泛应用的例证，简述了主要钒钛功能材料的种类，详细介绍了 Ni-Ti 形状记忆合金的制备与加工方法，全面讲解了生物医用钛合金的性能、选材设计和制备加工技术，深入分析了钒钛基储氢合金的种类、特性与制备方法，讲述了常用钛基金属陶瓷的性质和制备技术，论及了钛酸盐系压电陶瓷的开发方向，讲解了 Nb-Ti 超导材料的熔铸和制造工艺，介绍了钛系梯度功能材料的应用与开发，深入探讨了钒钛新能源电池材料的生产技术和发展前景，展示了 SCR 脱硝催化剂的生产现状，详细介绍了钒钛发光材料及光催化剂的研发，展望了钒钛薄膜材料的发展前景。所论述的工艺技术问题均是钒钛行业人员关注的焦点和难点。

本书的编著是在作者长期的生产、科研、教学活动和技术交流过程中的经验积累和资料积累的基础上完成的。全书编排在结构上以由浅入深、先远后近为主线。创新的关键在于理论和技术层面的深层次掌控和突破，对钒钛功能材料开发原理及制备过程的透彻理解是基础和关键。本书所选内容均是钒钛行业从业人员在生产和科研活动中经常遇到的难点和重点，研究成果取自于国内外钒钛领域的期刊文献、硕博论文、研究报告等，经作者遍览筛选后再凝练加工而成，这些成果都具有一定的深度。全书的编排在内容上以钒钛功能材料产品为主线，钒钛并行排列，在称谓上遵照传统的先钒后钛的习惯。

本书内容具有实用性和工具性的特色，钒钛功能材料主要品种翔实，制备方法有一定广度。本书可作为钒钛功能材料领域研发人员、工程技术人员、专家学者的参考书籍。也可作为大中专院校的专业教材和钒钛行业机构的培训教材。

本书的编著参阅了大量公开发表和未公开发表的文献资料，这些文献涉及的单位主要有：中国科学院金属材料研究所、中科院大连化学物理研究所、攀枝花钢铁研究院、北京有色金属研究院、西北有色金属研究院、四川大学、清华大学、成都工业学院、成都理工大学、北京科技大学、重庆大学、攀枝花学院、天津大学、西北工业大学、宝钛集团、攀钢集团等。在涉钒涉钛功能材料方面，许多专家学者耕耘多年，研究颇深，如四川大学刘颖教授团队，长期致力于氮化钛、碳化钛及亚氧化钛等钛基功能材料开发，西北有色金属研究院长期致力于Nb-Ti超导材料的研究，中科院大连化学物理研究所在钒电池开发上处于国际先进水平，在此对他们的辛勤劳动表示衷心的感谢。

本书在编著与出版过程中得到了许多领导、同事、同行、朋友以及部分同学的帮助，他们有的查阅资料，有的购买参考书籍，有的打字复印，有的制图编辑，有的解答疑难，有的在工作和生活中给予方便，在此向他们表示诚挚的谢意。

由于作者水平有限、经验不足，书中不妥之处，恳请专家和读者不吝赐教、批评指正。

编著者
2019年1月于巴蜀大地
e-mail：cnzoujx@ sina. com

目　　录

1 功能材料与钒钛功能材料概论

1.1 功能材料的概念

1.1.1 定义

材料通常可分为结构材料和功能材料两种。功能材料和结构材料之间并不存在不可逾越的鸿沟，两者在一定条件下可以互相转化，不少材料既具有结构性，又具有功能性，在一些场合将其作结构材料用，在另一些场合将其作功能材料用，或者在同一场合既是结构材料又是功能材料，也是不容忽视的事实。因此，只能大体上划分两者的界限。

根据它们的基本性能特征，可以认为，结构材料是以强度、刚度、韧性、硬度、耐磨性、疲劳强度等力学性能为主发展起来的材料，功能材料则是以声、光、电、磁、热等物理性能为主而发展起来的材料。故功能材料可以定义为那些具有优良的电学、磁学、光学、热学、声学、力学、化学、生物医学功能，特殊的物理、化学、生物学效应，能完成功能相互转化，主要用来制造各种功能元器件而被广泛应用于各类高科技领域的高新技术材料。图 1-1 为代表性的功能材料。

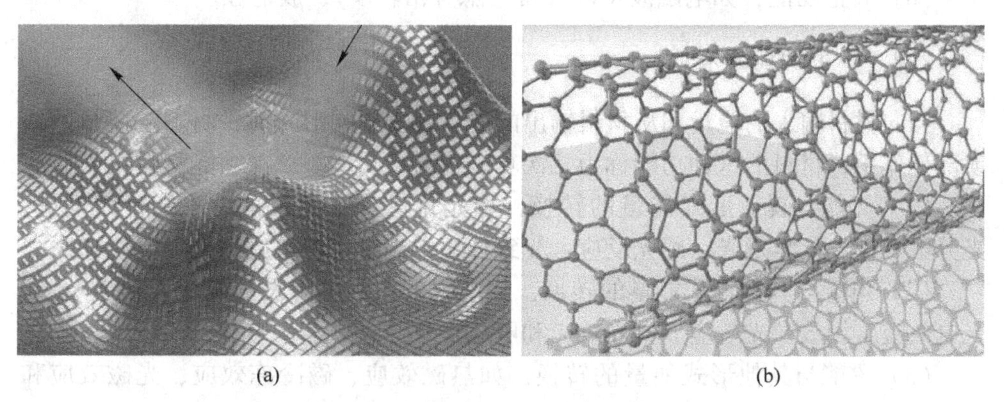

(a) (b)

图 1-1 隐身衣（a）与碳纳米管（b）

功能材料的定义较多，常见的另一种定义为：以特殊的电、磁、声、光、热、力、化学及生物学等性能作为主要性能指标的一类材料。即在声、光、电、磁、热及化学性能上有特殊效应的，用于非结构目的的（高技术）材料。

1.1.2 功能显示方式

研究和使用功能材料，必然涉及其功能的显示或表达问题。材料的功能显示过程是指向材料输入某种能量，经过材料的传输或转换等过程，再作为输出而提供给外部的一种作用。功能材料按其功能的显示过程又可分为一次功能材料和二次功能材料。

1.1.2.1 一次功能材料

当向材料输入的能量和从材料输出的能量属于同一种形式时，材料起到能量传输部件的作用。材料的这种功能称为一次功能。以一次功能为使用目的的材料又称为载体材料。一次功能材料主要有：

(1) 力学功能，如惯性、黏性、流动性、润滑性、成形性、超塑性、高弹性、恒弹性、振动性和防震性；

(2) 声功能，如吸音性、隔音性；

(3) 热功能，如隔热性、传热性、吸热性和蓄热性；

(4) 电功能，如导电性、超导性、绝缘性和电阻；

(5) 磁功能，如软磁性、硬磁性、半硬磁性；

(6) 光功能，如透光性、遮光性、反射光性、折射光性、吸收光性、偏振性、聚光性、分光性；

(7) 化学功能，如催化作用、吸附作用、生物化学反应、酶反应、气体吸收；

(8) 其他功能，如电磁波特性（常与隐身相联系）、放射性。

1.1.2.2 二次功能材料

当向材料输入的能量和从材料输出的能量属于不同形式时，材料起能量的转换部件作用，材料的这种功能称为二次功能或高次功能。二次功能材料主要有：

(1) 光能与其他形式能量的转换，如光化反应、光致抗蚀、光合成反应、光分解反应、化学发光、感光反应、光致伸缩、光生伏特效应、光导电效应；

(2) 电能与其他形式能量的转换，如电磁效应、电阻发热效应、热电效应、光电效应，场致发光效应、电光效应和电化学效应；

(3) 磁能与其他形式能量的转换，如热磁效应、磁冷冻效应、光磁效应和磁性转变；

(4) 机械能与其他形式能量的转换，如压电效应、磁致伸缩、电致伸缩、光压效应、声光效应、光弹性效应、机械化学效应、形状记忆效应和热弹性效应。

1.2 功能材料的分类

功能材料的品种繁多，涉及面广，目前已达十多万种，而且还以每年5%的增长率不断增加。功能材料有多种分类方法。目前主要是根据材料的化学组成、应用领域、使用性能进行分类。

1.2.1 按应用领域分类

（1）力学功能材料，主要是指强化功能材料和弹性功能材料，如高结晶材料、超高强材料等。

（2）化学功能材料，又可分为：

1）分离功能材料，如分离膜、离子交换树脂、高分子配合物；

2）反应功能材料，如高分子试剂、高分子催化剂；

3）生物功能材料，如固定化菌、生物反应器等。

（3）物理化学功能材料，又可分为：

1）电学功能材料，如半导体材料、超导体、（常规）导体材料、电接点（触头）材料、导电高分子等；

2）光学功能材料，如激光材料、发光材料、非线性光学材料、光导纤维、光学薄膜、感光性高分子等；

3）能量转换材料，如压电材料、光电材料。

（4）生物化学功能材料，又可分为：

1）医用功能材料，人工脏器用材料如人工肾、人工心肺，可降解的医用缝合线、骨钉、骨板等；

2）功能性药物，如缓释性高分子、药物活性高分子、高分子农药等；

3）生物降解材料。

1.2.2 按物质结构和化学组成分类

1.2.2.1 金属功能材料

金属功能材料是开发比较早的功能材料。随着高新技术的发展，一方面促进了非金属材料的迅速发展，同时也促进了金属材料的发展。许多区别于传统金属材料的新型金属功能材料应运而生，有的已被广泛应用，有的具有广泛应用的前景。如形状记忆合金的发现及各种形状记忆合金体系的开发研制，使得这类新型金属材料在现代军事、电子、汽车、能源、机械、宇航、医疗等领域得到广泛的应用。另一方面，非晶态合金由于具有优异的物理、化学性能，是一种极有发展前景的新型金属材料。具有独特性能和用途的新型金属功能材料很多，如超导合金、纳米金属、高温合金、减振合金、储氢、多孔金属、金属磁性材料等。

按金属材料的成分和加工方法、形态及功能特征，又可将它们分成以下三类：

(1) 精密合金材料。这是具有特殊物理性能的金属材料，因其具有特殊精密的成分，需要特殊精密的熔炼、浇注、加工和热处理方法而得名。

(2) 特殊形态材料。如果将金属或合金包括某些精密合金制成薄膜、纤维、粉末、多孔、镜面等特殊形态，则可增强原有功能或显示出新的功能。例如用电镀、真空溅射、蒸镀、离子喷镀等方法将磁性合金沉积在非磁性（波动或金属）基板上而形成的极薄膜（数十至数百纳米），其可用于制作计算机的存储器、逻辑器件等，具有容量大、速度高等突出优点，其开关特性比铁氧体快10~100倍以上。锑铯合金、铋、铯等金属薄膜可用作封入型光电子倍增管的光电面材料。加热到400℃左右的金属钯或其合金的薄膜，很容易透过氢气，而其他气体则几乎完全不能透过，利用这种对氢的选择透过性质，可制成氢的净化装置。

(3) 能量转换材料。能量转换材料是指能进行能量转换的金属材料（包括某些精密合金和特殊形态材料），属于二次功能材料。例如，储氢金属材料，即某些金属或合金在高压低温的氢气中，能生成金属氢化物而吸藏氢气；在相反条件下，又可将这些氢气放出。这就是在氢的贮藏和运输方面独树一格的储氢合金。还有一些法拉第电磁材料，当光通过被磁化的非活性物质时，光的偏振面会发生旋转，这种磁致旋转就是法拉第效应。利用这种磁光效应可制成密度高、容量大、速度快的光储存器。先将磁膜沉积在透光基片上，再用“居里点写象法”或“补偿刚度法”，将信息记录在磁膜上。当以较弱的偏振激光穿过磁膜时，测出激光偏振面的旋转角，就可以将所记录的信息解读出来。

1.2.2.2 无机功能材料

无机功能材料包括非金属无机晶体、陶瓷和玻璃，种类繁多，这里也分三类进行介绍：

(1) 精密陶瓷材料。这是与传统陶瓷在成分上不同的新陶瓷材料，一般不含玻璃质和黏土成分，质地致密而均匀，例如具有钙钛矿型晶格结构的钛酸钡。利用其介质常数大、高频损耗小、耐压高的特点，可作为电容器的重要材料。日本在Pb四元系压电陶瓷中添加MnO和Sb_2O，使大功率性能进一步提高，动应力的线性范围变宽。还发展了一种改性Pb-Ti-O陶瓷，用Na部分置换Pb，用Mn和In部分置换Ti，采用TiO细粉工艺及埋粉烧结法，不仅弹性波损耗小，而且最高使用频率由一般PZT陶瓷的10MHz提高到60MHz。还有一些半导体与超导体材料，这里就不再赘述。

(2) 特殊形态材料。它同金属功能材料中的情况相似，如将某些无机材料制成薄膜、纤维、粉末、多孔等特殊形态，也可以产生种种功能，成为功能材料。例如，采用 CVD（化学气相沉积）或 PVD（物理气相沉积）方法，可得到薄膜状陶瓷材料，产生一些有用的功能。用超纯石英等无机材料可制成光导纤维。它弥补了传统光学机械的主要元件——透镜组棱镜的不足。新发展起来的集束型光导纤维，能原封不动地传送光的位相，为发展光纤通讯创造了良好条件。光纤通讯不仅传送距离远、容量大、抗干扰能力强、保密性强，而且体积小、重量轻、成本低。

（3）能量转换材料。具有能量转换能力的材料有很多，如将热能转换为磁能的材料，可以利用这个特性制作温度传感器。将热能转换为光能的材料，许多陶瓷材料在高温时都具有优良的红外线辐射能力（受热物体的热辐射能与辐射体温度的四次方成正比，随着辐射体温度的升高，辐射波长的峰值向短波方向移动），可制成有效的红外线加热元件。将热能转换为电能的材料，那些热敏电阻材料和一些热电元件都是这种材料制作而成。将电能转换为机械能，典型的是压电陶瓷。将电能转换为热能的材料，可以做成坩埚，利用其抗熔融金属浸泡的能力，来熔炼铂、钯、锗等难熔金属。将热能转换为光能的材料，可以用作光放大器、影响储存器和发光二极管等。

1.2.2.3 有机功能材料

有机功能材料，特别是合成高分子材料，在过去几十年，随着石油化学工业的发展而取得迅速成长，可分为三类：

（1）一般功能材料。如 Bakelite 酚醛树脂、环氧树脂、聚乙烯（PE）、聚苯乙烯（PS）、聚丙烯（PP）等具有良好的绝缘性能，可作绝缘件。聚甲基丙烯酸（PMMA）即有机玻璃，透光性极佳，可透过99%以上的太阳光，同时具有与玻璃类似的折射、吸收等功能。聚四氟乙烯俗称塑料王，几乎能耐所有化学药品的腐蚀，包括王水。泡沫聚氨酯塑料具有优良的弹性及隔热性，可作隔热、隔音及吸振材料。

（2）特殊形态材料。许多有机材料被制成特殊形态后，也可以显示或增强功能。例如，有机薄膜材料可用作偏振光膜、滤光片、电磁传感器、薄膜半导体、接点保护材料、防蚀材料等。尤其是在超细过滤、逆渗透、精密过滤、透析、离子交换等方面获得广泛应用。有机纤维材料可用于二次电子倍增管或作离子交换纤维。

（3）能量转换材料。在各种有机能量转换材料中，有机压电材料正在崭露头角。现已实用化的有聚氟化乙烯及其共聚物，它们与无机系压电晶体相比，压电性虽小，但它们容易加工，可作成大面积的、弯曲的薄膜，并且可以只在薄膜的特定部位产生压电性。目前，有机压电材料已在耳机立体声头戴式话筒、电容式微型话筒和超声波换能器中应用。如果把 PZT 微粒分散在聚氟化乙烯中，就可以制得兼有高压电性和优良加工性的柔性材料。

1.3 功能材料的发展

能源、信息和材料是现代文明的三大支柱，而材料又是一切技术发展的物质基础。材料是人类进步的里程碑，是现代社会文明的支柱。美、欧、日等工业发达国家和地区的经济起步是从传统材料——钢铁开始的。现在这些国家传统材料的技术已完善，产量已饱和。它们的注意力已转向新型材料，包括新型功能材料和结构材料。

功能材料是新材料领域的核心，是国民经济、社会发展及国防建设的基础和先导。在全球新材料研究领域中，功能材料约占85%。它涉及信息技术、生物工程技术、能源技术、纳米技术、环保技术、空间技术、计算机技术、海洋工程技术等现代高新技术及其产业。功能材料不仅对高新技术的发展起着重要的推动和支撑作用，还对相关传统产业的改造和升级、实现跨越式发展起着重要的促进作用。

日本政府把传感器技术、计算技术、通信技术、激光技术、半导体技术列为当代六大关键技术，而这六项技术的物质基础都是功能材料。日本制订了世纪产业基础技术开发计划，共涉及46个领域，其中13个领域是功能材料，即常温超导材料、非线性光学材料、强磁性材料、高分子功能材料、新型功能碳素材料、功能非晶态材料、精密陶瓷材料、硅化学材料及新型微电子材料等。

目前已开发的以物理功能材料最多，主要有：

(1) 单功能材料，如导电材料、介电材料、铁电材料、磁性材料、磁信息材料、发热材料、热控材料、光学材料、激光材料、红外材料等。

(2) 功能转换材料，如压电材料、光电材料、热电材料、磁光材料、声光材料、磁敏材料、磁致伸缩材料、电色材料等。

(3) 多功能材料，如防振降噪材料、三防材料（防热、防激光和防核）、电磁材料等。

(4) 复合和综合功能材料，如形状记忆材料、隐身材料、传感材料、智能材料、显示材料、分离功能材料、环境材料、电磁屏蔽材料等。

(5) 新形态和新概念功能材料，如液晶材料、梯度材料、纳米及其他非随机缺陷材料、非平衡材料等。

主要功能材料的发展方向如下：

(1) 开发高技术所需的新型功能材料，特别是尖端领域（航空航天、分子电子学、新能源、海洋技术和生命科学等）所需和在极端条件下（超高温、超高压、超低温、强腐蚀、高真空、强辐射等）工作的高性能功能材料。

(2) 推动功能材料的功能从单功能向多功能以及复合或综合功能发展，从低级功能向高级功能发展。

（3）加强功能材料和器件的一体化、高集成化、超微型化、高密积化和超分子化。

（4）强化功能材料和结构材料兼容，即功能材料结构化、结构材料功能化。

（5）进一步研究和发展功能材料的新概念、新设计和新工艺。

（6）完善和发展功能材料检测和评价的方法。

（7）加强功能材料的应用研究，扩展功能材料的应用领域，加强推广成熟的研究成果，以形成生产力。

1.4 钒钛功能材料的概念

含有钒及其化合物，或含有钛及其化合物，或同时含有钒钛及其化合物的功能材料统称为钒钛功能材料。

钒是重要的有色金属元素，钒金属本体及其化合物和合金材料拥有独特而优异的性能，给世界工业文明带来了一个伟大的变革时代，特别是为钢铁、化工、石油、有色金属、能源、建筑、环保和核工业等的飞速发展居功至伟，为现代工业文明谱写了灿烂的篇章，历史将永远记住钒。

钛的工业化制造使钛一跃成为新型结构材料、装饰材料和功能材料的代表，加速了航空航天事业的迅速发展，实现了人类历史发展时空的跨越与转换，改变了科学探索发现的重心，承载并放飞了人类遨游太空的梦想。

钒钛功能材料涉及钒钛系催化剂、钒钛超导材料、钒钛热敏材料、钒钛光敏材料、钒钛吸附材料、钒钛歧变材料、钒钛电池材料及钒钛储氢材料等领域。

1.5 主要钒钛功能材料

钒的用途主要作为钢铁合金添加剂、化学催化剂、储能和颜料等。合金添加剂主要有 FeV 合金、FeSiV 合金、VN 合金、VAl 合金等，催化剂主要是 V_2O_5 和 V_2O_3，储能材料主要是 $VOSO_4$ 电解液，颜料有 V-Zr 蓝等多种。

作为发光材料的有钒酸钇，作为吸附材料的有钒储氢合金，作为热敏材料的有 VO_2 薄膜，作为电池材料的有 $VOSO_4$，作为催化剂的有 V_2O_5，作为颜料的有 KVO_3、VOC_2O_4 等。几种常见的钒功能材料如图 1-2 所示。

钛的用途主要是作为钛合金材、颜料、光催化剂、储能等。钛合金材包括 TC4 等一系列结构性合金材料，颜料主要包括钛白、钛黄、钛黑等，光催化剂主要指纳米二氧化钛，储能主要指钛基储氢合金、钛酸锂电池等。

钛及其合金具有密度小、耐腐蚀、无磁性、耐低温和耐高温等优异性能，是性能优良的结构材料、装饰材料和功能材料。例如，Ti 与 Al、Cr、V、Mo、Mn 等元素组成的合金，经过热处理，强度极限可达 1176.8～1471MPa，比硬度达

图 1-2 常见的几种钒功能材料

27~33，与它相同强度极限的合金钢，其比强度只有 15.5~19，钛合金不仅强度高，而且耐腐蚀，因此在船舶制造、化工机械和医疗器械方面有广泛的运用。

钛无毒、质轻、强度高且具有优良的生物相容性，是非常理想的医用金属材料，可用作植入人体的植入物等。目前，在医学领域中广泛使用的仍是 Ti-6Al-4V 合金。用钛材制作的体材料包括人工骨、人工关节头、金属缝线、心脏起搏器、镶牙、齿列矫正器、人造齿根、补助器械的假手、假脚、轮椅等。在储氢功能方面，钛-铁合金具有吸氢的特性，把大量的氢安全地储存起来，在一定的环境中又把氢释放出来。这在氢气分离、氢气净化、氢气储存及运输、制造以氢为能源的热泵和蓄电池等方面应用很有前途。在超导功能方面，铌-钛合金在温度低于临界温度时，呈现出零电阻的超导功能。钛-镍合金在一定环境温度下具有单向、双向和全方位的形状记忆效应，被公认是最佳形状记忆合金。球形钛粉广泛用于 3D 打印，是高性能增材制造的重要原料。钛合金的结构-功能一体化特性如图 1-3 所示。

纳米钛白具有光催化性能，可以防紫外线、杀菌、防雾自洁，同时具有颜料性能。当前世界上活性最高的聚酯缩聚催化剂是钛硅催化剂（C-94），其活性是锑系催化剂的 6~8 倍，远优于 SbO_3 和 $Sb(Ac)_3$ 催化剂。目前 SCR 商用催化剂基本都是以 TiO_2 为基材，以 V_2O_5 为主要活性成分，以 WO_3、MoO_3 为抗氧化、抗毒化辅助成分。四氯化钛系催化剂是 Zieggler（德）-Natta（意）催化剂中的核

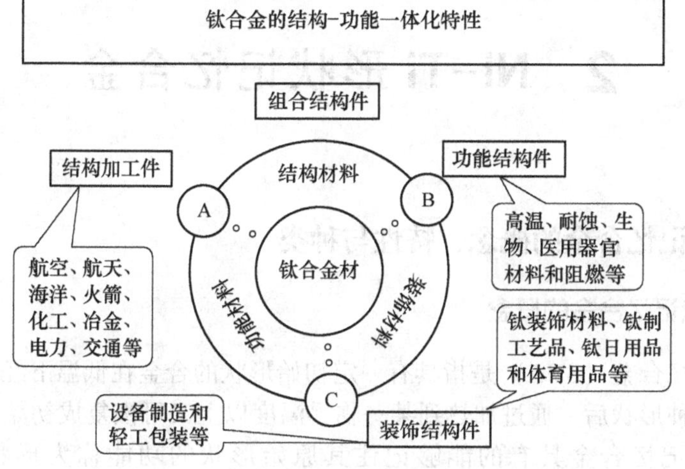

图 1-3 钛合金的结构-功能一体化特性

心成分，用于烯烃聚合，如乙烯聚合成聚乙烯，四氯化钛是理想的催化剂。茂金属催化剂最早由德国学者 Kaminsky 的研究组发现，而产业化生产中采用的是单茂钛配合物催化剂，很好地解决了乙烯与 A-烯烃或环烯烃共聚的问题，符合高性能聚烯烃树脂生产的需求，占据了目前线性低密度聚乙烯生产四分之三的催化剂体系。

2 Ni-Ti 形状记忆合金

2.1 形状记忆合金的概念、特性与种类

2.1.1 形状记忆合金的概念

形状记忆合金（SMA）是指具有一定初始形状的合金在低温下经塑性变形并固定成另一种形状后，通过加热到某一临界温度以上又可恢复成初始形状的一类合金。形状记忆合金具有的能够记住其原始形状的功能称为形状记忆效应(SME)。研究表明，很多合金材料都具有 SME，但只有在形状变化过程中产生较大回复应变和较大形状回复力的，才具有利用价值。形状记忆合金是目前形状记忆材料中形状记忆性能最好的材料。迄今为止，人们发现具有形状记忆效应的合金有 100 多种。在航空航天领域内的应用有很多成功的范例。人造卫星上庞大的天线可以用记忆合金制作。发射人造卫星之前，将抛物面天线折叠起来装进卫星体内，火箭升空把人造卫星送到预定轨道后，只需加温，折叠的卫星天线因具有“记忆”功能而自然展开，恢复抛物面形状。到目前为止，应用最多的是 Ni_2Ti 合金和铜基合金。

2.1.2 形状记忆合金的特性

形状记忆合金之所以具有变形恢复能力，是因为变形过程中材料内部发生的热弹性马氏体相变。形状记忆合金中具有两种相：高温相奥氏体相，低温相马氏体相。根据不同的热力载荷条件，形状记忆合金呈现出两种特性。

2.1.2.1 形状记忆效应

形状记忆合金具有形状记忆效应。以记忆合金制成的弹簧为例，把这种弹簧放在热水中，弹簧的长度立即伸长，再放到冷水中，它会立即恢复原状。利用形状记忆合金弹簧可以控制浴室水管的水温：在热水温度过高时通过“记忆”功能，调节或关闭供水管道，避免烫伤。也可以制作成消防报警装置及电器设备的保险装置。当发生火灾时，记忆合金制成的弹簧发生形变，启动消防报警装置，达到报警的目的。还可以把用记忆合金制成的弹簧放在暖气的阀门内，用以保持暖房的温度，当温度过低或过高时，自动开启或关闭暖气的阀门。形状记忆合金的形状记忆效应还广泛应用于各类温度传感器触发器中。形状记忆效应又分为三类：

（1）单程记忆效应。形状记忆合金在较低的温度下变形，加热后可恢复变形前的形状，这种只在加热过程中存在的形状记忆现象称为单程记忆效应。单程 Ni-Ti 记忆合金弹簧的动作变化情况如图 2-1 所示。

马氏体状态下未变形

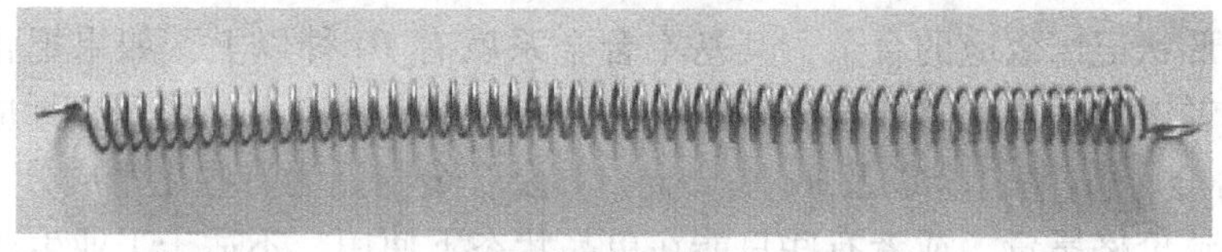

马氏体状态下已变形

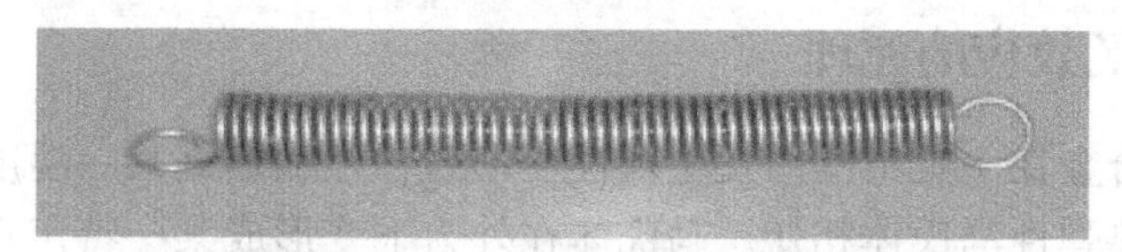

放入热水中，高温下恢复奥氏体状态，形状完全恢复

图 2-1　单程 Ni-Ti 记忆合金弹簧的动作变化情况

（2）双程记忆效应。某些合金加热时恢复高温相形状，冷却时又能恢复低温相形状，称为双程记忆效应。

（3）全程记忆效应。加热时恢复高温相形状，冷却时变为形状相同而取向相反的低温相形状，称为全程记忆效应。

SMA 的形状记忆效应源于热弹性马氏体相变，这种马氏体一旦形成，就会随着温度下降而继续生长，如果温度上升它又会减少，以完全相反的过程消失。两项自由能之差作为相变驱动力。两项自由能相等的温度 T_0 称为平衡温度。只有当温度低于平衡温度 T_0 时才会产生马氏体相变，反之，只有当温度高于平衡温度 T_0 时才会发生逆相变。

在 SMA 中，马氏体相变不仅由温度引起，也可以由应力引起，这种由应力引起的马氏体相变称为应力诱发马氏体相变，且相变温度同应力呈线性关系。

2.1.2.2　伪弹性

形状记忆合金另一种重要性质是伪弹性（pseudoelasticity，又称超弹性，superelasticity）。表现为在外力作用下，形状记忆合金具有比一般金属大得多的变形恢复能力，即加载过程中产生的大应变会随着卸载而恢复。这一性能在医学和建筑减震以及日常生活方面得到了普遍应用。例如前面提到的人造骨骼、伤骨固定加压器、牙科正畸器等。用形状记忆合金制造的眼镜架，可以承受比普通材料大得多的变形而不发生破坏（并不是应用形状记忆效应），发生变形后再加热而恢复。

2.1.3 形状记忆合金的种类

至今为止发现的形状记忆合金体系包括：Au-Cd、Ag-Cd、Cu-Zn、Cu-Zn-Al、Cu-Zn-Sn、Cu-Zn-Si、Cu-Sn、Cu-Zn-Ga、In-Ti、Au-Cu-Zn、Ni-Al、Fe-Pt、Ti-Ni、Ti-Ni-Pd、Ti-Nb、U-Nb 和 Fe-Mn-Si 等。

呈现形状记忆效应的合金，其基本合金系就有 10 种以上，如果把相互组合的合金或者添加适当元素的合金都算在内，则有 100 种以上。得到实际应用的只有 Ti 基合金、Cu 基合金以及 Fe 基合金。其余合金则因为有些化学成分不是常用元素而导致价格昂贵，或者有些只能在单晶状态下使用，不适于工业生产。

2.2 形状记忆效应的原理

形状记忆合金在一定范围内发生塑性变形后，经加热到某一温度后能够恢复变形，实质是热弹性马氏体相变。马氏体在外力下变形成某一特定形状，加热时已发生形变的马氏体会回到原来奥氏体状态，这就是宏观形状记忆现象。

对具有马氏体逆转变，且 M_s 与 A_s 温度相差很小的合金，将其冷却到 M_s 点以下，马氏体晶核随着温度下降逐渐长大，温度上升的时候，马氏体相又反过来同步地随温度升高而缩小，马氏体相的数量随温度的变化而发生变化，这种马氏体称为热弹性马氏体。

在 M_s 以上某一温度对合金施加外力也可引起马氏体转变，形成的马氏体称为应力诱发马氏体。有些应力诱发马氏体也属弹性马氏体，应力增加时候马氏体长大，反之，马氏体缩小，应力消除后马氏体消失，这种马氏体称为应力弹性马氏体。应力弹性马氏体形成时会使合金产生附加应变，当除去应力时，这种附加应力也随之消失，这种现象称为超弹性或者伪弹性。

将母相淬火得到马氏体，然后使马氏体发生塑性变形，变形后的合金受热时，马氏体发生逆转变，开始回复母相原始状态，唯独升高至 A_f 时，马氏体消失，合金完全恢复到母相原来的形状，呈现形状记忆效应。如果对母相施加应力，诱发其马氏体形成并发生形变，随后逐渐减小应力直至除去时，马氏体最终消失，合金恢复至母相的原始形状，呈现伪弹性。

2.3 Ni-Ti 形状记忆合金的制备与加工方法

2.3.1 工艺流程

Ni-Ti 形状合金的制作工艺和 Ti 基合金的制作工艺基本相同。也就是在熔炼、铸锭后，进行热轧、模锻、挤压，然后进行冷加。

Ni-Ti 形状记忆合金（又可写作 TiNi）的制备通常是先通过高温炉内调质熔炼制备合金锭，之后进行热轧、模锻、挤压，然后进行冷加工。为把 Ni-Ti 形状记忆合金用作元件，有必要使它记住给定形状。形状记忆处理（一定的热处理）是实现合金形状记忆功能方面不可或缺、至关重要的一环。加工工艺流程为：

熔炼→铸模→锻造→热挤压→轧制和拉拔→冷加工→粉末成形→包套碎片挤压成形→溅射沉积薄膜→成品。

2.3.2 TiNi 合金的熔炼

形状记忆合金的熔炼，除了需要满足设定的基础物性、力学性能、化学性能要求外，还必须满足设定的形状记忆特性要求。

TiNi 合金的相变温度随化学成分的不同，变化很大。Ni 含量在 49.5at%~51.5at%范围内，含 Ni 量相差 0.1%，相变温度 M_s 会出现 10K 的变化。在实际应用中，马氏体逆相变终了温度 A_f 显得十分重要。当 TiNi 合金试样在 400~500℃进行热处理记忆训练时，且 A_f 温度与成分组成的关系也是十分密切的。Ni 含量在 54.6at%~55.1at%范围内，含 Ni 量变化 0.1%，A_f 温度将变化 10~20K。这种影响足以说明，在 TiNi 合金的熔炼中，对组成成分的控制以及使成分充分均匀是极为重要的。

由于 TiNi 合金中含有大量的活性元素 Ti，Ti 又很容易和 C、N、O 等元素起反应，使 C、N、O 元素混入合金中。C 和 Ti 反应后生成 TiC，于是基体中的 Ni 浓度就相对增加，造成相变温度下降。O 元素也一样，和 Ti 反应后生成 Ti_4Ni_2O，基体中 Ni 的相对浓度也增加，同样造成相变温度下降。TiNi 合金中的 O 元素的固溶量只有 0.045at%，混入合金中的 O 元素几乎都生成 Ti_4Ni_2O 并析出，它将使 TiNi 合金的力学性能下降，使合金脆化。

上述夹杂物 TiC、Ti_4Ni_2O 不仅对相变温度有影响，而且还影响到合金的加工性能。所以，在熔炼中，对坩埚的材质，对熔炼气氛和环境都要加以认真考虑、选择，并且严格控制，以抑制各种夹杂物的产生。

对于不同的熔炼方法，上述各因素的影响程度也各不相同，各种熔炼方法的特征及影响程度归纳于表 2-1 中。

表 2-1 各种熔炼法特征、均匀性和夹杂物的影响

熔炼法	电子束炉	电弧炉	等离子体炉	高频感应炉
炉内气氛	真空	真空	惰性气体、真空	惰性气体、真空
坩埚种类	水冷铜	水冷铜	水冷铜	石墨
均匀性	△	○	○	⊙

续表 2-1

熔炼法	电子束炉	电弧炉	等离子体炉	高频感应炉
成分控制	×	△	○	⊙
夹杂物	⊙	⊙	⊙	△

注：符号⊙、○、△、×分别表示优→差。

从表 2-1 中可以看到，由于在坩埚中使用了水冷铜结晶器，所以电子束、电弧、等离子体等熔炼法都不受坩埚的污染。其中电子束熔炼时的真空度最高，因而冶炼效果也最好。但是，电子束和电弧熔炼时都需要电极，在电极处的均匀性问题值得考虑，特别是电子束熔炼时，熔池很浅，铸锭时难以避免纵向偏析。

等离子体、高频感应熔炼时，不需要电极，且可以使用于各种不同形状的原料。在高频感应熔炼 TiNi 合金时，要使用耐火坩埚。而熔炼钢材时常用氧化铝坩埚或者氧化镁坩埚。由于氧化铝会和熔融状态下的 TiNi 合金发生反应，一般不使用。氧化镁坩埚和 TiNi 合金虽不发生反应，但是会使氧含量达到 0.08%~0.18%。为了减少氧的混入，选用石墨坩埚比较合适。现在实用 TiNi 合金的熔炼都用石墨坩埚，这时氧的含量为 0.045%~0.06%。但是有微量的碳混入，达到 0.025%~0.09%。熔融时间越长，熔液温度越高，碳的混入量也会增加，而且 Ni 的相对含量越低，碳越容易混入。

工业规模的熔炼多用高频感应法和等离子体法。高频感应熔炼中因有搅拌，所以得到铸锭的成分的均匀性特别好，碳浓度可控制在 0.05%以下。等离子体法熔炼也能得到没有杂质、成分比较均匀的铸锭。

实用 TiNi 合金的熔炼也可以用表 2-1 中所列的任两种方法组合起来进行，如高频感应-电弧熔炼法、等离子体-电弧熔炼法等。电子束熔炼法成本太高。由于熔炼中必须充分抑制氧和其他不纯物的混入，所以不论哪种熔炼法，均需要真空条件。高频感应熔炼法的真空度要求较低，但是必须充以惰性保护气体（Ar）。

2.3.3 TiNi 合金的锻造

NiTi 合金是高温延展性良好的材料。当温度超过 400℃以后，拉伸强度下降，与此相反，延伸率迅速增加，可见，如果温度范围定得合理，合金无论锤锻，压力机上锻造或径向锻造都是比较容易进行的。实践表明锻造温度不宜高于 900℃，否则合金表面将剧烈氧化而产生，低熔点混合物相，这是间隙氧污染物质，具有脆化合金的作用。另一方面温度分布不宜低于 750℃，否则材料的变形抗力增大，缺口敏感性突出，常易造成撕裂性质的破坏，使废品率增加。

因此，锻造温度范围为 750~900℃。铸锭锻造前需经 850℃，12h 均匀退火，然后，加工去除表面氧化皮和冒口，再锻成棒料。

2.3.4 TiNi 合金的热挤压

铸锭经机加工后用碳钢包裹，然后在900℃挤压，挤压比为4∶1~16∶1。挤压后坯料在600℃退火1h，然后炉冷。

2.3.5 TiNi 合金的轧制和拉拔

棒料轧制一般可在普通多机座连续轧机上进行。起轧温度820℃±20℃。轧制板材的设备最好带有预应力装置，板材轧制温度应略高于棒材，但不高于900℃，否则氧化皮增加影响材质。坯料厚度从30mm轧至2.8~3.2mm，采用9道次。

轧制带材的方法不同于棒材和板材，最好温轧。轧制前后应有一定的张力。用通电的方法使材料保持温度（500~600℃），以免出现加工硬化，每一道次压下量应控制在0.2~0.3mm左右。

NiTi 合金在70℃以上存在异常加工硬化。冷加工必须正确掌握变形率和中间退火。冷轧的道次变形率应小于2%，冷拔为小于10%。每道的中间退火温度宜采用650~700℃。经研究表明，清除 NiTi 合金加工硬化以650℃±20℃为最佳。

合金丝的冷拔工艺为：中间退火温度为750℃，退火时间15min，润滑剂用肥皂，拔丝速度小于6m/min，第一道次冷拔量15%~20%，其后的道次冷拔量为10%左右。二次退火间总拔量为40%~45%。

2.3.6 TiNi 合金的冷加工

NiTi 合金的布氏硬度虽然只有90左右，但切削性能很差，特别是钻孔时，如用高速钢刀具，则寿命更短，所以一般使用硬质合金刀具。切削速度应适中，过快或过慢都不好，磨削加工以采用碳化硅系列的硅轮为佳。

2.3.7 TiNi 合金的粉末成形

NiTi 记忆合金的机加工性能较差，近年来人们开始研究采用免除或减少加工工序的粉末冶金方法和精铸方法来制造记忆合金零件。

目前大致有两种粉末成形的方法：

（1）用预制的 Ni-Ti 合金粉末经过二次热等静压扩散烧结，主要用于制备拉丝的优质毛坯。

（2）直接用 Ni 和 Ti 粉作原料经过一次烧结和热等静压处理。

试样制备工艺是：将350目 Ti 粉和还原的羟基 Ni 粉按50%（原子百分数）的比例混合，置于石墨模中在热压机上烧结。再经过包套轧制和高压等静压处理后，进行均匀化处理。试样密度是理想材料的95%~97%，但回复率只有熔炼材料的 70%左右。

2.3.8 TiNi 合金的包套碎片挤压成形

包套碎片挤压成形是一种新发展的加工工艺。这种方法具有以下特点：

(1) 用大块的纯金属作为原材料，和粉末冶金相比可以减少气体杂质污染。

(2) 每一片碎片可以作为具有理想化学成分的加工元素，产生不了宏观偏析。

(3) 挤压过程中的剪切变形加强了碎片之间的连接。

(4) 在包套轧制中平面应变变形方式和以后的加工过程轴对称方式相结合，使合金材料的可加工性增加程度足以获得致密组织的细丝。与锻造工艺制造的丝材相比，用这种工艺制造的丝材的杨氏模量、屈服应力高而延伸率低，并具有很高的减震性能。

2.3.9 TiNi 合金的溅射沉积薄膜

利用直流或射频磁控溅射仪可以制备 NiTi 形状记忆合金薄膜，薄膜制备技术的发展促使了 NiTi 合金由块状材料走向薄膜材料，并使记忆合金的元器件趋于微型化。

用射频磁控管溅射法在玻璃基片上沉积 NiTi 薄膜，其溅射条件如下：首先将溅射系统抽真空，其真空度优于 10^{-3}Pa，然后充入高纯氩气，氩气压力为 0.3~1Pa（底压力 2.1×10^{-5}Pa），基片温度 523K，射频功率为 160~600W；基片至靶的距离 80mm，沉积时间 2h，沉积速度为 1.1~1.2nm/s，薄膜厚度为 0.05~20μm。经过预先溅射数小时后沉积 NiTi 合金薄膜的组成即等于 NiTi 合金靶的组成。

溅射沉积的薄膜呈非晶态，没有形状记忆效应，必须经过适当的晶化热处理，将刚刚溅射沉积的非晶 Ni-Ti 合金薄膜在真空室中经 550℃ 晶化热处理 0.5h，以 20℃/min 的速率冷却到室温，然后将薄膜从玻璃基片上剥离下来。

2.4 Ni-Ti-X 三元形状记忆合金

在众多形状记忆合金中，Ni-Ti 合金以其优异的形状记忆效应得到了广泛的应用。为控制合金的相变温度和改善形状记忆特性，满足实际应用的需要，人们研究了第三种合金元素对 Ni-Ti 合金组织及相变特性的影响，发展了一系列新的记忆合金品种。

其中在 Ni-Ti 合金中加 Fe、Mo、Ta 等的三元形状记忆合金即成为生物医用材料，下面逐一介绍三种合金。

2.4.1 Ni-Ti-Fe 合金

近等原子比的 Ni-Ti 合金具有形状记忆效应和超弹性，这两种性能均与马氏体相变相关，但是这种合金并不呈现 R 相变。如前所述，虽然 R 相的可恢复应变量远远小于马氏体相，但是它产生的记忆效应性能稳定，通常在医学材料中得以应用。

图 2-2 为 $Ti_{50}Ni_{47}Fe_3$ 合金的温度-电阻率曲线。从图中可以看出，通过添加 3%的 Fe，就会使得原来近等原子比的 Ni-Ti 合金出现明显的 R 相变。

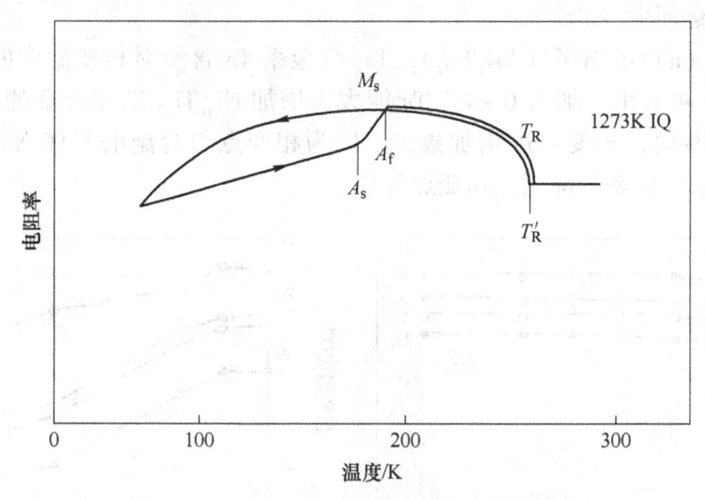

图 2-2 $Ti_{50}Ni_{47}Fe_3$ 合金的温度-电阻率曲线

（测量温度选择在室温和液氮温度之间，IQ 表示时效后在冰水中淬火）

2.4.2 Ni-Ti-Mo 合金

众所周知，近等原子比的 Ni-Ti 形状记忆合金发生相变时由 B2（立方）母相转变成 B19′（单斜）马氏体相。据报道，B2→B19′转变可恢复的应变量达到 7%，相变滞后大约 50K。与 B2→B19′转变相比较，B2→R（菱方）转变的可恢复应变和相变滞后就小得多。前者大约是 0.8%，后者大约 2K。

B2→R 转变的相变滞后小，相变温度恒定，这对于 Ni-Ti 形状记忆合金在医学领域的应用极其有利。相变滞后小意味着材料会对周围环境的改变快速做出反应，这是医用的一个很重要方面。在众多形状记忆合金植入物中，形状恢复要求发生在接近于人体体温时，这就要求植入物的逆相变结束温度（A_f）接近于人体体温。上述提及的 B2→B19′和 B2→R 相变就可以满足这一要求。为了使用形状记忆合金作医用器械，加工过程中，特别是进行冷加工和热处理时，B2→B19′的相变温度变化很大。而对 B2-R 相变温度的影响相对要小得多。这意味着，利用

B2→R 相变制成的形状记忆合金医疗器械会收到更加令人满意的效果。

2.4.3 Ni-Ti-Ta 合金

Ni-Ti 形状记忆合金适用于生物医学领域，但它在 X 射线下可视性低，这就限制了它在医学领域中的一些应用。例如，在介入医学中，用 Ni-Ti 形状记忆合金制成的微小植入器械不易跟踪监测。为了提高 Ni-Ti 合金在 X 射线下的可视性，可在 Ni-Ti 丝中添加如 Ag、Au、Ta 等金属。Ta 在体液中几乎无反应，没有过敏现象，而且在 X 射线范围内具有很高的质量吸收系数，因此 Ni-Ti-Ta 形状记忆合金应运而生。

图 2-3（a）示出了（$Ni_{51}Ti_{49}$）$_{1-x}Ta_x$ 合金系 Ta 含量对相变温度的影响。从图 2-3（a）可看出，加入 0~4% Ta 能大大增加 $Ni_{51}Ti_{49}$ 二元合金的相变温度，但 Ta 超过 4%时，相变温度增加极少。因为相变点与合金的基体 Ni/Ti 比率有关，随着 Ni/Ti 比率的降低，相变点升高。

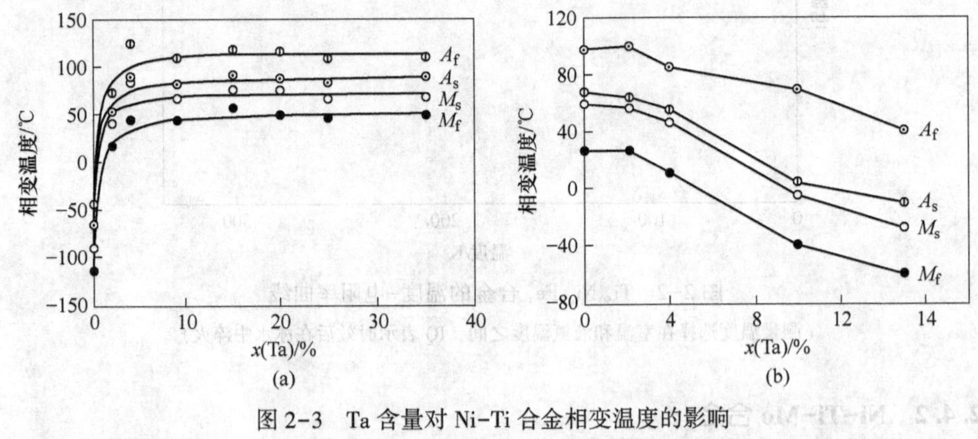

图 2-3 Ta 含量对 Ni-Ti 合金相变温度的影响

（a）（$Ni_{51}Ti_{49}$）$_{1-x}Ta_x$；（b）$Ni_{50}Ti_{50-x}Ta_x$

图 2-3（b）示出了 $Ni_{50}Ti_{50-x}Ta_x$ 合金系 Ta 含量对相变温度的影响。可以看出，随着 Ta 的加入，相变温度降低。因为相变点与合金的基体 Ni/Ti 比率有关，随着 Ni/Ti 比率的升高，相变点降低。

2.4.4 Ti-Pd-Ni 合金

近等原子比 Ti-Pd 合金在 783K（510℃）以上具有 B2 结构，低于这个温度可转变为 B19 结构。Ti-Pd 合金 B2 相的单相区在 1000K（727℃）以下很窄（49.0%~50.0%Pd）。发生的 B2→B19 相变为马氏体相变。

高温下 Ni-Ti 和 Ti-Pd 形成伪二元固溶体（B2 有序相），并且伪二元合金发生马氏体相变。Ti-Pd 合金从立方相（B2）转变成正交相（B19），Ni-Ti 合金从立方相（B2）转变成单斜相（B19′）。通过调整合金成分可使 M_s 温度从室温至 783K 变化。因此，Ti-Pd-Ni 合金可望作为高温形状记忆合金使用，如图 2-4 所示。

但是在高温下，高相变温度不能保证好的形状记忆特性。滑移变形的临界应力通常随着温度的升高而降低。滑移变形易于发生，它与高温下合金施加压力因马氏体变体再取向而产生形变同时发生，或在其之前发生。因此，完全退火的 TiPd 和 Ti-Pd-Ni 合金显示部分形状记忆效应。

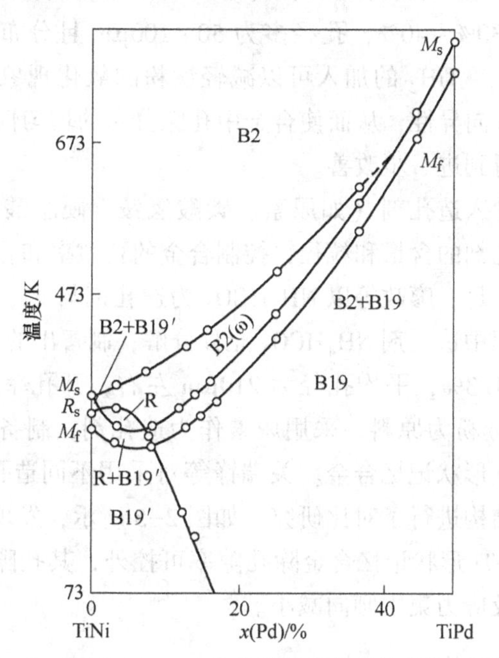

图 2-4 伪二元 TiNi-TiPd 合金的相变温度与合金成分的关系

2.5 医用多孔 Ni-Ti 形状记忆合金的制备方法

多孔 Ni-Ti 形状记忆合金作为一种人体硬组织修复和替换的新型生物医用材料，在生物医学方面具有良好的应用前景。多孔 Ni-Ti 形状记忆合金具有低的弹性模量、良好的生物相容性和耐蚀性，其多孔结构能为新生骨组织的生长和体液的运输提供条件，形状记忆效应又能使植入简单、减轻病人的痛苦，故作为一种新型的生物植入材料用于整形外科中的颌骨修复替代、人体骨组织缺失的修复和替代及关节替代等领域。

制备生物医用多孔 Ni-Ti 形状记忆合金的工艺有多种，目前主要采用粉末冶金方法，以元素粉末混合烧结法、(预）合金粉末烧结法和自蔓延高温合成法最为普遍。这些方法克服了传统熔铸方法易产生严重偏析的现象，使产品的合金成分更趋均匀化。

2.5.1 元素粉末混合烧结法

元素粉末混合烧结法是将 Ni、Ti 混合粉末预压成形后进行烧结，能制备出主相为 NiTi 相、形状记忆效应优良的多孔 Ni-Ti 形状记忆合金。但是，该种方法得到的多孔 Ni-Ti 合金孔隙率低、孔径小。李丙运等用 TiH_2 粉末部分取代 Ti，与 Ni 粉和 Ti 粉混合后进行冷/热压成形、1223K 烧结，制备出的多孔 Ni-Ti 形状记忆合金孔隙度为 30%~40%，孔径多为 50~100μm 且分布均匀，孔隙边界洁净，开孔率 95%以上。TiH_2 的加入可以减轻钛粉的氧化现象，并减小烧结过程中试样尺寸收缩的各向异性，从而使合金中孔隙分布的均匀性、不规则孔的形貌及合金的记忆性能得到进一步改善。

近年来，通过加入造孔剂（如尿素、碳酸氢铵、硬脂酸等）进行混合烧结的方法可以调节造孔剂的含量和粒径，控制合金的孔隙率和孔隙大小，改善了孔隙率低、孔径小的不足。廖政等以 NH_4HCO_3 为造孔剂与 Ni、Ti 粉末混合压坯后进行烧结，烧结过程中造孔剂 NH_4HCO_3 充分分解，制备出的多孔 NH_4HCO_3 合金孔隙度为 69.3%~81.3%，平均孔径为 210μm 左右，开孔率为 59.5%~66.2%。马旭梁等以 NiTi 合金粉为原料，采用尿素作为造孔剂，制备出高孔隙率、孔隙分布均匀的多孔镍钛形状记忆合金。关瑞锋等对采用不同造孔剂制备多孔 Ni-Ti 形状记忆合金的孔结构进行了对比研究，如图 2-5 所示，发现采用硬脂酸为造孔剂制备出的多孔 Ni-Ti 形状记忆合金除孔隙率可控外，其孔隙接近球形、边缘圆整，使其各向异性及应力集中倾向减小。

2.5.2 （预）合金粉末烧结法

目前制备（预）合金粉的方法主要有氢化研磨制粉法、快速凝固法及机械合金化。使用快速凝固法制得的合金粉经过烧结可获得孔隙度 57%的多孔 Ni-Ti 形状记忆合金。采用（预）合金粉末烧结比元素粉末混合烧结需要的烧结温度更高，因为在相同的烧结条件下，Ni、Ti 粉末混合烧结合金化放出的热量远远大于表面能的减小量，从而大大增加反应驱动力，使反应在相对较低的温度下即可进行。在产品的形貌结构上，因元素粉末混合体在烧结过程中，Ni、Ti 元素相互扩散速度不同产生 Kirkendall 效应使产品的体积发生膨胀、孔隙增加，而（预）合金粉末压结体在烧结过程中逐渐收缩，其产品的力学性能得到显著提高。

2.5.3 自蔓延高温合成法

自蔓延高温合成法也称为燃烧合成法，是在一定的温度、气氛中点燃粉末压

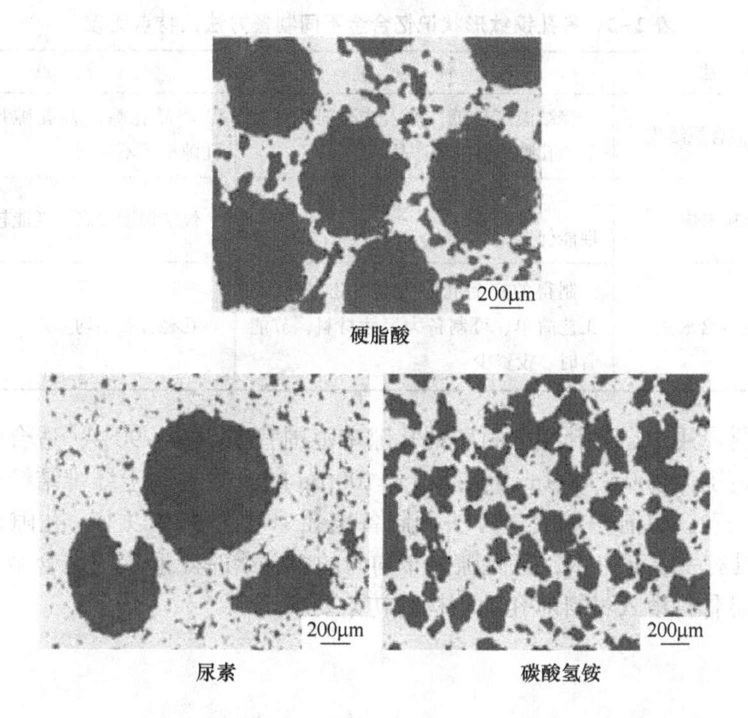

图 2-5 采用不同造孔剂制备的多孔 Ni-Ti 合金的微孔形貌

坯使之产生化学反应。一般在燃烧合成多孔 Ni-Ti 形状记忆合金过程中主要发生以下放热反应：

$$Ni+Ti \longrightarrow NiTi+67kJ/mol$$

$$2Ti+Ni \longrightarrow Ti_2Ni+83kJ/mol$$

$$Ti+3Ni \longrightarrow TiNi_3+140kJ/mol$$

$$3Ti+4Ni \longrightarrow Ti_3Ni_4+\text{热量}$$

反应放出的热量使邻近粉末坯层处温度骤然升高而引起新的化学反应，这些化学反应以燃烧波的形式蔓延通过整个粉末压坯而生成新物质。朱成武等将一定体积比的尿素及球磨后的 Ni-Ti 合金粉末混合，在 100~300MPa 下压制成坯，利用燃烧合成的方法制得孔隙度为 30%~81%、具有记忆特性的多孔 Ni-Ti 形状记忆合金。李强等在 950℃时对生坯进行热爆反应制得多孔 Ni-Ti 形状记忆合金，试样的孔隙度为 55.3%、平均孔隙为 210~500μm、开孔率不低于 90%、孔隙为三维连通的网状结构。表 2-2 列出了以上所述多孔镍钛形状记忆合金不同制备方法的特点。从表 2-2 中可看出，燃烧合成方法具备工艺简单、产品孔结构优良，节能省时、投资少、产品纯度高等优点。

表 2-2 多孔镍钛形状记忆合金不同制备方法的特点比较

制备方法	优 点	缺 点
元素粉末混合烧结法	烧结温度较低，加入造孔剂后可制备出孔隙率可控的产品	产品孔隙度及孔隙尺寸较小，孔隙形状不规则
（预）合金粉末烧结法	产品合金化明显，纯度较高，力学性能优良	烧结温度较高，耗能较大
自蔓延高温合成法	制得的产品孔隙度高、孔径较大，工艺简单、可制备大尺寸材料，节能省时、投资少	孔径分布不均

在骨科应用中，多孔植入材料的孔隙率范围宜在 30%～90%，适合骨细胞生长的孔径范围为 100～500μm，孔径小于 100μm 的孔隙有利于纤维结缔组织的连接。总的来看，目前粉末冶金方法可制备出孔隙度达 30%以上，孔隙多为 50～600μm，具有一定开口率，且孔隙分布均匀的多孔 Ni-Ti 形状记忆合金，孔结构已基本满足骨科植入材料对孔隙结构的初始要求。

3 生物医用钛合金

3.1 生物医用钛合金的概念

生物医用材料是指和生物系统相作用，用以诊断、治疗修复或替代机体中的组织、器官或增进其功能的材料。可分为医用金属材料、医用高分子材料、医用陶瓷材料等，其中医用金属材料占有很大的比重，特别是骨科产品、心脑血管产品。由于钛与人体骨骼接近，对人体组织具有良好的生物相容性、无毒副作用，具有其他材料无法比拟的优势，所以医用钛在医疗领域得到了广泛的应用。图3-1是医用钛合金在血管支架和关节上的应用。

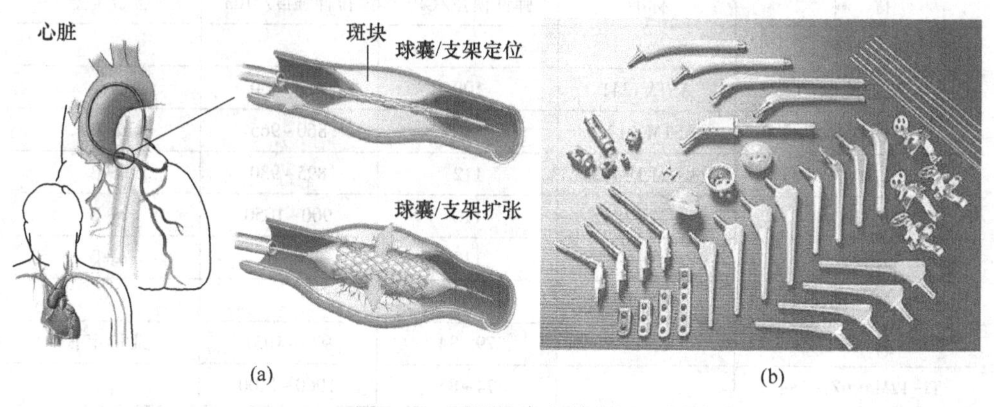

图 3-1　医用钛合金的应用

（a）心血管支架；（b）人工关节

生物医用钛合金具有一系列的优势。包括良好的生物相容性、较佳的力学性能、较强的耐腐蚀性能和低密度性。与人体发生最小的生物学反应，无毒无磁，作为人体植入物，对人体无毒副作用；高强度、低弹性模量，既满足力学要求，又与人体自然骨弹性模量相近，可减少应力屏蔽效应，更有利于人骨的生长愈合；钛合金为生物惰性材料，在人体生理环境下具有有益的抗腐蚀性能，对人体生理环境不产生污染；一般钛合金的密度仅为不锈钢的56%，植入人体后大幅度减轻人体的负荷量。生物医用钛合金经历了纯钛与Ti-6Al-4V钛合金、改良钛合金、低模量β钛合金三个历程。

3.2 生物医用钛合金分类及性能

生物医用钛合金按材料显微组织类型可分为 α 型、α+β 型和 β 型钛合金三类。目前临床广泛使用的材料仍以纯钛和 Ti-6Al-4V 合金为主，但 β 型钛合金由于更低的弹性模量和更好的生物相容性已成为该领域的研究热点，是最有应用前景的生物医用钛合金。

表 3-1 是各种生物医用钛合金的力学性能。第二代生物医用钛合金弹性模量明显比第一代低，合金设计时 Nb 含量有增加的趋势且都是 β 型钛合金，Ti-35Nb-7Zr-5Ta 和 Ti-29Nb-13Ta-7. 1Zr 合金具有最低的弹性模量 55MPa，与人体骨的弹性模量 30MPa 最接近。因此开发较低弹性模量的生物医用 β 型钛合金已成为该领域的研究热点。目前国内外研究最为广泛的生物医用超弹性 β 钛合金是 Ti-Nb 系超弹性 β 钛合金。

表 3-1 生物医用钛合金的力学性能

材 料	标准	弹性模量/GPa	拉伸强度/MPa	合金类型
1. 一代生物材料				
工业纯钛	ASTM1341	100	240~550	α
Ti-6Al-4V 锻轧件	ASTM F136	110	860~965	α+β
Ti-6Al-4V 标准级	ASTM F1472	112	895~930	α+β
Ti-6Al-7Nb	ASTM F1295	110	900~1050	α+β
Ti-5Al-2. 5Fe	—	110	1020	α+β
2. 二、三代生物材料				
Ti-13Nb-13Zr		79~84	973~1037	亚稳定 β
Ti-12Mo-6Zr-2Fe		74~85	1060~1100	β
Ti-35Nb-7Zr-5Ta		55	596	β
Ti-29Nb-13Ta-4. 6Zr		65	911	β
Ti-35Nb-7Zr-5Ta-0. 4O	ASTM F1713	66	1010	β
Ti-15Mo-5Zr-3Al	ASTM F1813	82		β
Ti-Mo	ASTM F2066			β

近年来新型 β 型钛合金的研发主要有 Ti-Nb 系、Ti-Mo 系、Ti-Zr 系和 Ti-Ta 系合金。对人体有害的 V、Al、Ni、Cr 等元素逐步被生物相容性好的 Nb、Zr、Ta、Sn、Pt、Mo 等无毒元素取代。与其他体系 β 钛合金相比，Ti-Nb 系合金的弹性模量较低，更接近人骨的弹性模量 30MPa，并且不含有毒元素 Al 和 V，适合作为医用金属材料，目前对其研究开展较多。

3.3 生物医用钛合金的设计与开发

3.3.1 生物医用钛合金的选材设计

生物医用钛合金化选材设计时，合金添加元素的细胞毒性是首要考虑因素，同时要求所添加元素对钛合金综合力学性能的不良影响最小。金属 Ti 具有同素异构相转变，在 882℃时从低温的 α 相（hcp 结构）转变为高温的 β 相（bcc 结构）。根据合金元素在 α 相和 β 相中的溶解度（或根据它们对相变温度的影响），可将其合金元素大致分为 α 相稳定元素、β 相稳定元素和中性元素。目前国内外学者在进行医用钛合金化选材设计时，主要选用对人体有益的钛合金 β 相稳定元素 Nb、Mo、Ta、Hf 和中性元素 Zr、Sn 以及 α 相稳定元素 Al、O、N 等合金元素，而选材基本原则是根据合金元素在 Ti 及钛合金中的作用及相图决定的：一是利于新合金形成单一均匀相（替代式或间隙式固溶体），避免形成金属间化合物等硬质脆性相组织；二是通过影响 α+β/β 相变点，有利于后续的加工、热处理和显微组织及力学性能调控。

目前国内外已报道的各类新型医用钛合金多达近百个，合金设计包括二元系到六元系合金，合金元素涉及近 20 个。一般来讲，α 相稳定元素 Al、O、N 等对钛合金的强化非常有效，但通常降低材料的塑韧性并提高其弹性模量；而 Zr、Nb、Mo、Sn 能够使 Ti 基体强化而对塑韧性的不利影响较小，同时对降低弹性模量有利。通过对 β 型二元钛合金中添加元素的电子结构计算也同样证实中性元素 Zr 和 β 相稳定元素 Mo、Ta、Nb 有利于降低合金的弹性模量，而 α 相稳定元素 Al 可增加弹性模量，改变中性元素 Sn 在 TiNbSn 合金中的含量对合金低屈服应力和超弹性也有一定影响。针对新型 β 钛合金成分多元化和力学相容性设计要求，除了需严格选择和控制合金元素特别是 β 相稳定元素及配比（质量或原子比），特别需要关注合金多元化后对性能的耦合影响，因为已经证实 Zr、Sn、Mo、Nb、Ta 等元素对多元钛合金强度、塑性和模量等理化性能的影响，与其在合金中配比存在非线性或定量依存关系，不同元素对合金性能的影响各不相同，力学性能随着合金成分的变化显得更加复杂，这与二元合金的影响规律不尽相同。O 和 N 等气体杂质元素在提高合金强度的同时也使得弹性模量增大，因此通常按照微量元素来加入以调整其塑韧性及弹性允许应变。另外，Hf、Ta、Nb 元素虽然对合金低模量化和加工塑韧性调控有利，但原材料价格昂贵、熔点较高，不适于低成本化钛合金设计选材。

3.3.2 新型生物医用钛合金的开发

目前国际上已设计成功的低模量医用 β 钛合金多达 20 余种，已被纳入国际标准的新型医用 β 钛合金有 Ti13Nb13Zr、Ti12Mo6Zr2Fe（TMZF）、Ti15Mo、

Ti15Mo5Zr3Al 和 Ti45Nb 等，其中前 3 种是为了降低应力屏蔽效应和提高其生物力学相容性的要求由美国设计开发的。Ti15Mo5Zr3Al 是日本神户制钢在 Ti15Mo 的基础上按照提高耐蚀性和强度的要求进行设计的。Ti45Nb 合金起初也是由美国按航空航天用紧固件等零部件的要求进行设计，随后由于其高强度、低模量和耐蚀性好等综合性能而被引入生物医学工程领域。

随着低模量 β 钛合金的不断应用，日本开展了大量的研究开发工作，其中日本大同特殊钢公司采用 d-电子合金设计方法开发出了弹性模量最低约 55GPa 的 Ti29Nb13Ta4.6Zr（TNTZ）亚稳 β 钛合金。为了降低 TNTZ 合金成本和弹性模量，提高其强度及疲劳性能，又分别通过添加不同含量的 O 元素和 Cr 元素以及采用大塑性变形、累积连续冷轧、变形诱发相变、热机械处理等方法来优化合金的强度、弹性模量、塑性和超弹性等综合力学性能，揭示了 TNTZ 合金的模量随高压扭转次数或织构的增加而降低以及单晶 TNTZ 对晶体取向的依赖性；通过提高 O 含量来增加 Cr 元素和合金冷变形，使其弹性模量从 64GPa 提高至 77GPa，并因此提出了脊柱固定器用“自调节模量”类钛合金的设计方法。目前，能够达到模量自调节的新型钛合金除了 Ti-Cr 系合金，随后又开发了 Ti17Mo、Ti30Zr5Cr、Ti30Zr7Mo、Ti30Zr3Mo3Cr 等合金。日本科研人员设计的低模量钛合金大多是在 TNTZ 基础上陆续发展的，主要通过改变合金元素及其成分并立足低成本化理念来进行设计和研究，其应用方向不仅仅限于生物医学工程领域。

西北有色金属研究院自 20 世纪 80 年代开始致力于各类医用钛合金材料的设计和开发，尤其是在钛合金材料的产业化应用研究方面走在国际前列。自 1999 年以来已先后开发出 Ti2.5Al2.5Mo2.5Zr（TAMZ）、Ti3Zr2Sn3Mo25Nb（TLM）、Ti15Nb5Zr3Mo（TLE）、Ti10Mo6Zr4Sn3Nb（TB12）等多种新型医用钛合金并均获国家发明专利。2002 年研制出了两种新型介稳定 β 型钛合金 TLM、TLE，其设计原则是：

（1）选择对人体无毒性、可在 α-Ti 和 β-Ti 中充分固溶以及较低成本的合金元素，并选定 Ti-Nb 二元系作为合金设计的基础体系；

（2）采用 d 电子理论、Mo 当量经验公式及 β 相稳定系数相结合的方法，根据钛合金二元相图及 d 电子轨道相图计算，选择能够产生亚稳态相变及马氏体转变而使合金室温下处于介稳定相状态的设计参数；

（3）依据第一性原理计算了合金元素 Sn、Zr、Mo 及其含量对钛合金强度、模量及马氏体转变温度等因素的影响，并预先充分考虑了钛合金冷、热加工成形性特点，最后通过一系列工业实验验证而成功获得了具有综合力学性能宽泛且可调控的新型高强度低模量医用钛合金。

3.4 生物医用钛合金的熔炼

钛合金的熔炼技术主要包括真空自耗熔炼和真空非自耗熔炼两大类。真空自耗熔炼设备主要包括：真空自耗电弧熔炼（VAR）、电渣熔炼（ESR）和真空凝壳炉熔炼（GRE）；真空非自耗熔炼设备主要包括：真空非自耗电弧熔炼（NC）、电子束熔炼（EBM）、等离子束熔炼（PAM）等。其中VAR技术是工业钛合金最常用的熔炼方法，对于一些要求高洁净、低夹杂等特殊用途的钛合金材料也可采用EBM、PAM等熔炼方法。电子束熔炼炉（EBM）如图3-2所示。

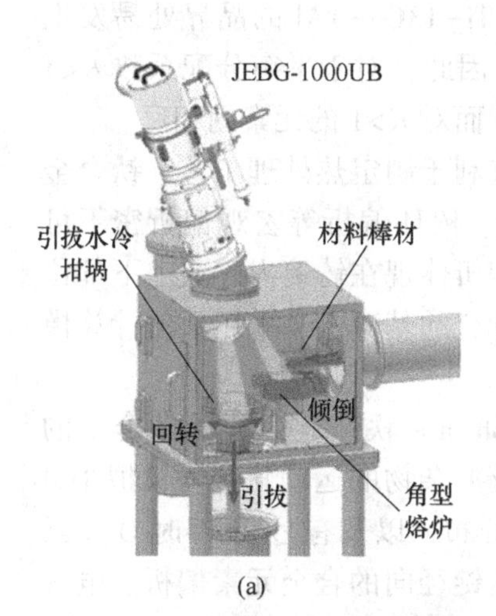

(a)

(b)

图3-2 电子束熔炼炉原理示意图（a）与实景图（b）

钛合金熔炼过程中的凝固行为对材料性能有较大影响。VAR过程中合金的凝固组织是由合金的成分及冷却条件决定的，在合金成分确定之后，合金凝固组织主要受传热条件控制。VAR钛合金铸锭凝固组织一般包括3个晶区，即表层的细晶区、铸锭外侧的柱状晶区及铸锭中心的等轴晶区，而不同晶区晶粒的形貌将会影响最后铸锭的性能。合金凝固过程中容易发生溶质再分配，而化学成分偏析是溶质再分配的必然结果。

宏观偏析主要表现在铸锭的内外或上下各部位之间的成分差异，其中液相长程对流对合金中的宏观偏析有重要影响。通过研究高Mo含量β型钛合金铸锭的偏析行为，认为结晶偏析可通过Ti铸锭尺寸规格控制、中间合金的种类选择、熔炼次数和熔炼电流的精确控制、成品铸锭的均匀化处理工艺选择等方法来进行预防，从而获得成分均匀性高、没有宏微观偏析的钛合金铸锭，为后续的冷/热压力加工奠定了基础。

通过对α型、α+β型和β型等多种典型钛合金在熔炼过程中合金元素分布的研究发现：Cu在铸锭横截面上从铸锭中心到边缘含量逐渐减少，在铸锭中心的含量最高；Ni、Cr、Fe、Mn与Cu有相同的偏析特征，而Mo的分布与以上元素相反。通过研究合金元素Al、Fe、Cr、Ni、Si、Zr、O、N在钛合金铸锭中的分布也得到了相同的宏观偏析规律。

对大规格 TA13 钛合金铸锭 Cu 组元偏析控制研究发现：在铸锭的轴向上区域，由于熔炼后期补缩阶段 Cu 元素的挥发，导致铸锭顶部的 Cu 含量相对较低；在铸锭内部，Cu 从铸锭中心到边缘含量逐渐减少，在铸锭中心的含量最高。对 Ti-2. 5Cu、Ti-3Fe、Ti-3Cr、Ti-13Cu-1Al 和 Ti-6Al-1. 7Fe 合金铸锭中 Cu、Fe 和 Cr 的偏析规律研究后发现：合金元素 Cu 和 Fe 的偏析程度大，Cr 的偏析程度小；Cu 和 Fe 含量越高，偏析程度越严重；Cu 在 Ti-13Cu-1Al 的晶界处易发生富集，而在 Ti-2. 5Cu 合金中容易出现晶界贫化。因此，对于平衡分配系数 $K<1$ 的合金元素，其从铸锭中心到边缘含量逐渐减少，而对 $K>1$ 的元素则相反。

通过医用钛合金冶金缺陷的形成进行分析，有利于制定热处理工艺。钛合金熔炼过程中冶金缺陷的形成与铸锭组织中的白斑、树环偏析等宏观偏析密不可分。钛合金铸锭中的常见白斑可分为 3 类。宏观偏析体现在铸锭内外或上下部位之间的成分差异，只有在温度场、浓度场和流场耦合的基础上，采用数值计算模拟才可定量预测宏观偏析。

研究人员通过采用 Parallel Virtual Machine Software 软件对 TC4 等钛合金的 VAR 过程进行分析，得到了 Al 元素的宏观偏析及夹杂物的运动轨迹。模拟 TC4 钛合金 VAR 过程中 Al 元素和 V 元素在铸锭上的分布，以及有/无搅拌时 O 元素在铸锭上的分布后，证实了电磁搅拌可显著减小铸锭径向的合金元素偏析。电磁搅拌之所以能有效地减轻或消除中心偏析，一方面是通过控制熔体的流动方式，改变枝晶之间的熔体流动情况；另一方面促进熔体填充因凝固收缩所产生的孔隙，控制游离晶体。

经真空自耗电弧熔炼的铸锭，在铸锭头部、中部、晶界及枝晶间等地方，往往存在一些宏观或显微的收缩孔洞，容积大且集中的称为缩孔，细小而分散的称为缩松，其中在晶界或枝晶间出现的缩松又称为显微缩松。任何形态的缩松或缩孔处都存在应力集中，这不仅会显著降低铸锭的力学性能，而且在铸锭开坯过程中容易产生裂纹。在后续深加工时缩松一般可以复合，但聚集有气体和非金属夹杂物的缩孔一般不能压合而只会伸长，更甚者会造成铸锭沿缩孔轧裂或分层，并在退火过程容易出现起皮、气泡等缺陷，从而降低产品的表面质量和成材率。利用 ProCAST 软件可对铸锭凝固后的缩松和缩孔进行计算数值模拟，并可初步确定实际铸锭缩松和缩孔的位置。

铸锭熔炼过程的数值模拟是材料学、物理学、数学以及计算机图形学等各学科的交叉，也是先进制造技术的前沿，开展铸锭熔炼过程的数值模拟可以帮助工程技术人员优化工艺参数，缩短实验周期，降低生产成本并确保铸锭的质量。目前国外对于 VAR 过程的数值计算已步入多物理场与多尺度耦合阶段，对于深入理解 VAR 过程中熔体流动、热传输、电磁作用、微观组织以及熔炼缺陷形成的物理化学现象具有重要意义。

3.5 生物医用钛合金的加工制备

3.5.1 常规加工制备技术

任何新型的医用钛合金材料设计定型后，只有易加工成不同形状和规格的板、管、棒、条等常规材料，才能满足不同外科植入物产品的后续精密加工需要。钛合金板、棒、管、锻件等半成品坯料首先需要采用高温（通常在合金相变点以上）大塑性变形以充分破碎原始的粗大铸态组织，而常用的热压力加工设备或方法主要包括自由锻造、精密锻造、快速锻造等。目前市场上常用的钛合金外科植入物及矫形器械产品，其精密加工所用的原材料主要为小规格的板、管、棒、线、丝、箔等深加工产品，采用挤压、轧制、旋锻、拉拔等 4 种加工方式即可获得。

在常规加工制备技术基础上，一些先进加工技术涌现出来，具有代表性的是大塑性变形加工和晶粒微纳米化处理和多孔化制备及微孔结构控制。

3.5.2 大塑性变形加工和晶粒微纳米化处理技术

与粗晶材料相比，具有微纳米结构的超细晶材料（在其晶体区域或其他特征长度的典型尺寸至少在一维方向上达到 100nm~1μm）往往具有优良的理化特性，一般具有较高的强度、硬度、疲劳寿命和低温超塑性、高应变速率以及优良的切削性能等综合力学性能，部分材料还具有良好的热稳定性、耐蚀性、耐磨性和生物学性能等。目前加工超细晶金属材料主要包括物理沉积、快速凝固、非晶晶化、机械合金法以及强力大塑性变形的挤压、轧制、拉拔等方法。其中，强塑性变形法（SPD，主要包括等径角挤压（ECAP）、累积复合轧制（ARB）等）凭借其强烈的细化晶粒能力、不易引入微孔和杂质以及可以制备较大尺寸块状样品等优点已引起广泛关注，该方法为传统医用金属材料力学性能的优化升级指明了一条新方向，也是解决目前医用纯 Ti 强度低、模量高、生物力学性能欠佳等问题的最佳途径。

国内在超细晶纯 Ti 研究方面，针对超细晶高强度和粗晶大塑性变形问题提出了新思路，研制出了一种以高强度的超细晶“硬”层片为基体并弥散分布着大塑性再结晶“软”层片的全新微观结构，其外科植入物用超细晶纯 Ti 的加工技术的具体制备方法为：首先对直径 26mm、长 120mm 的短棒和模具进行 450℃ 退火，然后采用 50%道次变形量进行 ECAP 制备，得到了直径 16mm 的棒材，其原始晶粒尺寸为 10μm，挤压角为 90°，共进行 8 道次后，平均晶粒尺寸为 260nm，抗拉强度从 460MPa 提高至 710MPa，屈服强度从 380MPa 提高至 640MPa，延伸率为 14%；然后再对直径 16mm 的棒材进行总变形量为 55%的冷轧后，其抗拉强度达到 1050MPa，屈服强度 1020MPa，延伸率 6%，断面收缩率30%。

西北有色金属研究院采用累积大变形冷轧技术，加工获得了直径0.5～20mm的TC4、TC4ELI两种医用钛合金细晶化的棒、线材，晶粒组织评级均达到A1级，其强度和塑性指标均优于同种工业化粗晶态的钛合金材料。随后，采用改进的ARB法-累积包覆叠轧技术，对新型高强低模量β钛合金TLM超细晶板、箔材进行了加工制备、微观组织及其力学性能的系统研究。

研究发现，随着复合层数的增加，超细晶薄板内部位错密度增加，超细晶粒所占比率增多，屈服强度、抗拉强度、表面硬度逐渐增大，弹性模量总体呈上升趋势。其中8层薄板材料内部均匀分布着晶粒尺寸约为100nm且被明显晶界包围的超细晶粒，其抗拉强度达到最大值1200MPa，比单层冷轧态薄板提高49%；而16层复合板内部充满了超细晶组织，平均晶粒尺寸约为50nm；当复合加工的箔材厚度为0.06mm时，抗拉强度达到1050MPa，而此时的弹性模量低至35GPa。另外，针对某骨科器械对钛合金箔材的需求，选用厚度为2mm的TLM板材，采用传统的冷轧技术和超大累积变形量（98%），通过优化道次变形量、润滑剂、低温消除应力处理等工艺参数，解决了钛合金箔材的冷变形难、表面褶皱或鼓包等技术难题，研制出了厚度0.02mm、宽度大于200mm、长度可达几十米的具有高强度、低模量和超弹性的TLM钛合金超细晶优质箔材。

3.5.3 多孔化制备及微孔结构控制技术

近年来临床应用研究发现，传统的Ti及钛合金因其弹性模量与骨相比仍较高，可产生“应力屏蔽或遮挡”现象，在这种应力条件下，缺少足够应力刺激的骨组织会出现退化。而工业上批量化生产的医疗器械的外形轮廓及三维结构与病患骨组织贴合度欠佳，也进一步加剧骨组织萎缩，甚至被吸收，最终导致植入体失去临床康复治疗效果。

为增强植入体与骨组织之间的相容性，加速骨整合，研究人员提出了在材料内部引入孔隙的方法，即将其制成整体多孔材料。与致密材料相比，多孔钛合金的强度和弹性模量明显下降，并且其密度、强度和弹性模量可以通过对孔结构的调整来达到与被修复替换骨组织的力学性能相匹配；另外，在多孔Ti的应力-应变曲线中，弹性变形后有一个较长的应力平台，能够对外来冲击力起到缓冲、减震和抗冲击的作用，这对人体承载部位的应用有重要的意义。并且多孔Ti材料独特的多孔结构及粗糙的内外表面将有利于成骨细胞的黏附、增殖和分化，促使新骨组织长入孔隙，使植入体同骨之间形成生物固定，并最终形成一个整体。此外多孔钛合金材料具有独特的三维连通孔，能够使体液和营养物质在多孔植入体中传输，促进组织再生与重建，加快愈合过程。

多孔金属材料已成为当今国内外生物材料研究的热点之一。目前，钛合金多孔材料制备技术主要包括液相、固相和金属沉积 3 类方法，其中以固相法中的粉末冶金法（PM）研究最多，粉末烧结的发泡物一般是 NaCl、TiH_2、碳酸氢铵等常用材料，也有尝试用 Mg 等新材料作为发泡填充物。Zimmer（捷迈）公司采用气相沉积制备的全球第一个商品化的医用多孔 Ta 材料（骨小梁金属）已用于人体皮质骨和和松质骨修复，其产品如椎体替代物、髋臼填充块、股骨头坏死重建棒等已面世。但该方法具有以下缺点：含有 1%的碳类杂质致使产品的塑性较差、需要制备玻璃或碳骨架（结构复杂难以制作大尺寸材料）、生产周期较长且成本较高。国内重庆润泽公司采用反模造孔-高温高真空烧结的方法也制备出了性能较好的多孔 Ta 材料。

西北有色金属研究院通过粉末冶金法制备出了与 3 种预期孔隙率（30%、50%和 70%）相近的新型多孔 TLM 钛合金。研究发现，当孔隙尺寸为 50~600μm 时，其孔洞分布和成分均匀、三维贯通性好，且孔的内壁表面粗糙并伴有微孔分布；多孔 Ti 的比表面积随着孔隙率的增加而增大，有利于提高成骨细胞的吸附能力和促进骨细胞的长入，可更好地保证其生物活性并利于生物固定；在基体金属粒度为 38~150μm 时，多孔 Ti 孔隙的结构特征和孔洞尺寸的大小主要由造孔剂决定；在 1100~1300℃ 范围内，随着烧结温度的升高，孔洞形状更规则，尺寸分布趋向均匀。多孔 TLM 钛合金的力学性能主要受孔隙率大小的影响。研究发现，随着孔隙率的提高，多孔材料的压缩强度和弹性模量急剧下降；粉末粒度对多孔材料的屈服强度和弹性模量也有一定的影响，在相同孔隙率下，粉末越细，多孔材料的力学性能越好；在相同粉末粒度和孔隙率下，与多孔纯 Ti 相比，多孔 TLM 钛合金具有高强度、低弹性模量的特点，如孔隙率为 45.9%（38μm）的多孔 TLM 钛合金的屈服强度为 264MPa，弹性模量为 6.4GPa，与人骨中松质骨的力学性能相近，具有良好的生物力学相容性，在骨移植材料方面具有良好的应用潜力。

3.5.4 生物医用钛合金的增材制造技术

钛合金材料表面经过多孔化处理后可为骨科器械提供所需要的合适三维微孔结构及适宜的临床生物力学性能要求，但大规模批量生产的外科植入物通常很难完全使其与周边骨组织精确紧密配合或高度吻合病灶的外部轮廓。由于人体骨骼的差异性、缺损部位形态的随机性，使得标准化的植入体常常不能满足临床使用要求。最好的人工假体应该是个性化产品，可满足患者个性化治疗的需求。增材制造技术（3D 打印）可使金属植入物的三维个性化设计、孔隙结构定制和快速净成形完美地结合在一起，这在所有的传统工艺中是不可想象的，并已成为高端个性化医疗器械设计、制造和应用推广的重点发展方向和未来发展趋势。

3D 打印对钛金属粉末有较高的要求。钛合金金属粉末一直是军工及民用各领域中用于粉末冶金产品生产的关键材料。与其他粉末冶金技术相比，3D 打印技术对于 Ti 粉的要求较高，除需具备良好的可塑性外，还必须满足粉末粒径细小、粒度分布较窄、球形度高、流动性好和松装密度高等要求。目前金属 3D 打印常用的钛合金粉末按粒度范围可分为细粉（15～53μm）、半粗粉（53～105μm）、粗粉（105～150μm），它是根据配置不同能量源的金属打印机工作特点而划分的：对于激光打印机，因其聚焦光斑精细，粉末补给方式为逐层铺粉，采用细粉作耗材比较适合；对于电子束或等离子束打印机，聚焦光斑略粗，粉末补给方式为同轴送粉，选用相对低廉的半粗粉或粗粉即可。3D 打印钛合金顶盖和胸廓如图 3-3 所示。

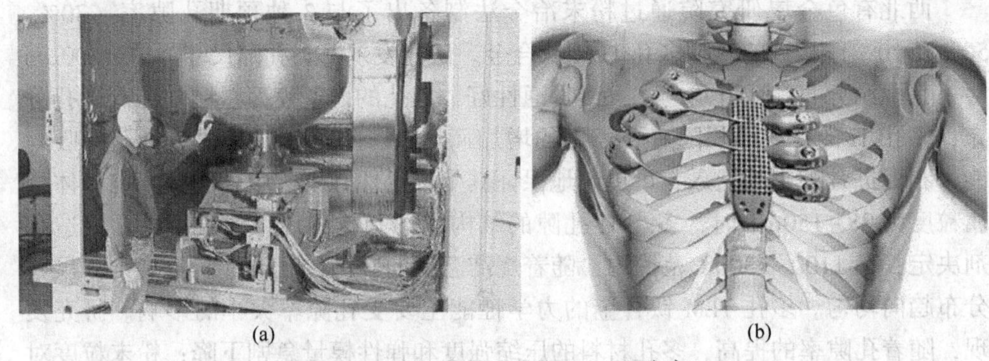

(a) (b)

图 3-3 3D 打印钛合金顶盖（a）和胸廓（b）

目前，气雾化法、等离子旋转电极法已成为生产 3D 打印金属粉末的主流制备技术。钛合金粉末的粒度、粒度分布和颗粒形状与生产金属粉末的方法和工艺密切相关。一般由金属气态或熔融液态转变成粉末时，粉末颗粒形状趋于球形；由固态转变为粉末时，粉末颗粒趋于不规则形状；而采用溶液电解法制备的粉末多数呈树枝状。采用氢化脱氢法所得粉末外形普遍呈现棱角或者锯齿状，从而在通过输送软管或者铺在 3D 打印床上时易出现彼此勾连。而球形精细金属粉体具有更好的流动性，且完美的球形导致粉末能够更紧密的堆积，所生产的器械产品无论是密度还是强度都比采用粗粉或无定形的质量更好。对于 3D 打印钛合金金属粉末而言，气体 O、N 杂质含量通常控制在 0.15%以下。因为打印过程中金属重熔后，元素以液体形态存在，易产生元素的挥发，且原始粉末中难免会掺杂卫星球、空心粉等微量次品，因此不可避免地在定制产品局部生成气孔缺陷，或者造成产品成分异于原始粉末或者母合金的成分，从而影响到产品的致密性及其力学性能。

生物医用钛合金材料的增材制造技术同样影响器件的性能。相比于传统的车、铣、刨、磨等减材技术，钛合金医疗器械加工若采用增材制造技术，不仅可带来更大的设计及制造自由度，而且对于具有复杂结构以及个性化产品的加工成本和效率上都体现出较传统技术无可比拟的优势。增材制造技术还很容易引入多孔互通结构以增加植入物的生物相容性，促进骨融合，在保证其生物力学行为的基础上达到最大的减重效果，并降低金属结构的硬度，从而尽量达到与天然骨匹配的力学性能，减小应力屏蔽效应。特别是，3D 打印技术使得根据实际应用环境，在不同部位采取不同材料和结构、或在特定区域设计特定理化性能，以达到设计需求的多功能的外科植入物成为现实，而这是采用粉末烧结等传统加工手段很难实现的。

20 世纪 90 年代国际上发展起来的激光立体成形（laser solid forming，LSF）等快速成形技术，目前已成功制备出多孔纯 Ti、TiNi 和 TC4 合金材料，并在人工关节臼杯上实现了多孔 CoCrMo/Ti6Al4V 功能梯度材料。3D 打印技术还能将钛合金、钴合金等医用金属粉末制作成患者所需的三维多孔金属植入物，在梯度孔径、孔隙、孔与孔之间完全实现三维贯通，而且金属假体的弹性模量完全可以由预先设计来确定。通过电子束加工（EBM）技术制造互通多孔 Ti6Al4V，通过控制孔隙率以及实体支架的尺寸，达到了不同力学性能；孔隙率在 55%~75%之间的激光选区熔化（SLM）法加工 Ti 结构件的压缩强度在 35~120MPa 之间，而孔隙率在 49.75%~70.32%的 EBM 法加工 Ti6Al4V 合金件的压缩强度在 7~163MPa 之间。

采用 3D 打印技术获得的多孔金属外科植入物在骨科器械应用方面具有独特优势：具有类骨小梁结构的金属骨植入物有利于人体骨细胞在其中黏附生长并与骨骼之间形成坚强的绞锁结合能力，可促进假体与骨界面的骨性愈合，从而延长假体的使用寿命。研究人员通过 CT 扫描和转换（mimics）及临床统计数据反馈，利用有限元分析研究了多孔结构、钛合金材料对预先设计的梯度多孔材料的力学性能的影响，并结合对数据和模型进行优化再设计，最后通过激光选区熔化制备出了类骨小梁组织的多孔 TLM 钛合金植入物材料。

3.6 生物医用钛合金的显微组织与力学性能控制

医用金属材料的微观组织、相转变、力学性能及其微观塑性变形机制与其加工、热处理过程控制关系密切。目前，国内外对新型医用 β 钛合金的组织与性能研究较多，主要因为此类合金不仅成分多元化，并且可通过不同加工和热处理使合金呈现出多种相结构和不同显微组织，而滑移变形、马氏体转变与孪生变形是 β 钛合金较常见的微观塑性变形方式。20 世纪 80 年代研究人员展开 β 钛合金的组织与性能关系的基础研究，围绕其低模量、超塑性和低屈服应力等现象，先后得出了马氏体相变、孪生控制、无位错变形等多种不同微观塑性变形机制。

目前，国内外学者的相关研究大多集中于固溶和时效工艺对钛合金组织中无热 ω 相及等温 ω 相的形成、α 相的形成过程、α′马氏体及其转变过程、变形诱发

ω 相或 α″以及 ω 相对 β→α 转变的影响。对 TiMo 合金的研究表明，Mo 含量为 10%时固溶淬火后的显微组织为 β+α″相；Mo 含量为 15%和 20%时变为 β+纳米级 ω 相，且随 Mo 含量的增加，ω 相的尺寸更小；同时随着 Mo 含量的增加，抗拉强度分别为 756MPa、739MPa 和 792MPa，延伸率分别为 24%、29%和 2%。

研究发现，Ti29Nb13Ta4. 6Zr 合金经 β 相区固溶后于 400℃以下低温时效，导致高的拉伸强度和疲劳寿命，这归功于时效形成的细小 α 相和 ω 相，在这个温度时效的合金 Young's 模量可从 100GPa 减少到 60GPa。但却与一般研究认为的 ω 硬脆相只能提高合金的弹性模量相反。有研究表明，合金经固溶形成的无热 ω 相和 400℃以下时效形成的等温 ω 相导致其合金 Young's 模量增大。也有认为，亚稳 β 钛合金在 α 鼻温和马氏体相变点间的温度时效后，可诱发等温 ω 相的形成，且 ω 相能给条状 α 相提供很好的形核地点。

Ti-(11~18)Mo 合金通过冷轧变形可导致 ω 相的形成。在研究脊柱内固定器用 β 型钛合金 Ti-(15~18)Mo 时，通过变形诱发 ω 相变可提高合金的弹性模量，应力诱发的 ω 相变伴随 β 机械孪晶的产生，从而使合金保持适当塑性的同时强度提高，尤其是 Ti17Mo 合金的弹性模量变化范围最宽并容易发生弯曲，且易达到脊柱固定器所要求的形状。通过弯曲和冷轧也可使合金组织发生应力诱发 ω 相变，从而使 Ti12Cr 合金具有自身调节其弹性模量的功能，即在手术时通过对合金局部区域进行弯曲变形来获得高的弹性模量，而不变形区域的弹性模量保持不变。在研究 TNTZ 自调节模量钛合金方面，发现抑制无热 ω 相变可提高变形诱发 ω 相变的增加，从而导致合金模量提高，进而提高脊柱固定器的弯曲性能；另外还发现剧烈的冷加工变形和时效、控制少量的 ω 相能够在保持低模量和良好塑性的同时，提高疲劳强度，且控制 TNTZ 中 ω 相的含量，使弹性模量低于 80GPa。

西北有色金属研究院对 TLM 钛合金的研究表明，固溶后的显微组织为 β 相和少量细长的 α″相，合金经低温 300~500℃时效的过程中，α 相的形成经历了 β→ω→α 和 α″→α 的 2 个相转变过程，微观组织揭示出 α″马氏体对亚稳 ω 相的形成具有一定的阻碍作用。其中固溶处理后的合金表现出低模量、适当的强度和优良塑性，而在 300~380℃长时间时效后获得不同尺寸及分布的 ω 相颗粒，其弹性模量比固溶处理的合金模量降低了 20GPa 左右；但当 ω 相长大到一定尺寸或 α 相即将形成阶段，合金弹性模量反而增大。TLM 合金经大变形冷轧后还发现，其轧制方向的弹性模量降低，其原因主要是应力诱发 α″马氏体转变引起的织构演化所致，而强度提高的原因是马氏体演变过程中高密度位错的形成及晶粒细化至纳米尺寸所致。

研究发现，影响钛合金弹性模量 E 的贡献率按相结构依次大体为 ω>α′>α>β≈α″，冷加工诱发的塑性变形或应变对 E 值影响很小；而对其显微硬度影响程度按相结构依次大体为 ω>α'>α>β>α″。鉴于此，首先利用介稳定β钛合金 TLM 高温固溶处理形成介稳β相或马氏体α'、α″等中间相（过渡相），然后利用其低温时效分解形成次生α相、ω相等二次析出相，或利用介稳β相的二次变形产生的应力诱发马氏体（或孪晶），就可能实现其弹性模量、抗拉强度等综合力学性能的优良匹配调控。

3.7 生物医用钛合金的表面改性

提高钛合金表面的生物活性、耐磨性、抗凝血性等功能特性并以此改善钛合金的生物相容性，已成为近年来科技工作者努力的发展方向。例如，采用各种物理和化学方法在医用钛合金表面制备一层与钛合金基体结合良好的活性陶瓷涂层或 TiO 及其复合涂层、嫁接大分子等，进而研究涂层与细胞生物化学反应，植入物与组织的相互作用。目前热点研究的生物活性陶瓷涂层体系主要包括羟基磷灰石（HA）、氟磷灰石（FA）、生物玻璃等，而阳极氧化法、微弧氧化法、等离子喷涂、溶胶凝胶法、磁控溅射法、离子束动态混合法、激发物激光沉积法等技术仍是当前研究者普遍常用的主要方法。

钛合金作为心脏瓣膜、血管支架等与人体血液接触器械产品的主要原材料，大量的实验证明裸支架植入血管后会诱导内皮细胞生长因子的激活从而导致内皮细胞增殖、迁移，并进而诱发平滑肌细胞增生，最终引发血栓形成而导致支架再狭窄。离子注入法等表面改性方法可有效提高医用钛合金表面的血液相容性，通过表面修饰使支架具有更好的血液相容性。

人工关节材料要求具备足够的耐磨性，否则因经常的微动和磨损而提前引起假体松动失效。针对医用钛合金耐磨性相对较差问题，目前有关钛合金耐磨涂层制备方法主要包括热喷涂、电镀与化学镀、物理和气相沉积、离子注入、磁控溅射、微弧氧化法以及表面复合处理等技术，常用的耐磨表面涂层有类金刚石膜、TiN 涂层等。其中离子注入技术不仅可以改善钛合金的表面硬度、降低材料表面摩擦系数，还可以进一步将表面功能改性，比如在 Ti 表面注入 Ca^{2+}，能够加速在材料表面形成 $Ca_3(PO_4)_2$，促进成骨细胞在材料表面的黏附生长，更有利于形成新的骨组织。而在 Ti-Ni 合金中等离子浸没离子注入 N，能显著减少 Ni^{+} 的释放，在不影响其记忆功能的前提下降低生物毒性。

针对钛合金表面微纳米化后其表面纳米结构有利于体内细胞的黏附、分化和增殖的特点，研究者们研究和开发出了 3 种可实现金属材料表面微纳米化的常用方法：

（1）表面涂层：将具有纳米尺度的颗粒固结在材料表面，形成一个与基体化学成分相同（或不同）的纳米结构表层，其主要特征是纳米层的晶粒大小较均匀，表层与基体之间存在明显界面，通过工艺参数可以调控纳米层的厚度和晶粒尺寸，但材料外形尺寸与处理前相比略有增加。该技术的关键是如何实现表层与基体以及表层纳米颗粒之间的牢固结合，并保证表层不发生晶粒长大。

(2) 表面自身微纳米化：对于多晶材料采用非平衡处理方法可增加材料表面粗糙度和自由能，使原始粗晶组织逐渐细化至微纳米量级，其主要特征是晶粒尺寸沿厚度方向逐渐增大，纳米层与基体之间不存在界面，材料与处理前相比其外形尺寸变化不大。目前表面机械加工处理和非平衡热力学法是采用非平衡过程实现表面微纳米化的两种主要方法。

(3) 混合方式：将表面纳米化技术与化学处理有机结合，即在材料的纳米结构表层形成与基体成分不同的微纳米晶固溶体或化合物，该方法因综合了上述方法的优点而更显实用化。

目前医用钛合金的表面纳米化研究多数集中在由表面机械加工处理导致的表面自身纳米化，主要方法包括机械研磨、超声喷丸、高速冲击等。而表面机械研磨处理方法（SMAT）是近年来新兴的一种表面纳米化技术，其操作简单，在表面纳米晶与基体组织之间不发生剥层和分离，应用潜力巨大，可为研究强烈塑性变形导致的晶粒细化及其力学行为提供理想条件。金属材料表面微纳米化后赋予其新的表面结构和状态，它不仅保持甚至提高了材料自身的力学性能，而且使其具有了纳米生物学的优点。

鉴于天然骨主要由具有微纳米结构的 HA 组成，对于骨科和齿科材料而言，设计和获取材料具有微纳米尺度的粗糙度表面显然很有必要。研究发现，具有纳米拓扑结构的粗糙表面对成骨细胞的增殖和分化较平滑表面敏感度增强，且材料比表面积及表面能随着其表面粗糙度增加而提高，这促使成骨细胞的黏附、增殖、碱性磷酸酶活性以及含钙矿物质沉积能力相应提高。

因此，表面微纳米化有利于提高钛合金表面活性，改善其生物相容性。钛合金表面氧化膜带负电荷可抑制血栓形成，提高了其血液相容性。而钛合金中 Zr、Nb、Ta 等元素易形成 ZrO_2、Nb_2O_3、Ta_3O_5 等硬质表面氧化膜，其致密表面可抑制金属离子溶出、提高耐蚀性，而其表面硬度提高也加强了原表面 TiO_2 层保护性，提高了耐磨性。已有研究表明，超细晶或纳米晶化处理后的钛合金的弹性模量降低，与皮质骨弹性模量更接近；而且其硬度也有一定增强，减少了骨关节面磨屑的产生，从而提高了钛合金的生物力学相容性。因此将表面微纳米化技术应用到人工关节、牙种植体与骨关节摩擦磨损接触的界面，将有助于延缓假体松动的发生。

将苯乙烯磺酸钠、甲基硅氧烷、醋酸乙烯酯、丝、壳聚糖、葡聚糖、RGD 肽等引入钛合金表面，可大大提高了涂层的生物活性。利用在植入材料与细胞之间基体透明质酸带负电的特性，在钛合金表面嫁接功能化氨基，可引导成骨细胞，进而引导骨形成。而采用细胞学和分子生物学方法将蛋白质、细胞生长因子、酶等固定在支架表面，可有效提高钛合金的血液相容性，减少并发症，引导内皮细胞快速准确定向生长，加快植入物内皮化速度。将具有生物活性的分子固定在血管内支架，可以明显地降低纤维蛋白原的吸附、沉积以及血小板的活化，显现出极好的生物相容性。

通过表面机械磨损处理（SMAT），在新型 TLM 合金上可制备出纳米和超细晶粒的 β-Ti 层，且纳米晶层表面的成骨细胞黏附、增殖、成熟和矿化显著增强。西北有色金属研究院采用将纳米管预涂层制备、载银处理与微弧氧化技术相结合以及一步电化学法在 TLM 合金上制备出了两种活性抗菌涂层，涂层表面 Ag 元素质量分数分别达到 3.1%和 3.6%，平板涂布法测试发现两种抗菌涂层在 1d 后对金黄色葡萄球菌的抑菌率分别达到 99.1%和 98.7%，且在 4d 后对金黄色葡萄球菌的抑菌率仍保持在 90.2%和 86.3%，与同期无 Ag 对照样相比抗菌效果显著。同时，还采用去合金化法在 TLM 钛合金表面制备出了具有纳米尺度的微孔层，该纳米微孔层没有引入复杂的、较脆弱的陶瓷或高分子涂层，不存在结合强度差的临床应用难题；并且人体组织直接与植入物结合而不存在额外界面，不仅没有涂层脱落的风险，而且组织/骨结合率与结合强度高，可实现快速骨整合与压力承载。细胞实验结果表明，去合金化 TLM 钛合金具有更高的亲水性和细胞黏附率，黏附细胞活性也高于未处理 TLM 钛合金。

近年来，随着材料科学、生命科学、临床医学及物理、化学、影像学等学科交叉发展和技术进步，具备细胞/基因活化和诱导功能的智能化生物材料是临床治疗发展的必然要求和趋势，它们可从分子水平刺激细胞的增殖和分化，引发特异性细胞反应，抑制非特异性反应，逐渐实现黏附、分化、增殖、凋亡及细胞外基质（ECMs）的重建，进而促进组织的再生与修复。赋予生物材料上述“生物功能化”，单凭冶金和加工过程无法实现，必须借助材料表面改性或修饰来改变其表面理化性质。表面修饰旨在介导材料表面与细胞的相互作用，如何控制生物材料的生物响应，抑制其非特异性响应，是生物材料表面修饰的出发点，而理想的表面修饰涉及表面元素特征、微观拓扑结构、亲水-疏水平衡、蛋白质吸附等各个方面。

基于细胞膜的两亲性双分子层结构及细胞膜的“流动镶嵌”模型，具有仿细胞膜结构的层层自组装技术并在生物材料表面工程和基因释放研究领域的应用正引起人们的广泛关注，为发展新的基因释放策略和开发基因活化生物材料提供了新的思路。材料表面的分子自组装不仅具有较大的流动性和可变形性，赋予细胞适宜的自组装生长材料表面拓扑结构，还能改善材料的生物相容性和降低非特异性作用。大量实验已证明材料表面的化学成分、组织（结构）形态、微观力学特性、表面能等都可转导为生物信号并在分子水平上有效地和特异性地调节人体附着细胞功能性基因的表达、信息核糖核酸的结构稳定、基因产物的合成等，从而有效地产生“材料的诱导性生物功能效应”，它不仅决定了生物材料的安全性、功能性、适配性，也决定了其对于重建人体机体组织和生理功能的调控性。

3.8 新型医用 Ti-25Nb-2Zr 钛合金的制备、加工与表面处理

目前研究比较广泛的生物医用钛合金系，按照其出现的早晚分别有 Ti-Mo 系、Ti-Nb 系以及 Ti-Ta 系合金。近年来，一系列具有低弹性模量，优秀的力学性能、耐蚀性及成形性且无潜在毒性的钛合金成为生物医用钛合金领域的研究热点。这些钛合金一般选取一种或者几种 β 相稳定元素，适当添加一些一般意义上的 α 相稳定元素或者中性元素改善性能。根据合金元素的选择原则，选取的 β 相稳定元素通常为 Nb、Mo、Ta，α 相稳定元素和中性元素为 O、Zr、Sn、Sc、Si、Ge 等。

从国内外研究应用现状来看，医用钛合金未来将向着以下几个方向发展：(1) 合金的元素的选取以注重无毒性元素为前提，如主要添加无毒的金属元素，如钼，铌，锆，钽，锡等；但需要进一步深入研究合金元素对钛合金组织和性能的影响，以便为新材料开发提供理论依据。(2) 合金的研制以 β 型钛合金良好的综合力学性能为基础，合金的性能趋于低弹性模量，高耐磨性，抗腐蚀性及高断裂韧性。(3) 合金的开发以优异的生物相容性为目标，需对开发出的各种医用材料进行大量的临床应用实验，更注重安全和实效。

基于对生物相容性和力学相容性的考虑，开发由无毒性元素且弹性模量与人骨接近的低模量生物医用 β 钛合金是材料研究工作者的研究方向。但是目前新型 β 钛合金的研究主要集中在国外，国内在这方面明显滞后，相关的研究很少。天津大学周宇等对此进行了较深入的研究。

3.8.1 锆含量对 Ti-25Nb 合金组织和力学性能的影响

以 Ti-25Nb 合金为研究对象，利用扫描电镜、金相显微镜、XRD 衍射分析仪、高温差热分析仪、拉伸试验机、显微硬度仪以及弯曲测试对微量锆元素的添加对 Ti-25Nb 合金的组织和力学性能的影响进行了研究，以期从不同锆含量的合金中选择出具有期望性能的，适合生物医用的钛合金。

实验所用原料列在表 3-2 中。

表 3-2 实验原料

原料	纯度/wt%	规格	产地
钛	99	0.6mm 厚板材	陕西宝鸡
铌	99	15mm×15mm 棒材	云南个旧
锆	99	0.5mm 厚板材	宁夏石嘴山

由于原料表面可能存在各种杂质及程度不均的氧化，所以在使用前必须对原料表面进行去除杂质及氧化皮处理。处理后材料按照名义成分进行配料计算和称料。熔炼设备采用高真空非自耗电弧熔炼炉，被熔炼的合金金属放置在水冷铜坩埚内，熔炼时炉内气氛是高纯惰性气体氩气。熔炼时，熔炼室内真空度可达 5×10^{-5}Pa，最大熔炼电流 1250A。

用高真空非自耗电弧熔炼炉制备了 Ti-25Nb(0~6)Zr（at%）合金。原料为纯钛，纯铌和纯锆。将合金原料块放入坩埚后，开始对熔炼室抽真空。待真空度达到 5×10^{-4}Pa 时，可以开始熔炼。起弧后先用 100A 的小电流将钛熔化，使其将铌和锆包裹起来。随后逐渐将熔炼电流升高至 250~300A，并将铌和锆缓慢熔化。待所有金属都熔化后，逐渐将熔炼电流提升至 450~500A，并打开磁控搅拌，在磁控搅拌条件下熔炼 4~5min 后结束熔炼。然后将合金锭翻过来再重复熔炼 5 次。最终熔炼成形状为圆饼状，重约 100g 的合金铸锭。所有合金铸锭在炼制完毕后经 1200℃保温 10h 的真空均匀化退火。进行成分分析所得结果如表 3-3 所示。依据实际合金的化学组成，计算各合金的 β 稳定系数，这些数值均在 1.32~1.38 之间，属于近 β 钛合金 β 稳定系数值范围内，所以证实本次实验所得钛合金均为近 β 型钛合金。

表 3-3 铸造合金 Ti-25Nb-(0~6)Zr（at%）的元素组成

合金	Nb	Zr	O	Ti
Ti-25Nb	25.17	0	0.23	Bal.
Ti-25Nb-Zr	25.32	1.24	0.21	Bal.
Ti-25Nb-2Zr	25.21	2.37	0.24	Bal.
Ti-25Nb-3Zr	25.35	3.25	0.26	Bal.
Ti-25Nb-4Zr	25.46	4.48	0.29	Bal.
Ti-25Nb-6Zr	25.53	6.67	0.29	Bal.

合金的 α+β→β 相变点是确定热机械加工工艺的重要参数。根据相变温度制定相应的锻造及热处理工艺，从而获得期望的合金组织。合金的相变点采用德国耐驰（NETZSCH）公司生产的 DSC 404C 高温差热分析仪进行测试。试样经过固溶处理，规格为 ϕ3mm×1mm。实验参数为：氩气保护氛围，加热速度为 5℃/min，加热区间为从室温（20℃）到 900℃。

根据 Ti-25Nb 合金二元相图可知 Ti-25Nb 合金的相变温度为 650℃左右，因此确定始锻温度为 1000℃，当试样颜色变为暗红或感觉变形抗力明显变大时回炉加热再进行第二火锻造。采用 C41-65 型 65kg 空气锤锻造，火次一般控制在两火，最终将试样锻打成截面为 13mm×13mm 的长方棒。

为了考察微量锆元素的添加对 Ti-25Nb 合金组织和性能的影响，因此对于所有合金统一采用β-固溶处理+水冷的热处理工艺对各成分合金进行热处理，以便在同样的条件下考察锆元素对合金各方面的影响。实验中采用SX-4-10M型箱式电阻炉对合金锻件进行热处理，具体工艺为850℃保温1h+水冷。

通过以Ti-25Nb系列合金为研究对象，利用扫描电镜，金相显微镜，XRD衍射分析仪，高温差热分析仪，拉伸试验机，显微硬度仪以及弯曲测试对微量锆元素的添加对Ti-25Nb合金的组织和力学性能的影响进行了研究，得出如下结论：

（1）锆元素对降低Ti-25Nb合金的相变点，抑制α相析出有一定的作用。合金中每增加1at%的锆元素，合金相变点约降低10K。

（2）锆元素可以细化Ti-25Nb合金的组织：随着锆元素添加量的增加，合金晶粒逐渐变小：当锆含量从1%增加到3%时，这一趋势并不明显；当锆元素添加量超过3%时，对合金晶粒长大的抑制作用较为显著。

（3）锆元素的加入对合金晶体结构并没有影响，XRD分析显示合金仍然为单一β相。但锆的加入使钛合金β相发生畸变膨胀并导致对合金的固溶强化。

（4）合金的强度随锆含量的变化呈现先增加后减小的趋势，并在锆含量为3at%时获得770MPa的抗拉强度；合金的弹性模量及显微硬度随锆含量的变化趋势则与抗拉强度相反，呈现先降低后升高的趋势，在锆含量为2at%时合金具有最低62GPa的弹性模量。综合考虑强度、塑性、弹性模量等力学性能指标，含锆量为2%的合金具有最优的综合力学性能匹配。

（5）拉伸试样的XRD分析显示，拉伸测试时Ti-25Nb-(2~3)Zr合金中发生了应力诱发马氏体相变并生成了α″相。

（6）拉伸断口分析显示随锆含量的增加，断口呈现由韧转脆的趋势，这些断口特征与拉伸性能变化的特点相符合。

（7）锆元素的添加对合金的马氏体相变温度有影响：锆含量为2%左右的合金在室温变形能生成马氏体，故其形状记忆效应较明显。同时，锆元素的添加还有一定的固溶强化作用，导致合金的弹性回复先升高后降低。对于2%的预应变，该系列合金均可获得75%以上的弹性回复，应变量继续增加，则弹性回复迅速下降。在一定应变条件下，该系列合金随弯曲次数增加，弹性回复的降低幅度随锆含量的增加而增加。

3.8.2 热处理及冷加工工艺对Ti-25Nb-2Zr合金组织性能的影响

钛合金进行固溶处理的目的是获得可以产生时效强化的亚稳定β相，即将β固溶体以过饱和的状态保留到室温。固溶处理的温度选择在（α+β）/β转变温度以上或以下的一定范围内进行（分别称为β固溶或α+β固溶），固溶处理的时间应能保证合金元素在β相中充分固溶。钛合金进行时效处理的目的是为了促进固溶处理产生的亚稳定 β 相发生分解，产生强化效果。时效处理的效果取决于时效温度和时效时间。时效温度和时效时间的选择应该以合金能获得最好的综合性能为原则。

Ti-25Nb-2Zr 合金一般不在铸态下使用，因为此时合金的综合力学性能较低，不能满足生物医学应用的要求。因此该合金需经过随后的锻造，热处理及冷加工后才能使用。Ti-25Nb-2Zr 合金是可以经热处理进行强化的合金，原因是存在 β→α 的组织转变。一般情况下，这种类型的钛合金在空冷或水冷的条件下都能得到单相的 β 组织，合金经过固溶和时效热处理后，在 β 晶粒内核晶界处析出细小弥散的 α 相，从而起到弥散强化的作用。在时效过程中，如果温度较低（一般低于500℃以下），在 β→α 的转变过程中还有可能会出现脆性过渡相 ω，ω 相硬而脆（HB500，$\delta=0$），虽能显著提高强度、硬度和弹性模量，但塑性急剧降低。所以经过热处理之后合金的性能发生剧烈的变化，主要的变化表现在拉伸轻度大幅度提高，断裂韧性和弹性模量也有不同程度的提高，但合金的塑性降低。

固溶、时效制度作为钛合金基本的热处理制度，显著影响着 β 钛合金的组织。已有的研究表明，对于 β 型钛合金，其第二相的形貌和大小将显著影响合金的强度、弹性模量及塑性。周宇等借助光学显微镜、X 射线衍射仪、扫描电镜（SEM）等手段分析合金显微组织及相组成的变化，同时采用显微硬度仪及拉伸试验机等设备对各种工艺下的合金试样的力学性能进行测试，研究了热处理及冷加工工艺对合金的显微组织及力学性能的影响规律。

实验热处理工艺参数的确定方法是通过对合金在相变点之上不同固溶工艺的比较，确定最佳的固溶制度；对该制度下处理的合金，变换时效制度，通过比较不同时效制度下合金的组织和性能，确定最佳的时效制度。实验首先考察了固溶温度对合金的影响，具体固溶工艺如表 3-4 所示。

表 3-4 合金的固溶处理工艺

编号	固溶工艺	编号	固溶工艺
ST01	750℃/1h/WQ	ST03	950℃/1h/WQ
ST02	850℃/1h/WQ		

其后实验考察了时效温度对合金的影响，具体工艺如表 3-5 所示。

表 3-5 合金的时效处理工艺

编号	时效工艺	编号	时效工艺
AG01	350℃/4h/AC	AG03	550℃/4h/AC
AG02	450℃/4h/AC	AG04	650℃/4h/AC

冷加工工艺考察了 Ti-25Nb-2Zr 合金经不同冷变形率（20%、40%、60%、80%）及退火处理（350～550℃，2h）后的显微组织，相组成及力学性能的变化，并分析变形过程中的主要变形特点。

通过分析热处理及冷加工工艺对 Ti-25Nb-2Zr 合金显微组织，拉伸性能及弹性模量的影响，得到以下结论：

（1）Ti-25Nb-2Zr 合金在 β 相变点以上固溶处理，空冷后保留等轴全 β 相组织，未见马氏体相 α′和 α″。合金具有较低的强度和优异的塑性，同时弹性模量也较低。随着固溶温度的增加，合金晶粒显著粗化，导致合金的强度，塑韧性下降。固溶工艺对合金的弹性模量没有显著影响。

（2）Ti-25Nb-2Zr 合金在固溶后在 350℃左右进行时效处理，在基体中析出硬脆相 ω 相。此时，合金的抗拉强度和弹性模量与固溶态相比显著升高，塑性大幅度降低。合金在 450℃左右时效，在基体中析出 α 相，同时合金的强度及弹性模量下降，延伸率也比 350℃时效有所提升。固溶后在 500℃以上时效处理，合金抗拉强度、塑性及弹性模量与固溶态基本一致，没有时效强化的效果。延长时效时间对析出物的形核率没有影响，对析出物的长大有一定作用但不是十分明显。

（3）Ti-25Nb-2Zr 合金在经过 20%～80%变形量的冷加工后，发生了应力诱发马氏体相变。由于应力马氏体相变和加工硬化的共同作用导致合金的强度在形变量较低时，合金的强度增加不显著。继续增加形变量，强度达到峰值后开始下降，但是幅度不大，同时韧性没有明显变化。冷加工导致应力诱发马氏体相变，合金在此状态下的弹性模量与固溶态相比有明显下降，但冷变形量对弹性模量没有显著影响。

（4）Ti-25Nb-2Zr 合金在经冷加工后在 450℃退火可获得良好的强度和塑性匹配。

3.8.3 表面氧化及钙磷层的制备对 Ti-25Nb-2Zr 合金的影响

针对 Ti-25Nb-2Zr 合金，利用扫面电镜（SEM）、能谱（EDXS）、X 射线衍射（XRD）、X 射线光电子能谱（XPS）、红外吸收光谱（FT-IR）以及原子力显微镜（AFM）等表征方法，考察该合金在空气中经不同温度氧化后表面氧化层组成和微观结构的变化规律以及随后钙磷层制备工艺对生长、组成及形貌的影响。

所采用的 Ti-25Nb-2Zr 合金为采用纯金属原料通过非自耗真空熔炼炉熔炼制备。熔炼后的合金铸锭在高真空烧结炉中进行扩散退火以便消除铸锭中的成分不均匀现象，具体工艺参数为在 1200℃保温 8h，然后随炉冷却。随后将均匀化后的铸锭在始锻温度 1000℃左右锻造成长方形棒材。锻造后的所有合金棒材经 850℃保温 1h 后水冷。随后将长方形棒材用电火花切割成截面积为 1cm×1cm 的长方体。最后沿长方体的长度方向将棒材切成厚度为 1.5mm 的薄片备用。

试样的氧化过程包括以下几个步骤：

（1）打磨：试样经 240~2000 号水砂纸依次打磨。磨制完毕的试样置于去离子水中，进行 5~6min 的超声清洗，随后浸泡于无水乙醇中，超声波清洗 5~6min，取出后进行真空干燥。

（2）电化学抛光：用高氯酸与冰醋酸的混合液（体积比 6∶94）作为电化学抛光液，钛片做阴极，待抛光试样做阳极，抛光电压采用 47.5V 左右，在室温的条件下进行抛光。将合金试样浸入抛光液中进行抛光，待合金试样表面光滑无缺陷后，迅速在去离子水中清洗掉试样表面的附着物。随后将试样分别置于去离子水和无水乙醇中超声清洗 3~4min，然后置于空气中自然干燥备用。

（3）氧化：将抛光后的合金试样用箱式电阻炉在 300℃、400℃、500℃ 和 600℃ 分别保温 2h，取出后备用。

试样的钙磷层制备是将经氧化处理后的合金试样先经预钙化处理后，然后置于 37℃ 的钙磷溶液中浸泡一定时间，具体实验步骤如图 3-4 所示。

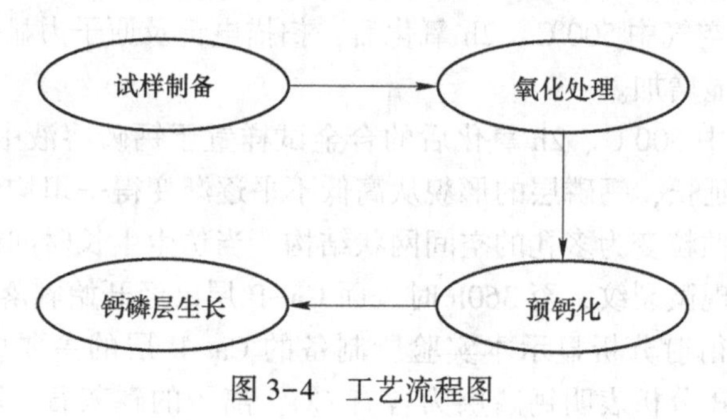

图 3-4 工艺流程图

（1）预钙化：将所有合金试样在温度为 40℃ 的饱和 Na_2HPO_4 溶液中浸泡 15h；之后取出试样并将其置于温度为 25℃ 的饱和 $Ca(OH)_2$ 溶液中浸泡 8h。

（2）钙磷层制备：将合金试样置于成分为表 3-6 中所示的钙磷溶液中浸泡。在钙磷层的制备过程中须保证至少 2 天更换一次容器中的钙磷溶液。

表 3-6 钙磷溶液的成分

成分	浓度/g · $500mL^{-1}$	成分	浓度/g · $500mL^{-1}$
NaCl	4.9103	$NaHCO_3$	1.701
KCl	0.2798	$Na_2HPO_4 \cdot 7H_2O$	0.201
$MgCl_2 \cdot 6H_2O$	0.2288	$CaCl_2 \cdot 2H_2O$	0.276
Na_2SO_4	0.0533	$(CH_2OH)_3CNH_2$	4.5428

（3）浸泡方式：为了考察浸泡方式对钙磷层形貌的影响，采用了两种方式进行浸泡，一种是垂直悬挂式，另一种是平铺放置式。

采用不同氧化工艺对 Ti-25Nb-2Zr 合金在空中进行氧化，随后对经 500℃空气中氧化 2h 的合金进行了预钙化处理并采用化学法在合金表面制备钙磷层。通过扫描电镜和能谱仪，X 射线衍射仪、原子力显微镜、傅里叶红外变换光谱、X 射线光电子能谱对合金的表面进行分析和表征，对氧化工艺表面形貌和组成结构的影响以及预钙化对合金表面形貌及成分的影响，以及浸泡时间对合金表面钙磷层的形貌及成分的影响进行研究后，得出了适合的氧化工艺和在合金表面采用化学法制备钙磷层的工艺，得出下述结论：

（1）Ti-25Nb-2Zr 合金在空气中氧化，在 300~600℃的温度区间内，表面氧化物将从亚稳态 Ti_xO_{2x-1} 氧化钛先转变为锐钛矿，最终转变为稳定的金红石型氧化钛。其中在 500℃空气中氧化可以得到结晶度较高的、近棱柱形纳米金红石结构 TiO_2。

（2）氧化前后，合金表面都是由 TiO_2、Nb_2O_5 和 ZrO_2 组成。但是氧化前后又存在差别，经 500℃、2h 氧化后合金表面层中的 TiO_2 含量增加，而 Nb_2O_5 和 ZrO_2 含量却明显降低。

（3）合金经空气中 500℃、2h 氧化后，扫描电镜及原子力显微镜观察显示合金表面粗糙度明显增加。

（4）经空气中 500℃、2h 氧化后的合金试样置于钙磷溶液中进行仿生生长，随着生长时间的延长，钙磷层的形貌从高低不平逐渐变得平坦均匀，而微观结构也从相互链接的颗粒变为多孔的空间网状结构。当仿生生长时间超过 3 天后，钙磷层表面开始出现微裂纹，至 360h 时表面 Ca-P 层已经开始剥落。

（5）X 射线衍射分析显示本实验所制备的 Ca-P 层的主要成分为羟基磷灰石。XPS 及 FI-IR 分析表明钙磷层为含有 CO_3^{2-} 离子的磷灰石。因此，可称之为类骨磷灰石。

4 钒钛基储氢合金

4.1 储氢合金的概念

一些金属化合物具有异乎寻常的储氢能力，一定条件下能吸收氢气，一定条件能放出氢气，这些化合物可以像海绵吸水一样大量吸收氢气，并且安全可靠，人们形象地称之为储氢合金。如稀土类化合物（$LaNi_5$）、钛系化合物（TiFe）、镁系化合物（Mg_2Ni）、钒系合金（bcc 固溶）以及钒、铌、锆等金属合金。其循环寿命性能优异，并可被用于大型电池，尤其是电动车辆、混合动力电动车辆、高功率应用等等。

储氢合金（hydrogen storage metal）具有很强的捕捉氢的能力，它可以在一定的温度和压力条件下，氢分子在合金（或金属）中先分解成单个的原子，而这些氢原子便“见缝插针”般地进入合金原子之间的缝隙中，并与合金进行化学反应生成金属氢化物，外在表现为大量“吸收”氢气，同时放出大量热量。而当对这些金属氢化物进行加热时，它们又会发生分解反应，氢原子又能结合成氢分子释放出来，而且伴随有明显的吸热效应。储氢合金的储氢能力很强。单位体积储氢的密度，是相同温度、压力条件下气态氢的 1000 倍，也即相当于储存了 1000 个大气压的高压氢气。储氢合金-氢气的相平衡图可由压力-浓度等温线，即 $p-c-T$ 曲线表示，如图 4-1 所示。

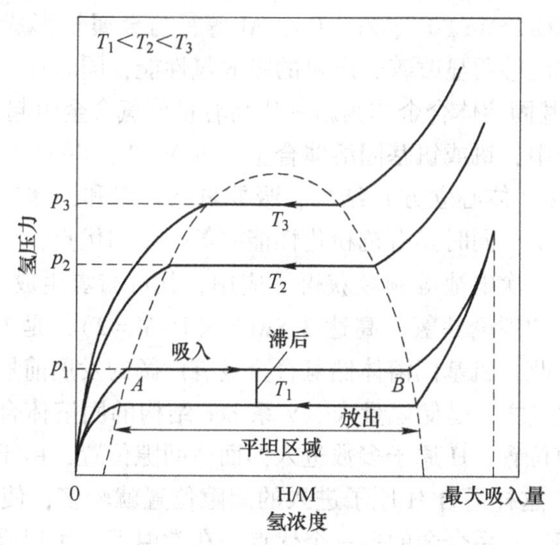

图 4-1 储氢合金 $p-c-T$ 曲线示意图

研究证明，储氢金属之所以能吸氢是因为它和氢气发生了化学反应。首先氢气在其表面被催化而分解成氢原子，然后氢原子再进入金属点阵内部生成金属氢化物，这样就达到了储氢的目的。由于该反应是一个可逆反应，M（金属，固相）+H_2（气相，p_{H_2} 氢压力）⇌MHX（金属氢化物，固相）。所以，在使用时可致氢气的释放。

称得上“储氢合金”的材料就像海绵吸水那样能可逆地吸放大量氢气。一旦氢与储氢合金接触，即能在其表面分解为 H 原子，然后 H 原子扩散进入合金内部直到与合金发生反应生成金属氢化物。此时，氢即以原子态储存在金属结晶点内（四面体与八面体间隙位置）。在一定温度和氢压条件下的这一吸、放氢反应式可以写成：

$$\frac{2}{y-x}MH_x + H_2 \rightleftharpoons \frac{2}{y-x}MH_y$$

合金吸氢时放热，放氢时吸热。

从上述的简单描述中我们可以进一步归纳出这种储氢技术的特点和适合的应用领域。储氢合金对氢具有选择吸收特性，只能吸氢而不能吸收（或极少吸收）其他气体，这使其具备了提纯或分离氢气的功能。氢化反应后氢是以原子态（而不是分子）方式储存，故储氢密度高，安全性好，适于大规模氢气储运。

4.2　钒基储氢合金的种类与特性

钒是常温常压下可以吸放氢的唯一元素，且氢在金属钒及其氢化物中有很高的扩散系数，因此钒被认为是很有发展前景的高容量储氢材料。但纯钒表面极易形成钝化膜，氢化过程困难，阻碍了其实际应用。近些年来，人们通过添加其他元素，如 Ti、Ni、Cr、Mn、Fe、Zr、Co、Al 等，与金属钒形成二元、三元以及多元固溶体合金，能够明显改善金属钒的吸放氢性能，同时在一定程度上降低了 VH 的稳定性。钒基固溶体合金作为新一代高容量储氢合金引起人们的广泛关注。

在储氢合金当中，钒或钒基固溶体合金（如 V-Ti、V-Ti-Cr、V-Ti-Fe、V-Ti-Ni 等）具有 bcc（体心立方）结构，吸放氢条件温和，储氢量大，氢在氢化物中的扩散速度较快，同时具有抗粉化性能好等一系列优点，已在氢气的储存及提纯、热能系统、二次电池等领域获得了应用，其可与氢生成 VH、VH_2 两种氢化物，其中，VH_2 的理论储氢量高达 3.8wt%（H/M=2），是 $LaNi_5$ 等稀土系合金的 3 倍左右。因此，钒基固溶体储氢合金具有广阔的发展前景。

V 系合金的优点之一是储氢量大。V 系 bcc 结构的固溶体合金有四面体间隙位置和八面体间隙位置，H 原子多数进入四面体间隙位置，由于每个晶胞中存在 12 个四面体间隙，这样适合 H 原子进入的间隙位置就较多，使得 V 系固溶体合金的理论储氢量高。V 系合金的另一个优点是在常温下就可以吸放氢，非常有利于实际应用。这些特点都使 V 系储氢合金得到人们的重视。

尽管如此，钒系合金作为实用的储氢材料仍存在一些缺点，如有效储氢容量低。由于吸氢所形成的低氢化物（β 相）过于稳定，其氢释放反应在常温常压下很难发生，所以只有形成高氢化物（γ 相）才能可逆地加以利用；难于活化，吸氢平台不够平坦，动力学性能差，碱液中的电化学特性差等。而添加合金元素可以影响生成氢化物的稳定性，改善合金的吸、放氢特性和电化学特性。如在 V-Ti 合金中添加第三种元素 M（Cr、Mn、Fe、Ni 等），使合金能够快速吸、放氢，且有效吸氢量提高，电化学活性得到改善。因此，为了使 V 系合金能够实用，合金化已愈来愈引起人们的重视。

钒基固溶体合金的储氢量与合金中钒元素的含量相关，合金与氢气的反应主要是钒元素同氢气的反应。金属钒与氢气可直接发生反应，生成 VH_x（$x=0\sim2$），其反应式为：

$$V+\frac{x}{2}H_2 \longrightarrow VH_x$$

通过研究 VH_x（$x=0\sim2$）体系的各种氢化物的晶体结构，发现当 $x<1.0$ 时，氢化物为体心结构，体胀率小于 14%，抗粉化能力较好；$x=1.0$ 时，氢化物的结构可能由体心立方（bcc）向面心立方（fcc）转化，但 bcc 相对稳定；当 $x>1.0$ 时，氢化物皆为 fcc 结构，体胀率明显增大，抗粉化能力降低。可见，钒与氢气发生反应时，随着氢含量的变化，在 $p-c-T$ 曲线上可能会出现两个压力平台。钒同氢气反应的最大特点是温度低，室温下就可达到很大的吸氢量，如表 4-1 所示。

表 4-1 不同温度下 H_2 在金属钒中的溶解度

温度/℃	20	150	300	400	500	600	700	800	900	1000	1100
溶解度/$cm^3 \cdot kg^{-1}$	15000	8200	6000	3800	1840	1000	640	450	320	240	200

如前所述，钒或钒基固溶体合金吸氢时可生成 VH 和 VH_2 两种不同类型的氢化物，在 $p-c-T$ 曲线上有两个相应的压力平台，分别是 $VH \rightleftharpoons V$ 和 $VH_2 \rightleftharpoons VH$。利用量子化学方法计算 VH_x（$x=0, 1, 2$）的电子结构发现，同 VH 相比，VH_2 的 V—H 键级较小、费米能级较高，说明 VH_2 中的氢气容易释放出来，VH 比 VH_2 要稳定。V→VH 反应，在室温下平衡氢压很低（约 10^{-9}MPa），由此估算出的吉布斯能变化约为-22.8kJ/mol，说明此反应的正反应平衡常数极大，即 VH 转化为 V 的放氢过程很难进行；相比之下，VH_2 转化为 VH 容易得多。由此可见，第一个平台 $VH \rightleftharpoons V$ 的放氢反应难以进行，不能得到有效利用；但就第二个平台的吸放氢特性来看，其可以在温和条件，即接近室温和常压下进行。所以，钒或钒基固溶体合金可以释放出所吸收的全部氢容量的一半左右，即它的有效储

氢量约为 1.9wt%。

V 系固溶体储氢合金经历了从金属 V 到 VTi 二元系再到 V-Ti-M 三元系的发展，现在又出现了性能更好的多元系 V 基合金，性能不断提高。

V 系合金的氢化物结构都很相似：氢化以前是 bcc 结构的固溶体，随着氢化会生成 bcc、bct 的低氢化合物，随着氢浓度升高氢化物会变成 fcc 结构的高氢化合物，后者的稳定性一般较前者低。

4.3 钒基储氢合金的制备方法

目前，钒基固溶体合金的制备方法有很多种，如传统的熔炼法、机械合金化法、还原扩散法、共沉淀还原法和燃烧合成法等。钒基固溶体储氢合金所采用的制备方法不同，所得合金的性能有较大的差异。

4.3.1 熔炼法

熔炼法是目前制取钒基固溶体合金最常用的方法，工艺较成熟。原料为高纯度的金属，纯度一般在 99.9%以上，多数原料为电解产物，主要是为了减少杂质对储氢合金储氢性能的影响。

目前，钒基固溶体合金采用以纯金属钒、钛等为原料，用真空（或 Ar 气氛下）感应熔炼或真空（或 Ar 气氛下）电弧熔炼的方法制得。当采用磁悬浮坩埚真空感应熔炼制备合金 $Ti_{0.096}V_{0.864}Fe_{0.04}$ 时，合金试样在磁悬浮坩埚真空感应炉中反复熔炼 3 次，制备出的合金具有较好的吸放氢压力平台特性，20℃时的最大吸氢量为 3.75wt%，有效放氢量为 2.01wt%，还具有易活化、吸氢速度快、抗粉化等特点。当采用电弧熔炼法制备 $V_{30}Ti_{35}Cr_{25}Fe_{10}$ 合金时，所得合金拥有理想的吸放氢性能。

4.3.2 机械合金化法

机械合金化（MA）或机械磨碎法（MG）是 20 世纪 60 年代末发展起来的一种制备合金粉末的技术，一般在高能球磨机中进行。机械合金化法与传统熔炼法显著不同，它不需使用任何的加热手段，只利用机械能，在远低于合金组元熔点的温度下由固相反应完成合金的制备。采用机械合金化法制备 $V+LaNi_5$ 复合合金时，先将清洗好后的金属钒与 $LaNi_5$ 合金按一定的比例置于星式球磨机中，在 Ar 气氛中进行有控制的机械研磨，样品与球重量比为 1：20，结果表明，制备出来的合金在室温下很容易活化，且抗粉化性能较金属钒优越。

4.3.3 燃烧合成法

燃烧合成法（简称 CS 法），又称自蔓延高温合成法（SHS 法），它是利用高放热反应的能量使化学反应自发的持续下去，从而实现材料合成的一种方法。燃烧合成法在制备钒基固溶体方面有一定的应用。当利用自蔓延高温合成法合成$V_3TiNi_{0.56}Al_{0.2}$储氢合金时，合金的相结构同其他方法合成的相同，合金具有一定的吸放氢性能，饱和吸氢容量为0.092L/g。这里，钒源为V_2O_5（工业钒片），其价格不到纯金属钒的20%，故此法可以降低钒基固溶体合金的制备成本。

4.3.4 还原扩散法

还原扩散法是将元素的还原过程与元素间的反应扩散过程结合在同一操作过程中直接制取金属间化合物的方法。该法一般采用钙或氢化钙作还原剂，合成原料为氧化物。还原扩散法在制备LaNi5系、Zr-Ni系、Ti-Ni系等储氢合金方面有着比较广泛的应用，而在制备钒基固溶体方面则不多见。当采用还原扩散法直接制备V-Ti二元系合金粉末时，原料为V_2O_3与TiO_2，在1173K下通过还原剂Ca的还原和熔剂$CaCl_2$的作用，可得到成分均匀的合金粉末，合金中Ti含量的偏离小于5mol%，氧含量低于0.543wt%，活化后的合金具有一定的储氢能力。

4.3.5 共沉淀还原法

共沉淀还原法是在还原扩散法的基础上发展起来的，是一种软化学合成的方法。具体地说，共沉淀还原法是从合金各组分的盐溶液出发，在混合的金属盐溶液中添加沉淀剂（如Na_2CO_3等）进行共沉淀，得到各组分混合均匀的共沉淀产物——前驱体，经灼烧成混合氧化物，用金属钙或CaH_2还原而制得储氢合金的一种方法。早在20世纪80年代，我国的申泮文院士等人首次提出了共沉淀还原法工艺，并应用共沉淀还原法制取了钛系储氢合金和稀土系储氢合金，为制备钒基固溶体储氢合金提供了新思路。该方法的优点主要有：

（1）不需要用昂贵的高纯金属作原料，用工业级的金属盐作原料即可；

（2）合成方法简单，对设备要求低，成分均匀，基本上无偏析现象，能耗低；

（3）所得合金是具有一定粒度的粉末，无需粉碎，比表面积大，易活化；

（4）可用于储氢合金的再生利用，成本低。

化学共沉淀各组分之间混合高度均匀，达到了原子或分子水平的混合，这有利于精确控制各组分的含量，且反应活性高，可显著降低合金化反应温度，从而降低了对工艺和设备的要求；而且共沉淀还原方法所用原料易得，初始原料可采用价格相对低廉的偏钒酸铵、二氧化钛等，可望大幅降低成本。

共沉淀还原法在制备钛系、稀土系储氢合金上有着广泛的应用，但在制备钒基固溶体储氢合金方面尚未见到相关报道。

上述几种方法中，制备钒基固溶体储氢合金的一般方法——物理方法（熔炼法和机械合金化法）制备合金的成本高，耗能大，需要粉碎，破坏了晶粒结构的完整性，所得的合金粒径一般较大且分布不均匀，材料组分难以控制，易混入杂质等，这些都严重影响了合金的性能；燃烧合成法虽有利于提高钒基固溶体合金的吸氢能力，且不需要活化处理和高纯化，但如果要合成定量比的合金，其反应物用量较难控制；采用一般的还原扩散法制备钒基固溶体储氢合金，虽然合金的化学成分易控制、制备成本较低，但在制备合金时，还原产物始终保持固体状态，合金的形成要靠钒、钛等之间的接触扩散来实现，另外，由于被还原的金属钛颗粒周围常有氧化钙存在，合金化较难完成，一般需要在950℃以上的高温下反应4h左右，得到的合金颗粒也较大；而共沉淀各组分之间的混合高度均匀，达到了原子或分子水平的混合，这利于合金化，使组分间的扩散路程大大缩短，所以可以在温和条件下完成合金化反应，反应耗时少，降低了对工艺和设备的要求，这是使用各组分沉淀或纯金属的机械混合物所难以达到的，而且该方法原料易得，可望大幅降低成本。综上，都显示了共沉淀还原法工艺的优越性。

4.4 钛基储氢合金的种类与特性

钛基储氢合金的典型代表是TiFe、TiNi、TiZr等，钛基合金大部分为AB型合金。按照元素组成来分，钛基储氢合金可分为基本的四类：

（1）钛铁系合金。钛和铁可形成TiFe和$TiFe_2$两种稳定的金属间化合物。$TiFe_2$基本不与氢反应，TiFe可在室温与氢反应生成$TiFeH_{1.04}$（四方结构）和$TiFeH_{1.95}$（立方结构）两种氢化物。TiFe合金室温下释氢压力不到1MPa，且价格便宜。但活化困难，抗杂质气体中毒能力差，且在反复吸释氢后性能下降。为改善其储氢特性，可以用过渡金属等置换部分铁的$TiFe_{1-x}M_x$合金。过渡金属的加入，使合金活化性能得到改善，氢化物稳定性增加。

（2）钛镍系合金。Ti-Ni合金有三种化合物，即Ti_2Ni、TiNi、$TiNi_3$。常用的合金化措施是在Ti_2Ni或TiNi合金中加入Zr、V代替部分Ti可以提高电化学容量；加入Co、K则可以提高循环寿命。

（3）钛锰系合金。Ti-Mn合金是拉维斯相结构，二元合金中$TiMn_{1.5}$储氢性能最佳，在室温下即可活化，与氢反应生成$TiMn_{1.5}H_{2.4}$。TiMn原子比Ti/Mn＝1.5时，合金吸氢量较大，如果Ti量增加，吸氢量增大，但由于形成稳定的Ti氢化物，室温释氢量减少。

（4）钛锆系合金。Ti-Zr合金是具有代表性的新型储氢合金，例如$Ti_{17}Zr_{16}Ni_{39}V_{22}Cr_7$已经成功地运用于镍氢电池。其中添加V、Zr可提高单位体积的储氢能力，而添加Cr是为了增强合金的抗氧化性，提高镍氢电池充放电的周期寿命。

按照合金的晶体内部构造和原子比值来分类时，钛系储氢合金可分为三类：

（1）A_2B 型钛系储氢合金。以 Ti_2Co 合金为代表，Ti_2Co 合金最大的特点是储氢量非常大，H/M 约为 1.26，相当于 2.4%（质量），用 Ni 和 Mn 等置换合金中的一部分 Co 所得的 Ti_2（CoNiMn）合金有效地改善了合金 $p-c-T$ 曲线的平台特性。

（2）AB 型合金。AB 型合金主要有 TiFe、TiCo、TiNi 等，TiFe 合金储氢量最大而且便宜，但有初期活化较困难等缺点，当前对其改良型合金的开发十分活跃。

（3）AB_2 型合金。AB_2 型合金主要有 $TiCr_2$、$TiMn_{1.5}$、$TiCo_2$、$TiFe_2$ 等。$TiCr_2$ 的储氢性能较好，当前开发了用 Mn、Fe 等元素置换一部分 Cr，以及用 Zr 置换一部分 Ti 的合金。

4.5 Ti-Zr-Ni 储氢合金的储氢性能及制备方法

研究发现，Ti-Zr-Ni 原子堆垛结构中拥有大量的四面体和八面体间隙，可以作为一种储氢材料使用。同时，它还具有成本低、储氛易活化、循环性能好等优点。文献报道，$Ti_{61}Zr_{22}Ni_{17}$ 准晶的储氢含量达 2.8wt%，超过许多金属间化合物储氢合金的含量。现行的 Ti-Zr-Ni 准晶关注的焦点是，探索合金制备方法和改善储氢性能两方面。近年来研究的合金体系有 Ti-Zr-Ni-Y、Ti-Zr-Ni-Cu、Ti-Zr-Ni-Pd 等。一些不同结构的 Ti-Zr-Ni 基合金储氢容量见表 4-2，与其他材料的储氢性能对比如表 4-3 所示。

表 4-2　一些 Ti-Zr-Ni 基合金最大储氢量

合金结构类型	组成	氢化条件	储氢量（H/M）
准晶态	$Ti_{45}Zr_{38}Ni_{17}$	球磨	1.65
准晶态	$Ti_{45}Zr_{22}Ni_{33}$	230℃、高压	1.86
非晶态	$Ti_{45}Zr_{22}Ni_{20}Si_8$	230℃、高压	1.17
Laves 相	$Ti_{45}Zr_{25}Ni_{30}$	球磨	0.98

表 4-3　Ti-Zr-Ni 准晶与其他热点金属氢化物的储氢性能对比

材　料	储氢量（H/M）	储氢含量/wt%	备　注
$LaNi_5$	1.1	1.5	Ni 金属氢化物电池中的负极
TiFe	0.9	1.6	需高压或表面激活
Mg	2.0	7.7	轻质，昂贵
V	2.0	3.8	昂贵
$Ti_{45}Zr_{38}Ni_{17}$	1.7	2.5	成本适中，高储量，需表面激活

自从 Ti-Zr-Ni 基准晶被发现以来，其良好的储氧性能受到广泛的关注，现在研究的热点方向主要在 Ti-Zr-Ni 基准晶的制取以及其储氢性能上。现行的 Ti-Zr-Ni 准晶制备方法主要有快速冷却法、机械合金化法、熔融纺丝法和甩带法。

快速冷却法是通过各种快速冷却的方法冷却熔化的合金液体使其凝固，金属相在冷却过程中由于冷却速度较快来不及形核和长大，从动力学上就抑制晶体结构的形成，使合金由熔化态不转变为晶态而直接变为非晶态或准晶态。

熔融纺丝法是采用各种方法使合金元素在气体保护下熔化，冷却制成常规铸态合金，再利用熔融纺丝法将铸态合金制备成准晶态或非晶态合金的方法。

机械合金化法是通过金属球撞击使合金粉末间造成冷焊或断裂，从而形成层状的微观组织结构，继续球磨，最后形成超细的复合材料粉末，最后通过固态扩散反应形成均匀的准晶合金。

甩带法是用于液体快速冷却的一种方法，甩带法使用的滚筒从内部用水或液氮冷却，一股薄的液体流滴在转动的滚筒上，从而达到快速冷却的效果。这种方法主要制造需快速冷却的材料，例如非晶或准晶等。其冷却速度可达到 104～106K/s。

4.6 TiFe 合金的储氢性能

TiFe 系合金是 AB 型储氢合金的典型代表，图 4-2 为 Fe-Ti 的二元相图。

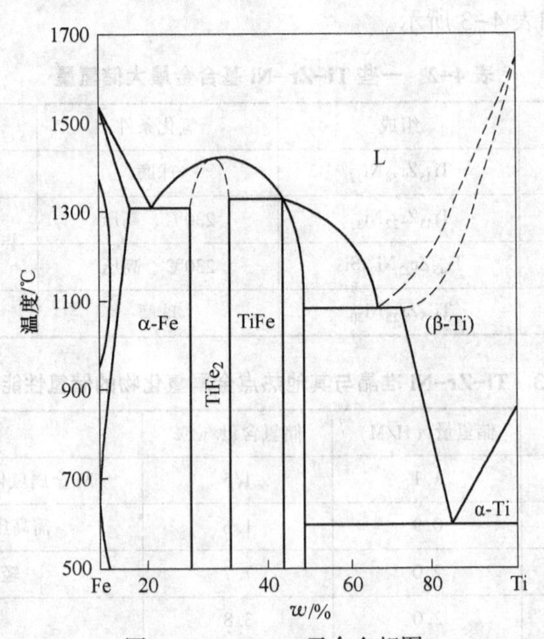

图 4-2 Fe-Ti 二元合金相图

由 Fe-Ti 系相图可以看出：Fe 和 Ti 反应生成两种稳定的金属间化合物 TiFe

和$TiFe_2$。但也有人认为：温度高于1000℃时，还存在另一种金属间化合物Ti_2Fe；当温度低于1000℃时，Ti_2Fe分解成TiFe和Ti。TiFe合金活化后在室温下能可逆地吸放大量的氢，理论值为1.86%（质量分数，常温下为210mL/g），平衡氢压在室温下为0.3MPa，很接近工业应用，而且价格便宜，资源丰富，在工业生产中占有一定优势。从应用角度看，$TiFe_2$不具备储氢特性，在温度78~573K、氢压6.5MPa的条件下，$TiFe_2$与氢气不发生反应。

TiFe经过活化处理后在室温附近与氢反应生成氢化物$TiFeH_{1.04}$（β相）和$TiFeH_{1.95}$（γ相），其ΔH分别为-28kJ/mol H_2和-31.4kJ/mol H_2。反应生成物很脆，为灰色金属状物。在空气中会慢慢分解并放出氢而失去活性，必须重新活化。其反应式如下：

$$2.13TiFeH_{0.10}+H_2 \rightleftharpoons 2.13TiFeH_{1.04}$$

$$2.20TiFeH_{1.04}+H_2 \rightleftharpoons 2.20TiFeH_{1.95}$$

其中$TiFeH_{1.04}$是H溶于TiFe合金面形成的固溶体相（α相）。TiFe合金在不同温度下的$p-c-T$曲线表明，当温度低于55℃时，曲线有两个平台，分别对应上述的两种氢化物相$TiFeH_{1.04}$和$TiFeH_{1.95}$；当温度高于55℃时，$p-c-T$曲线中的高平台逐渐消失，说明55℃以上β相和γ相不能共存，β相连续向γ相转变。

TiFe系合金作为储氢材料具备许多优越性，但也存在下列问题：TiFe系合金作为储氢材料的最大缺点是很难活化。为了活化，需将试样破碎成10目以下，在400~450℃下减压，通过5MPa以上的氢压才能被氢化，而且经十几次吸放氢循环，才能完全被活化。原因主要有三点：

（1）TiFe合金对气体杂质（如CO_2、CO、O_2、H_2O、Cl_2等）非常敏感。活化的TiFe合金很容易被这些杂质毒化而失去活性，如当气氛中含O_2量达到0.001%（质量分数）时就会影响合金的活化；质量分数达到0.1%~1.1%时，合金会很快中毒；而在含有质量分数0.03% CO的氢气中循环若干次后就完全失去活性。因此，在实际应用中，TiFe合金的使用寿命受到氢源纯度的制约。

（2）TiFe合金吸放氢平衡压力差（滞后）较大，该性质制约了合金的广泛应用。

（3）TiFe相中Ti的固溶体范围为45.9%~48.2%（质量分数），如果TiFe组分偏离化学计量，其吸放氢特性会发生明显变化。若Ti含量不足，如低于45.7%时合金中TiFe相与$TiFe_2$共存，由于$TiFe_2$不吸氢，故吸氢量减少。如果Ti含量超过48%时，合金为Ti与TiFe的固溶体，有效吸氢量也下降，这是因为Ti变成TiH_2。TiH_2十分稳定，为使其在常压下放氢，需要高温条件。

另外，合金中氧含量增加，其吸氢能力也明显下降，因此制备TiFe合金时要求较高。

4.7 TiFe 系合金的制备方法

4.7.1 感应熔炼法

感应电炉的熔炼工作原理是通过高频电流流过经水冷铜线圈后，由于电磁感应使金属炉料内产生感应电流，感应电流在金属炉料中流动时产生热量，使金属炉料加热和熔化。

感应电炉熔炼法是传统的合金制备方法，目前工业上最常用的是高频电磁感应熔炼法。其熔炼规模几千克至几吨不等。具有可成批生产、成本低等优点。缺点是耗电量大，合金组织难以控制。

感应熔炼制取 TiFe 合金，一般是在惰性气氛中进行，加热方式多用中、高频感应，由于电磁感应的搅拌，熔液顺磁力线方向不断翻滚，使熔体得到充分混合而均质地熔化，易于得到均质合金。但在熔炼过程中，由于坩埚料会进入熔融的合金中，会使合金的纯度降低。如用氧化镁坩埚熔炼时合金中会有少量的 Mg 生成；用氧化铝和氧化锆坩埚时，会有少量的 Al 和 Zr 熔入。

TiFe 合金的熔炼中还有电弧熔炼法。电弧熔炼法与感应熔炼法不同，适用于实验及少量生产，电弧熔炼法炼出的合金组织接近平衡相，偏析少。等离子体电弧炉合成了纳米颗粒的 TiFe 合金的典型合成方法如下：先用电弧炉在氩气气氛中熔炼纯度为 99.9%的 Ti 和 Fe 成锭状，为了保证合金的均一性来回翻转反复熔炼，然后在流速为 100L/min 的 50% Ar 和 50% H_2 的混合气体中电弧熔炼锭状合金得到颗粒大小为 22~44nm 的 TiFe 合金。

4.7.2 机械合金化（MA、MG）法

机械合金法（MA）或机械磨碎法（MG）是 20 世纪 60 年代末发展起来的一种制备合金粉末的技术。其过程就是用具有很大动能的磨球，将不同粉末重复地挤压变形，经断裂、焊合，再挤压变形成中间复合体。这种复合体在机械力的不断作用下，不断产生新生原子面，并使形成的层状结构不断细化，从而缩短了固态粒子间的相互扩散距离，加速合金化过程。

机械合金化一般在高能球磨机中进行。在合金化过程中，为了防止新生的原子面发生氧化，需在保护性气氛下进行。保护气一般用氩气或氦气。同时为了防止金属粉末之间、粉末与磨球及容器间粘连，一般需要加庚烷等。另外，球磨产生热量，应采用冷却水循环。

机械合金化的特点如下：

(1) 可制取熔点或密度相差较大的金属合金。熔点和相对密度相差较大的两种以上的金属很难用常规的高温熔炼法制备，而机械合金化是常温下进行，不受熔点和相对密度的限制。

（2）机械合金化生成亚稳态和非晶相。

（3）生成超微组织（微晶、纳米晶等）。

（4）金属颗粒不断细化，产生大量的新鲜表面及晶格缺陷，从而增强其吸入氢过程中的反应，并有效地降低活化能。

（5）工艺设备简单，无需高温熔炼及破碎设备。

用熔炼法制取的 TiFe 合金活化条件比较苛刻，初期活化必须在 450℃ 和 5MPa 的氢压下反复几次吸放氢循环才能成为可供使用的储氢合金。而用机械合金化合成的 TiFe 只需在 400℃ 的真空下加热 0.5h 就足够了。通过研究了机械合金化法制备的 Fe-Ti 系合金的储氢性能，发现球磨气氛中存在的氧含量是决定生成微晶或无定形 TiFe 的关键。当氧含量低于 3%时则生成无定形 TiFe，而两者的吸放氢行为明显不同。与传统方法相比，机械合金化法制备的微晶吸放氢性能明显改善。添加少量的 Pd 时，不经活化处理在室温下便可吸氢，而且表现出很快的吸氢速率。他们认为金属 Pd 作为催化剂以一种很小粒子分散在储氢合金的表面。

将预先炼好的 TiFe 合金置于 Ar 气保护的球磨机内，球磨数小时后（0.54~24h），在 283K、2MPa H_2 中其吸氢能力明显提高。但这种合金就是在空气中暴露很短的一段时间，也不能吸氢，表明球磨后生成的新鲜表面太活泼，以至于在室温下与空气发生氧化反应，使表面钝化。

4.7.3 还原扩散法

还原扩散法是将元素的还原过程与元素间的反应扩散过程结合在同一操作过程中直接制取金属间化合物的方法。由于还原扩散法是将氧化物还原为金属后再相互扩散形成合金的，因此它具有很多优点：

（1）还原后产物为粉末，不需要破碎等加工工艺设备；

（2）原料为氧化物，价格便宜，设备和工艺简单，成本低；

（3）金属间合金化反应通常为放热反应，无需高温反应和设备。

但它的最大缺点是产物受原料和还原杂质的影响，还原剂要过量 1.5~2 倍，反应后过量还原剂及副产物 CaO 的清除也是较麻烦的。还原扩散法制备 TiFe 合金的反应式如下：

$$TiO_2(s)+2Ca(l) = Ti(s)+2CaO$$

$$Ti(s)+Fe(s) = TiFe(s)$$

总反应：$$TiO_2+2Ca+Fe = TiFe+2CaO$$

由上式可以看出，还原扩散法采用氧化物与 Ca(CaH_2) 作还原剂来还原。将原料按比例配制好，在惰性气氛下，1106K(Ca 的熔点) 以上的温度下加热保温一定时间使之充分还原并进行扩散。

制备 TiFe 系合金很难由单一的还原扩散法完成，在反应过程中，还原产物始终保持固体状态，TiFe 金属间的化合物的形成主要靠 Ti、Fe 间接触扩散来实现，实际上由于 CaO 的存在，Ti、Fe 并不能充分接触，合金化很难完成，需要借助下面的方法来完成。

4.7.4 共沉淀还原法

共沉淀还原法是还原扩散法的改进，将 $TiCl_4-FeCl_3$ 按比例的混合物在碱性水溶液中水解，得到 TiFe 的水合氧化物沉淀，经烘干脱水得到活性氧化物，再用氢化钙作还原剂，将氧化物还原成合金或合金氧化物，反应式如下：

$$Fe^{2+}+Ti^{4+}+6OH^{-}+yH_2O \longrightarrow TiFe(OH)_6 \cdot yH_2O \downarrow$$

$$TiFe(OH)_6 \cdot yH_2O \longrightarrow TiFeO_3+(y+3)\ H_2O$$

$$TiFeO_3+3Ca \longrightarrow TiFe+3CaO$$

4.8 合金元素对 V-Ti 基储氢合金性能的影响

4.8.1 Ni 元素的影响（V-Ti-Ni 系合金）

V 基储氢合金本身在碱液中没有电极活性，不具备可充放电的能力。Ni 元素的添加可以提高 V 基储氢合金的电化学活性。国内外在开发 Ti-V-Ni 体系的储氢合金方面做了大量的工作。其中开发出的 $TiV_3Ni_{0.56}$ 合金具有较高的电化学容量，可达到 420mA · h/g，其原因是由于 Ni 的添加，形成了具有电化学活性的 TiNi 第二相，网状分布于能吸收大量氢的 bcc 结构的 VTi 相基体上。但是在充放电循环过程中，TiNi 第二相逐渐溶解消失，使得容量迅速衰减，缩短了电极的循环寿命。向合金中添加 Al、Si、Mn、Fe、Co、Nb、Mo、Pd、Ta 元素，可以提高此合金的循环寿命和电化学性能。特别是添加 Nb、Ta、Co 可在不影响电极容量和活性的情况下，有效延长合金的循环寿命。通过筛选、组合，得到了 $V_3Nb_{0.047}Ta_{0.047}Ti\ (Ni_{0.56}Co_{0.14})_w$（$w=0.8\sim1.2$）合金，其循环寿命长，但容量与添加前相比有所降低。当在 $V_4TiNi_{0.56}Co_{0.05}Nb_{0.047}Ta_{0.047}$ 合金中加入 C 时，也使循环寿命延长，但放电容量降低。原因是合成过程中 C 占据固溶体中的间隙位置，导致合金容纳 H 的位置减少。添加元素 Hf 会使 V-Ti-Ni 合金沿主相晶界形成三维网状的 C_{14}Laves 相，从而有利于合金的电化学活性。在这种合金中添加 Co、Cr，会增加 C_{14}Laves 相在合金中占的比例，并且有利于提高循环稳定性和高倍率放电性能，但是此时的最大放电容量会降低。

4.8.2 Cr 元素的影响（V-Ti-Cr 系合金）

V-Ti-Cr 系合金具有体心立方结构，并且具有宽的固溶范围，最大储氢量约为 3.7mass%，是具有高储氢容量的 V 基储氢合金之一。对 V-Ti-Cr 系合金 Ti/Cr

比的研究发现，在0.003~5MPa氢压之间，合金的最大吸氢量和有效吸氢量强烈依赖于Ti/Cr比，在Ti/Cr比为0.75时合金具有最佳的总吸氢量和有效吸氢量。对点阵参数的分析表明，点阵参数值会随着Ti/Cr比值增加而线性增加。进一步研究表明，Cr的含量要在一定的范围（30%~50%）内，过多会大大减少储氢容量，过少则会使放氢变得困难。

对V-Ti-Cr体系中V含量对储氢性能的影响发现，在V含量小于5at%的合金中，主相是Laves相；V含量大于15at%的合金中，主相是bcc结构相；含量在5at%~15at%之间，Laves相和bcc结构相共存。对$p-c-T$曲线测试的结果显示，以bcc结构相为主相的合金比以Laves相为主相的合金更具有大的吸、放氢容量。通过在$TiCr_{1.8-x}V_x$（x=0.4、0.6、0.8、1.0）体系中V含量对合金储氢性能的影响进行系统研究，发现除了x=0.4时的V含量外（有少量$Ti_{1.07}Cr_{1.93}$相），合金中只存在V基bcc相。合金主相的晶胞参数，无论是吸氢前或是吸氢后，都随V含量增加而增大。放氢量也依赖于V含量，当V含量为0.8时合金有最大的放氢量；若V含量升高，合金与氢的亲和力增强，氢更不容易放出，导致高压平台变窄放氢量降低。研究中还发现，合金放氢容量会随着Cr含量增加而增加。

4.8.3 Mn元素的影响（V-Ti-Mn系合金）

含有部分金属间化合物相的bcc固溶体合金，如V-Ti-Mn系合金，表现出大的储氢量、较好的活化性能及吸放氢特性，越来越多地受到人们的关注。通过研究Mn、V相对含量对$Ti_1V_xMn_{2-x}$（x=1.4~0.6）合金的影响，发现当Mn含量增加时，在bcc单相结构合金中，逐渐出现C_{14}Laves相，并随着Mn含量增加，C_{14}Laves相逐渐增多，当Mn含量达到1.4时，合金全部由C_{14}Laves相构成。与之相应，合金第一次吸氢的孕育期会随着Mn含量的增加和C_{14}Laves相体积分数的增多而逐渐缩短。同时合金总储氢量会下降。由于Mn并不是吸氢元素，所以随着Mn含量的增加最大氢容量是减少的。但是Mn的加入使V-Ti合金的平台更加平坦，从而使V-Ti-Mn合金具有较高的有效氢容量。

研究表明，$Ti_{1.0}Mn_{1.0}V_{1.0}$合金具有bcc和Laves相双相结构，发现在$C_{14}Ti_{1.0}Mn_{1.2}V_{0.8}$相和bcc型$Ti_{0.9}Mn_{1.0}V_{1.1}$相之间存在着晶间相$Ti_{1.0}Mn_{0.9}V_{1.1}$。这种晶间相是调幅分解的产物，具有精细的纳米尺寸片层微结构。合金的放氢性能因这种晶间相的出现而得到了改善。

4.8.4 Fe元素的影响（V-Ti-Fe系合金）

V-Ti-Fe使用比较便宜的钒铁作钒源，其吸放氢条件比较温和，与其他V系合金相比，虽然存在一些问题，但是仍具有很大的实用价值。

通过研究 Ti(33mol%~47mol%)-V(42mol%~67mol%)-Fe(0mol%~14mol%)合金发现，所有合金试样中，由于加入了一定量的 Fe，使活化过程十分容易，反应速率也很快，并且合金的 $p-c-T$ 曲线上存在 2 个平台，对应两种氢化物 $MH_{0.5}$ 和 $MH_{2.0}$。在所研究合金中，$V_{43.5}Ti_{49.0}Fe_{7.5}$ 具有最大的吸氢量，达到 3.9mass%（H/M=1.90），可逆吸氢量达到 2.4mass%，是通常金属间化合物如 $LaNi_5$ 的近 2 倍，而用 Co、Ni、Cr、Pd 替代 Fe，合金的容量都会大大减少。

通过研究 $(V_{0.9}Ti_{0.1})_{1-x}Fe_x$ 合金发现，V-Ti-Fe 体系二氢化物的形成和点阵参数都与合金中 Fe 含量有关。$(V_{0.9}Ti_{0.1})_{1-x}Fe_x$ 合金有两种氢化物，一氢化物和二氢化物对应的 $p-c-T$ 平台都很平坦，并且随着 Fe 含量的增加平台压升高。为了减少合金中的 V 含量，研究人员设计了 $Ti_{0.78}V_{0.20}Fe_{0.02}$ 合金。该合金含 V 量较少（只占 20mol%）吸氢容量却能达到 2（H/M），但是需要在 470K 以上的温度下才能放氢。

总之，从合金化的过程中看到合金元素对 V 系储氢材料性能的改善起着重要作用。总结起来，认为 Ti 的添加可以降低 V 系储氢合金的平台压力，增大点阵常数，但不利于降低氢化物稳定性；Ni、Cr、Mn、Fe 的添加都会升高 V-Ti 基合金的平台压力，减小点阵常数，同时也会不同程度地降低合金氢化物的稳定性，拓宽第二平台增加有效储氢量。但是所加量要在一定范围内，过量可能导致总吸放氢量大大下降。

在 V-Ti 合金中加入 Ni 会改善合金的电化学性能，提高合金的耐碱液腐蚀性，延长循环寿命。一定量 Zr、Cr、Mn 的加入会使 V-Ti 系合金更容易形成 Laves 相，尤其是 Zr 元素。Mn 很容易溶解进 bcc 相中，加入 Mn 会有效减小平台斜率。对 Fe 元素的作用说法不一，有文献报道 Fe 元素会减少 V-Ti 合金的最大和有效储氢量，也有报道说在合金中加入一定量（<5%）的 Fe 不但会有效降低氢化物稳定性得到较高有效储氢量，还可以提高循环稳定性。

4.9 TiCrVMnCe 合金的制备及性能影响

4.9.1 TiCrVMnCe 合金的制备方法

TiCrV 固溶体合金、Mg 基储氢材料和 $NaAlH_4$ 是近年备受关注的高容量可逆储氢材料。其中 TiCrV 固溶体合金的热力学和动力学性能均能满足实用要求，但循环寿命尚待提高。3 种储氢材料特性对比如表 4-4 所示。钒是迄今为止元素周期表中唯一一种可在常温常压下可逆吸放氢的合金元素。20 世纪 90 年代后，为研制温和条件下有效储氢量大于 2.2wt%的金属储氢材料，掀起了 TiCrV 固溶体储氢合金的研究热潮。Cr 和 V 均为 bcc 结构，Ti 在 1155K 可发生 α→β 相变，由 hcp 结构转变为 bcc 结构，所以在高温条件下，如适当控制 Ti、Cr、V 的合金成分，完全可获得具有 bcc 单相结构的 TiCrV 合金，此时 Ti、Cr 原子可随机地取代

V 原子，形成置换型固溶体。因此，合金成分和制备工艺对于 TiCrV 合金的储氢性能和微观结构具有重要影响。热处理对于 TiCrV 合金的储氢性能也具有显著影响。此外，合金的成分及成分均匀性对于合金吸放氢循环寿命也存在重要影响。为了提高可逆储氢量，满足车载储氢应用要求，北京有色金属研究总院蒋利军等对 TiCrVMnCe 合金储氢性能进行了深入研究。

表 4-4 3 种储氢材料特性对比

材料	储氢量/wt%	有效储氢量/wt%	ΔH/kJ · mol H_2^{-1}	工作温度/℃	吸放氢速率	循环寿命
TiCrV	3.8	2.5	35	40	快速	500 次
$NaAlH_4$	7.4	4.5	37/47	150	吸氢快 放氢慢	几十次
Mg	7.6	7.6	74	300	吸氢快 放氢慢	200 次

实验所用原材料的纯度如表 4-5 所示，确保复合材料的性能。

表 4-5 实验用原材料纯度

原材料	Ti	Cr	V	Mn	Ce	Mg	$NaAlH_4$
纯度/%	>99.5	>99.4	>99.9	>99.9	>95	>99.9	93

TiCrVMnCe 合金粉末的制备工艺流程如图 4-3 所示。

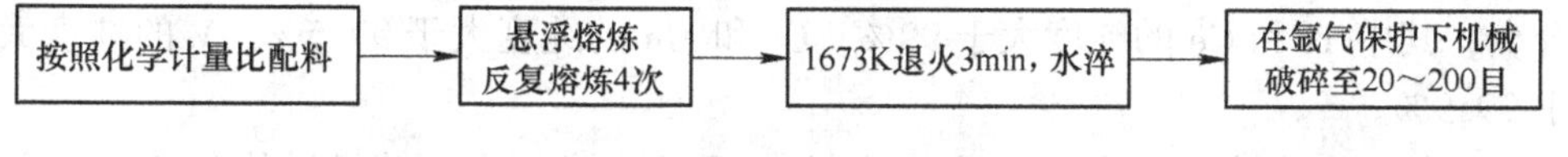

图 4-3 合金粉末制备工艺流程

按照化学计量 $Ti_xCr_{0.6-x}V_{0.40}$（x = 0.22，0.23，0.25，0.26，0.28）和 $(Ti_{0.25}Cr_{0.35}V_{0.40})_{100-x}Mn_xCe_y$（$x$=4，6，8，10，12；$y$=0，0.2，0.4，0.6）配制合金原料，采用电子天平称取合金原材料，称量误差控制在 0.001g 内。

采用真空悬浮熔炼法熔炼合金，熔炼时采用高纯氩气保护，此时熔融金属与坩埚壁为非接触方式，可避免熔炼过程中杂质元素的引入。为保证合金成分均匀，每个合金锭均反复熔炼 4 次，元素的烧损率按照经验值估算，Mn 的烧损率为 3%，其他元素均未考虑烧损。

合金锭均经过高温短时均匀化退火处理，热处理在高纯氩气保护气氛下进行，处理工艺为：1673K，3min，水淬。将合金锭在氩气保护下破碎成粉，过 20~200 目筛。

4.9.2 影响储氢性能的因素

针对上述合金粉，可进行储氢性能测试，开展组织结构分析。

具有 bcc 结构的 TiCrV 合金，理论储氢容量可达 3.8wt%，可在室温条件下快速吸放氢，近年受到了人们的广泛关注。但在其吸放氢 p-c-T 曲线中存在两个平台，其中第一个平台的平台压过低，在室温下难以完全放氢，导致部分氢残存于合金体内，降低了合金的有效储氢量。要提高合金的有效储氢量，需尽量缩短第一个平台长度，提高合金的第二个平台的吸放氢平台压，降低平台斜率。同时由于金属 V 价格高，为降低材料成本，应在保证其储氢性能的前提下，尽量降低 V 含量。为此，人们开展了大量研究，合金元素替代是其中的一个有效方法，研究发现，当 Ti-Cr-V 合金中 V 含量高于 15wt%时，合金即能保持保 bcc 主相结构，从而获得较高储氢性能，这为降低 V 含量提供了可能性：由于 Ti 的原子半径大于 V，Cr 的原子半径小于 V，Ti/Cr 比对于 Ti-Cr-V 合金的结构和性能具有显著影响，当 Ti/Cr 比在 0.625~0.75 间变化时可获得较好的储氢性能，但最佳的 Ti/Cr 比仍存在差异；Mn 可固溶于 bcc 基体中，添加低于 10at%的 Mn 于 Ti-Cr-V 合金时，其储氢量保持不变，而其平台斜率得到改善。通过热处理和区熔法可改善合金成分的均匀性，但仍需优化热处理工艺。

通过调整 Ti/Cr 比、Mn 和 Ce 的添加量，调控合金性能和微观组织结构，可以获得具有较高有效储氢量的 TiCrVMnCe 合金。

采用悬浮熔炼法制备出 $Ti_xCr_{0.6-x}V_{0.40}$（x=0.22，0.23，0.25，0.26，0.28）和（$Ti_{0.25}Cr_{0.35}V_{0.40}$）$_{100-x}Mn_xCe_y$（$x$=4，6，8，10，12；$y$=0，0.2，0.4，0.6）合金，其中 Ti 和 Ce 的纯度大于 99%，Cr 和 Mn 的纯度大于 99.5%，V 的纯度大于 99.9%。

为保证合金成分均匀，每个合金锭均反复熔炼 4 次，并经过均匀化退火处理，处理工艺为：1673K，3min，水淬。将合金锭在氩气保护下破碎成粉，过 40 目筛，取 2g 样品，密封于不锈钢反应器中，合金试样在室温下进行两次吸放氢后，便可完全活化，然后进行 p-c-T 性能测试。采用定容法测定合金的吸放氢性能，以在 0.1MPa 下的放氢量作为合金的有效储氢量。

首先固定 V 含量为 40at%，研究 Ti/Cr 比对 $Ti_xCr_{0.6-x}V_{0.40}$（x=0.22，0.23，0.25，0.26，0.28）合金的储氢性能和微观结构的影响，合金中的 Ti/Cr 比分别为 0.54、0.62、0.71、0.76、0.82。

以具有较高储氢容量的储氢合金为基，在合金中添加合金元素，调整其晶格常数、间隙半径及电子浓度，以适当提高合金放氢平台，从而提高合金有效储氢量。基于上述分析，以 373K 下有效储氢量达到 2.6wt%的 $Ti_{0.25}Cr_{0.35}V_{0.40}$（Ti/Cr=0.71）合金为基，开展添加元素对其结构和性能的影响研究。

添加 Mn 对合金微观结构和储氢性能的影响。已有研究表明，Mn 可部分固溶于 Ti-Cr-V 合金中，且由于 Mn 的原子半径均小于 Ti、Cr、V 的原子半径，如将 Mn 添加于合金中，固溶于合金的 Mn 将分别取代 Ti、Cr、V 的点阵位置，减小合金的晶格常数，从而有利于提高合金的放氢平台压力。

添加 Ce 对合金微观结构和储氢性能的影响。以（$Ti_{0.25}Cr_{0.35}V_{0.40}$）$_{92}Mn_8$ 为基，添加少量 Ce，形成了（$Ti_{0.25}Cr_{0.35}V_{0.40}$）$_{92}Mn_8Ce_y$（$y$=0，0.2，0.4，0.6）系列合金。

通过上述研究 Ti/Cr 比、Mn 和 Ce 的添加量对 TiCrVMnCe 合金性能和微观组织结构的影响规律，获得如下结论：

（1）合金主相为 bcc 结构，其晶格常数随着 Ti/Cr 比的增加而线性增大；Mn 在合金中的添加，减小了 bcc 主相的晶格常数，促进了富 Ti 第二相的析出；Ce 添加于含 Mn 合金后，与合金中的氧形成了 CeO_2，有效抑制了富 Ti 相的析出，使 Ti 元素基本固溶于合金主相中，改善了合金成分分布的均匀性，增大了合金的晶格常数。

（2）随着 Ti/Cr 比的增加，合金最大吸氢量增大；Ti/Cr 比超过 0.71 后保持不变，但平台压下降，放氢量减小。

（3）随着 Mn 含量的增加，放氢平台压升高，平台斜率减小，合金中残余氢量降低，但合金的最大吸氢量减小；当 Mn 含量不大于 8at%时，合金有效储氢量随着 Mn 含量的增加而增大；当 Mn 含量高于 8at%时，合金有效储氢量则随着 Mn 含量的增加而减小。

（4）在含 Mn 合金中进一步添加 Ce，有效地改善了合金储氢性能，最大吸氢量和有效储氢量均显著增大，平台斜率显著减小，而平台压稍有降低。

5 钛基金属陶瓷

5.1 金属陶瓷的概念

金属陶瓷是由金属和陶瓷原料制成的材料，兼有金属和陶瓷的某些优点，如前者的韧性和抗弯性，后者的耐高温、高强度和抗氧化性能等。美国 ASTM 专业委员会定义为：一种由金属或合金与一种或多种陶瓷相组成的非均质的复合材料，其中后者约占 15vol%~85vol%，同时在制备的温度下，金属和陶瓷相之间的溶解度相当小。从狭义的角度定义的金属陶瓷是指复合材料中金属和陶瓷相在三维空间上都存在界面的一类材料。

WC-Co 基金属陶瓷作为研究最早的金属陶瓷，由于具有很高的硬度（HRC 80~92），极高的抗压强度 6000MPa（600kg · N/mm），已经应用于许多领域。但是由于 W 和 Co 资源短缺，促使了无钨金属陶瓷的研制与开发，迄今已历经三代：第一代是“二战”期间，德国以 Ni 黏结 TiC 生产金属陶瓷；第二代是 20 世纪 60 年代美国福特汽车公司添加 Mo 到 Ni 黏结相中改善 TiC 和其他碳化物的润湿性，从而提高材料的韧性；第三代金属陶瓷则将氮化物引入合金的硬质相，改单一相为复合相，又通过添加 Co 相和其他元素改善了黏结相。金属陶瓷研制的另一个新方向是硼化物基金属陶瓷。由于硼化物陶瓷具有很高的硬度、熔点和优良的导电性，耐腐蚀性，从而使硼化物基金属陶瓷成为最有发展前途的金属陶瓷。

金属陶瓷兼有金属和陶瓷的优点，它密度小、硬度高、耐磨、导热性好，不会因为骤冷或骤热而脆裂。另外，在金属表面涂一层气密性好、熔点高、传热性能很差的陶瓷涂层，也能防止金属或合金在高温下氧化或腐蚀。金属陶瓷既具有金属的韧性、高导热性和良好的热稳定性，又具有陶瓷的耐高温、耐腐蚀和耐磨损等特性。金属陶瓷广泛地应用于火箭、导弹、超音速飞机的外壳、燃烧室的火焰喷口等地方。

根据各组成相所占百分比不同，金属陶瓷分为以陶瓷为基质和以金属为基质两类。金属基金属陶瓷通常具有高温强度高、密度小、易加工、耐腐蚀、导热性好等特点，因此常用于制造飞机和导弹的结构件、发动机活塞、化工机械零件等。陶瓷基金属陶瓷主要可以细分为以下几种类型：

（1）氧化物基金属陶瓷。以氧化铝、氧化锆、氧化镁、氧化铍等为基体，与金属钨、铬或钴复合而成，具有耐高温、抗化学腐蚀、导热性好、机械强度高等特点，可用作导弹喷管衬套、熔炼金属的坩埚和金属切削刀具。

（2）碳化物基金属陶瓷。以碳化钛、碳化硅、碳化钨等为基体，与金属钴、镍、铬、钨、钼等金属复合而成，具有高硬度、高耐磨性、耐高温等特点，用于制造切削刀具、高温轴承、密封环、拉丝模套及透平叶片。

（3）氮化物基金属陶瓷。以氮化钛、氮化硼、氮化硅和氮化钽为基体，具有超硬性、抗热振性和良好的高温蠕变性，应用较少。

（4）硼化物基金属陶瓷。以硼化钛、硼化钽、硼化钒、硼化铬、硼化锆、硼化钨、硼化钼、硼化铌、硼化铪等为基体，与部分金属材料复合而成。

（5）硅化物基金属陶瓷。以硅化锰、硅化铁、硅化钴、硅化镍、硅化钛、硅化锆、硅化铌、硅化钒、硅化铌、硅化钽、硅化钼、硅化钨、硅化钡等为基体，与部分或微量金属材料复合而成。其中硅化钼金属陶瓷在工业中得到广泛的应用。

5.2 碳化钛陶瓷

5.2.1 碳化钛陶瓷简介

碳化钛陶瓷是典型的过渡金属碳化物。它的键性是由离子键、共价键和金属键混合在同一晶体结构中，因此 TiC 具有许多独特的性能。晶体的结构决定了 TiC 具有高硬度、高熔点、耐磨损以及导电性等基本特征。

碳化钛属于过渡金属碳化物，由较小的 C 原子插入到 Ti 密堆积点阵的八面体位置而形成面心立方的 NaCl 型结构。碳化钛的真实组成为非化学计量，采用通式 TiC 表示。这种 NaCl 型结构中存在金属键、离子键及共价键等三种化学键，金属键来自弗米能态非零密度和原子球之间区域相对高的电子密度。离子键是由于电荷从 Ti 原子迁移到 C 原子产生静电力的结果。相对于中性原子的理想晶体，有近 0.36 个电子从 Ti 原子球迁移。一个 Ti 原子的 5 个 3d 轨道分裂成 t2 对称的三个轨道和 er 对称的两个轨道。

碳化钛 TiC 陶瓷属面心立方晶型，熔点高，导热性能好，硬度大，化学稳定性好，不水解，高温抗氧化性好，在常温下不与酸起反应，但在硝酸和氢氟酸的混合酸中能溶解，于 1000℃ 在氮气气氛中形成氮化物。

碳化钛粉末一般情况下由 TiO_2 与炭黑在通氢气的碳管炉或调频真空炉内于 1600~1800℃ 高温下反应制得。成形可采用陶瓷常规成形方法，烧成一般多采用热压法，也可采用自蔓延高温合成法（SHS 法），其优点是节省能源，工艺简单，产品纯度高。如图 5-1 所示。

合成碳化钛粉体最廉价的方法是利用二氧化钛和炭黑在惰性或还原气氛中高温（1700~2100℃）合成。但用这种方法合成的碳化钛成块状，合成后仍需球磨

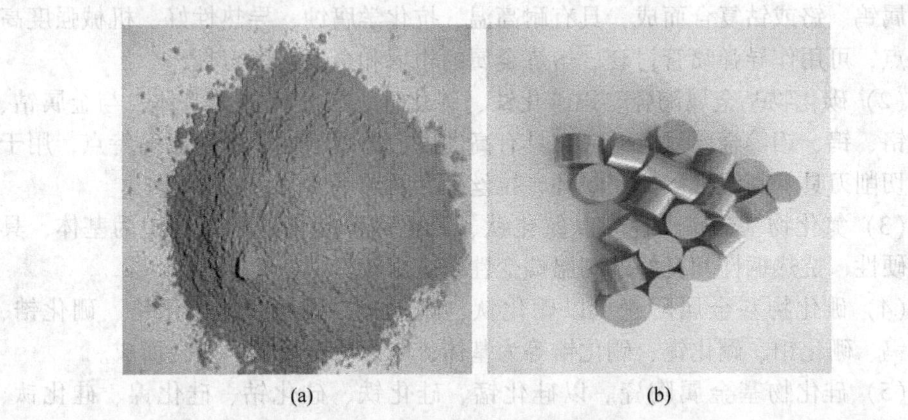

(a) (b)

图 5-1 碳化钛陶瓷粉末（a）和烧结制品（b）

加工才能制成粉体，而且加工后的粉体粒度只能达到微米级。除此之外，碳化钛粉体的合成还有许多方法，如镁热还原法、高钛渣提取碳化法、直接碳化法、高温自蔓延合成法、反应球磨技术制备法、熔融金属浴中合成法、电火花熔蚀法等。

碳化钛及其复合材料作为特种陶瓷材料的一部分，正确地选择其烧结方法，是获得具有理想结构及预定性能的关键。如在通常的大气压下（无特殊气氛、常压下）烧结，无论怎样选择烧结条件，也很难获得无气孔或高强度的制品。因此碳化钛陶瓷及其复合材料通常不采用常压烧结的方法，而是采用热压烧结、热等静压烧结、真空烧结、自蔓延高温烧结、微波烧结、放电等离子烧结、等离子体烧结等方法进行烧结。

5.2.2 碳化钛陶瓷粉末的生产方法

合成 TiC 粉体有多种方法，每种方法合成的 TiC 粉体其粒子大小、粒度、分布、形态、团聚状况、纯度及化学计量各有不同。

5.2.2.1 碳热还原法

工业用 TiC 粉体最初是用炭黑还原 TiO_2 来制备的，反应的温度范围在 1700~2100℃，反应式如方程为：

$$TiO_2(s)+3C(s)\xlongequal{}TiC(s)+2CO(g)$$

因为反应物以分散的颗粒存在，反应进行的程度受到反应物接触面积和炭黑在 TiO_2 中的分布的限制，使产品中含有未反应的炭和 TiO_2，在还原反应过程中，由于晶体生长和粒子间的化学键力，合成的 TiC 粉体有较宽的粒度分布范围，需要球磨加工。反应时间较长，约在 10~20h，反应中由于受扩散梯度的影响使合成的粉体常常不够纯。

5.2.2.2 直接碳化法

直接碳化法是利用 Ti 粉和炭粉反应生成 TiC，反应式如下：

$$Ti(s)+C(s)=TiC$$

由于很难制备亚微米级金属 Ti 粉，该方法的应用受到限制，上述反应需要5~20h 才能完成，且反应过程较难控制，反应物团聚严重，需进一步的粉磨加工才能制备出细颗粒 TiC 粉体，为得到较纯的产品还需要对球磨后的细粉用化学方法提纯。此外，由于金属钛粉的价格昂贵，使得合成 TiC 的成本也高。

5.2.2.3 化学气相沉积法

该合成法是利用 $TiCl_4$、H_2 和 C 之间的反应，反应式如方程：

$$TiCl_4(g)+2H_2(g)+C(s)=TiC(s)+4HCl(l)$$

反应物与灼热的钨或炭单丝接触而进行反应，晶体直接生长在单丝上，用这种方法合成的 TiC 粉体，其产量、有时甚至质量严格受到限制，此外，由于 $TiCl_4$ 和产物中的 HCl 有强烈的腐蚀性，合成时要特别谨慎。

5.2.2.4 高温自蔓延合成法（SHS）

该法源于放热反应。当加热到适当的温度时，细颗粒的钛粉有很高的反应活性，因此，一旦点燃后产生的燃烧波通过反应物 Ti 和 C，Ti 和 C 就会有足够的反应热使之生成 TiC，该法反应快，通常不到一秒钟，该合成法需要高纯、微细的 Ti 粉作原料，而且产量有限。

5.2.2.5 反应球磨技术制备纳米 TiC 粉体

反应球磨技术是利用金属或合金粉末在球磨过程中与其他单质或化合物之间的化学反应而制备出所需要材料的技术。用反应球磨技术制备纳米材料的主要设备是高能球磨机，其主要用来生产纳米晶体材料。反应球磨机理可分为两类：一是机械诱发自蔓延高温合成（SHS）反应，另一类为无明显放热的反应球磨，其反应过程缓慢。

在工业上，一般采用金属钛粉或 TiH_2 直接碳化法。金属钛粉或者 TiH_2 粉直接碳化法，这是制备 TiC 的传统方法。其工艺是用钠（镁）还原得到的海绵状钛粉或由氢化钛分解得到钛粉（粒径至少在 54μm 以下）和炭黑的混合物（混合物的含碳量比理论量多 5%~10%，并经球磨机干式混合）在 100MPa 左右的压力下成形。然后放进石墨容器，使用碳化感应加热炉，在高纯（露点在 35℃以下）气流中加热到 1500~1700℃使钛粉与炭黑反应，反应温度和保温时间由原料种类、粒度及反应性能等因素决定，特别是使用氢化钛分解得到的钛粉的活性强，在 1500℃下保温 1h 容易得到接近理论含碳量（20.05%）的碳化钛。

5.2.3 碳化钛陶瓷的应用

碳化钛的主要应用领域包括四方面：

（1）复相材料：碳化钛陶瓷属于超硬工具材料，TiC 可与 TiN、WC、Al_2O_3 等原料制成各类复相陶瓷材料，这些材料具有高熔点、高硬度、优良的化学稳定性，是切削工具、耐磨部件的优选材料。碳化钛基金属陶瓷因为不与钢产生月牙洼状磨损且抗氧化性好，被用于高速线材的导轮和碳钢的切削加工。含碳化钛的复相陶瓷刀具已经有比较广泛的应用。

（2）涂层材料：碳化钛作为表面涂层是一种极耐磨损的材料。在金刚石表面通过物理或化学方法镀覆某些强碳化物形成金属或合金，这些金属或合金在高温下能和金刚石表面的碳原子发生界面反应，生成稳定的金属碳化物。这些碳化物不仅能和金刚石存在较好的键合，而且能很好地被基体金属所浸润，从而增强金刚石与基体金属之间的黏结力。在刀具上沉积层碳化钛薄膜，就可以使刀具的使用寿命提高几倍。

（3）在核聚变反应堆的研究中，碳化钛涂层材料和（TiN+TiC）复合涂层材料，经化学热处理后在碳化钛表面生成的抗氚渗透层，能抵抗氢离子辐照和抵抗很大的温度梯度及热循环。

（4）此外碳化钛还可以制作熔炼锡、铅、镉、锌等金属的坩埚；透明的碳化钛陶瓷还是良好的光学材料。

（5）碳化钛用于制备泡沫陶瓷：泡沫陶瓷作为过滤器对各种流体中的夹杂物均能有效地除去，其过滤机理是搅动和吸附。过滤器要求材料的化学稳定性，特别是在冶金行业中用的过滤器要求高熔点，故此类材料以氧化物居多，而且为适应金属熔体的过滤，主要追求抗热震性能的提高。碳化钛泡沫陶瓷比氧化物泡沫陶瓷有更高的强度、硬度、导热、导电性以及耐热和耐腐蚀性。

（6）在红外辐射陶瓷材料方面的应用：20 世纪 80 年代中期以来，日本学者高桥研、吉田均和铃木博文等制备了一系列导电型的红外辐射陶瓷材料，使传统的绝缘陶瓷材料成为自身导电发热的红外辐射陶瓷发热体。该复相材料中 TiC 不仅被作为导电相而引入，而且其本身又是优良的近红外辐射特性材料。

5.3 氮化钛陶瓷

5.3.1 氮化钛陶瓷简介

TiN 具有典型的 NaCl 型结构，属面心立方点阵，晶格常数 $a=0.4241\text{nm}$，其中钛原子位于面心立方的角顶。TiN 是非化学计量化合物，其稳定的组成范围为 $TiN_{0.37}$ ~ $TiN_{1.16}$，氮的含量可以在一定的范围内变化而不引起 TiN 结构的变化。

TiN 粉末一般呈黄褐色，超细 TiN 粉末呈黑色，而 TiN 晶体呈金黄色。TiN 熔点为 2950℃，密度为 5.43~5.44g/cm^3，莫氏硬度 8~9，抗热冲击性好。TiN 熔点比大多数过渡金属氮化物的熔点高，而密度却比大多数金属氮化物低，因此是一种很有特色的耐热材料。TiN 的晶体结构与 TiC 的晶体结构相似，只是将其中的 C 原子置换成 N 原子。

TiN 是相当稳定的化合物，在高温下不与铁、铬、钙和镁等金属反应，TiN 坩埚在 CO 与 N_2 气氛下也不与酸性渣和碱性渣起作用，因此 TiN 坩埚是研究钢液与一些元素相互作用的优良容器。TiN 在真空中加热时失去氮，生成氮含量较低的氮化钛。

TiN 是有着诱人的金黄色，熔点高、硬度大、化学稳定性好、与金属的湿润小的结构材料，并具有较高的导电性和超导性，可应用于高温结构材料和超导材料，如图 5-2 所示。

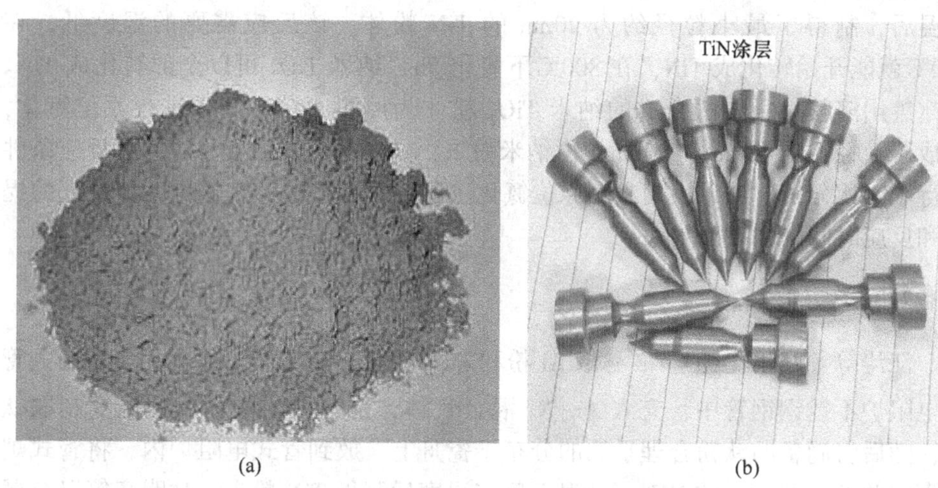

图 5-2 金黄色的氮化钛粉末（a）和涂层（b）

5.3.2 氮化钛粉末的制备方法

5.3.2.1 金属钛粉或 TiH_2 直接氮化法

直接氮化法是 TiN 的传统制备方法之一，它是以 Ti 粉或氢化钛粉为原料，与 N_2 或 NH_3 反应生成 TiN 粉，合成温度为 1000~1400℃。罗锡山采用 TiH_2 粉，在氮气中直接反应合成了 TiN；该方法的优点为，在反应过程中无需氢化处理，减少了氢气净化，制得的 TiN 粉末粒径及组成均匀，杂质含量低。赵阳等将海绵钛破碎到一定尺寸，然后在一定压力和温度下通入氮气氮化，破碎后制得所需粒径的氮化钛。A. S. Bolokang 使用直径为 45μm 的纯钛粉，在充电氩气气氛下，以 250r/min 的速度球磨 12h、16h 和 20h 后，对小样进行晶体结构和微观分析发现，最初的球状钛粉经过球磨后变为扁平的薄片，尽管不同时间的球磨并没有使产物的晶体结构变化，但是反应时间的延长，可以增加 Ti 粉在较低温度下对氮气的吸收和转化，即反应时间越长，转化率越高。但以 Ti 粉为原料合成 TiN，物料温度经常会升至过高，导致生成的 TiN 烧结或熔融，很难制备出粒度较小的 TiN 粉末。此外，Zhu Liping 等以 NH_4Cl 为原料于 500~800℃下，在 N_2 和 H_2 混合气体中制备了 TiN 粉末。分析发现，生成的 TiN 颗粒粒径在 20~33nm 之间，表面积为 30~60m^2/g，温度的升高不利于合成粒径细小的 TiN 粉末。

5.3.2.2 原位氮化法

原位氮化法又称氨气氮化法，是将纳米 TiO_2 在氨气气氛下直接氮化合成 TiN 的一种方法。李景国等以纳米 TiO_2 为原料，采用氨气氮化法将纳米 TiO_2 粉末放入管式气氛炉中的石英舟中，氨气作还原剂，在不同温度下氮化 2~5h，冷却至室温后，制得了最小粒径约为 20nm 的 TiN 粉体。该反应需要的温度低，在700℃就能开始转化成 TiN，在 800℃下氮化 5h，纳米 TiO_2 可以全部转化成 TiN。张冰等用溶胶-凝胶法合成的纳米 TiO_2 粉体为原料，在氨气中进行原位氮化，合成了粒径约为 40nm 和 80nm TiN 纳米粉末，并对其合成温度和时间等反应条件进行了对比分析，结果表明利用原位氮化法制备 TiN 粉末，其氮化率随温度的提高和反应时间的增大而增大。

5.3.2.3 铝热还原法

江涛等按摩尔比为 4∶3 称取 Al 粉和 TiO_2 粉末，将其充分研磨均匀后装入管式电阻炉不锈钢钢管中，充入 Ar-N_2 混合气体，加热管式炉至所需温度制取钛粉，随后将制备的钛粉合理平均的分布于瓷舟上，放到管式电阻炉内，将管式炉抽真空并充入解压后的 NH_3，升温至反应温度后制得 TiN 粉末。甘明亮等以金属铝粉和钛白粉为原料在行星球磨机中，以无水乙醇为介质在流动氮气氛和匣钵埋碳条件下铝热还原氮化 TiO_2 合成氮化钛，但由于在埋碳条件下铝除参与铝热还原反应外，还与碳粉床中氧发生反应，使参与铝热反应的金属铝不足，造成产物中有金红石的存在。利用铝热还原法还原金红石来制取的氮化钛粉末，含有副产物氧化铝。

5.3.2.4 镁热还原法

镁热还原 TiO_2 制备 TiN 是分两步进行，分别为金属钛的还原和氮化。林立等采用 Mg+C 联合还原的方法，在一定的氮气压力和温度下合成了含氧量较低的 TiN 粉末。Ma Jianhua 等用金属 Mg 粉、二氧化钛和氯化铵在高压 650℃制备的纳米 TiN 粒子的平均粒径为 30nm，在 350℃空气中有良好的热稳定性和抗氧化性。

Ti-Mg-O 系中，反应达到平衡时，氧在体系中的含量为 1.5%~2.8%，即镁热还原 TiO_2 制备的 Ti 含氧必须大于2.8%，但高纯钛的价格高，使大规模生产成本过高，因此必须寻找新的还原方法。

5.3.2.5 TiO_2 碳还原氮化法

碳热还原氮化法制备氮化钛是制备方法中最简便快捷的一种方法，而且所需要的原料来源广、价格低，容易在工业生产中推广，因而具有极大的研究价值。

很多学者在实验室中，研究了反应条件变化对合成 TiN 粉末质量和合成速率影响。吴义权等以 TiO_2 为原料，在有石墨或 TiC 存在时，在 1380~1800℃下与 N_2 反应约 15h 后合成了 TiN。吴峰等在碳热还原氮化合成 TiN 中的研究表明，用锐钛矿比用金红石的转化效率高，炭黑较鳞片状石墨的合成效率高。于仁红等利用锐钛矿、金红石、分析纯活性炭以及炭黑为原料，在高纯氮气下，利用全等温热重分析氮化炉制备氮化钛粉末，研究了原料粒径大小等不同工艺因素对制备 TiN 的影响，结果表明碳源及碳粉粒径对反应速率影响显著，而 TiO_2 的粒径对反应没有影响；成形压力和混合方式对 TiN 的合成几乎没有影响，而配碳量对反应具有较大影响，配碳量不足时产物中氧含量较高，配碳量较大时二次脱碳较难，其最佳钛碳比为 1∶2.1。

5.3.2.6 自蔓延高温合成法

其原理是：将压制成形的钛粉在一定压力的 N_2 中点燃，反应后即可制得 TiN 粉末。这种合成方式的特点是利用反应本身放出的热来维持反应所需能量，因而节能。就 Ti 与 N_2 这一气固相之间的燃烧合成而言，可在较低的氮气压下（0.1~1MPa）进行。王为民等用该方法合成了氮化钛粉末，并研究了在制备 TiN 的过程中，N_2 分压、压制样品的参数及稀释剂等工艺因素的影响；结果表明，加入稀释剂，提高氮气分压有利于合成高纯 TiN。用该方法制备 TiN，在俄罗斯等很多国家都已得到广泛的研究并已商品化。

5.3.2.7 氨解法

氨解法是以液氨为溶剂，在氨体系中进行化学反应生成所需产物的一种方法。

在液氨体系中，液氨能进行自身电离并达到动态平衡，产生出两种带相反电性的 NH_4^+、NH_2^{2-} 离子分散到溶剂中；而共价化合物能溶解于这种体系并在共价键处解离成正反两种电性；最后，液氨体系中带不同电性的离子重新结合生成新的化合物。用这种方法制备 TiN 粉末包括生成前驱体和氨解两个过程。贺晶等采用草酸 $C_2H_2O_4 \cdot 2H_2O$（分析纯）和 $TiCl_4$（分析纯）为原料，获得 $H_2[TiO(C_2O_4)_2]$ 前驱物结晶体。然后氨解 $H_2[TiO(C_2O_4)_2]$ 前驱体在 1050℃ 氨解 2h 获得的 TiN 颗粒尺寸约 70nm，粒径较均匀。

液相化学反应所需的反应温度相对较低，但原料成本高和有机溶剂的使用限制了工业化生产：NH_3 对环境有污染，对人体有较大的刺激性作用，必须进行尾气处理，增加了设备的成本和工艺的复杂程度，而且生成的 TiN 产物容易发生凝聚，影响 TiN 的质量。

5.3.2.8 微波碳热还原法

刘阳等以纳米级 TiO_2 粉体、炭黑为原料，采用微波加热的方法合成氮化钛纳米粉体；并探讨了微波合成温度、保温时间对生成率的影响。结果表明，用微波加热的方法可以在较低的温度下（1200℃）合成纳米级氮化钛粉体。利用微波碳热还原法，刘兵海等于 1200℃ 下加热 1h，便得到了粒度在 1~2μm 之间的均匀、高纯的氮化钛粉末；与被广泛应用的碳热还原法不同，该方法使 TiN 合成温度降低了 100~200℃，合成周期缩短到常规法的 1/15。曾令可等在研究微波碳热合成碳氮化合物时，利用自制的纳米锐钛矿型 TiO_2 超细粉体和市场采购的纳米级炭黑作碳源，采用微波加热合成，在合成温度为 1000~2000℃ 下，通入氮气制备氮化钛，其合成率均达到 100%，粒径分布在 20~85nm，粒径小、合成率高。Ramesh 等用微波技术碳热还原 TiO_2 制备了 TiN 粉末。该方法是与燃烧合成结合起来，利用微波诱发反应的进行，在整个反应过程中，形成的中间产物少，合成时间短。

此外，还有机械研磨法、溶胶-凝胶法、等离子法、熔盐法、溶剂热法等。

5.3.3 TiN 的应用

氮化钛的应用主要作用于两个方面：作为添加剂或黏结材料加入到金属陶瓷中，以提高机体强度、硬度和韧性；用作工件表面的耐磨及耐腐蚀涂层。

5.3.3.1 氮化钛粉末的应用

国内外硬质合金研究者通过将 TiN 加入到 WC 中，来优化 WC 的性能，并且使 TiN 的性能得以体现，制备出的合金产品既耐磨又具有韧性。钴在国防和航天工业中占据重要作用，据了解，全球十分之一的钴被用作 WC 构件的黏结材料，它能够使所制备材料的耐磨损性和耐腐蚀性增强，因此，被普遍地用来制造切削刀具；TiN 的许多优点与 WC 相似，如高的硬度、熔点和好的耐磨性，所以也可作切削刀具，而用 TiN 做构件时，黏结材料可用镍代替，减少了钴的消耗，大大降低了生产成本，这些性能有可能使得 TiN-Ni 成为优异的 WC-Co 的代用品。TiN 粉末也可用作磨料，用于精密仪器的抛光。在加工钢时，TiN 和 Ti（C，N）

粉末的加入能增加钢的磨削性能，其磨削性能甚至可以超过 Al_2O_3 和 SiC，并且提高了所生产钢的表面精度。

5.3.3.2 氮化钛薄膜的应用

TiN 膜具有硬度高、耐磨性好、抗蚀性好的优点，被广泛用于各种工具模和摩擦抗蚀件上。TiN 涂层有黄金一样的完美色泽，被称作钛金，在表壳、表链、装饰品和其他工艺品上都得到了普遍的应用，它不仅能够使工艺品漂亮美观，装饰作用强；兼有良好的抗腐蚀性能，能够延长工艺品的使用寿命。TiN 薄膜的颜色与氮的含量密切相关，随氮含量的降低，薄膜将呈现金黄、古铜、紫铜、粉红等颜色，使其具有独特的光学功能。

氮化钛薄膜在近红外区有较高的反射率（有隔热作用），在中远红外区有高的反射率（具有低辐射作用），而可见光区有高的透射率（保证了取光的要求）和低的反射率（无光污染），与其他薄膜相比，它的这些特殊性质决定了它能够作为性能优异的节能薄膜被广泛使用。在玻璃表面镀有 TiN 涂层可使其变成一种新的“热镜材料”，当玻璃上的涂层超过 90nm 时，就能够使红外线的反射率超过 75%，提高了玻璃的保温性能。付淑英通过对膜层结构、膜厚、吸收率及反射率的分析，制备的 TiN 薄膜光谱选择性吸收特性良好，可用于太阳集热器的吸热表面，并能直接作为光热转换建筑材料。由于（Ti，Al）N 涂层也具有耐高温的特点，近年来，也被应用于太阳能选择吸收层和太阳能控制窗口上。

工件表面的氮化钛涂层能够有效降低切削刃边工件的附着，维持切削的几何稳定性，优化刀具的表面质量，增大切削力和进刀量，使所生产产品的加工精度显著提高，还能成倍增大刀具的使用寿命和耐用度，因而被大规模用作切削刀具和钻头的表面上。魏晓云等通过电化学腐蚀实验证实了，在 1mol/L H_2SO_4 溶液中，有 TiN 渗镀层的耐蚀性能比单独的不锈钢和 Q235 钢基体分别提高了 1.4 和 4.2 倍。TiN 涂层作用于磨损材料表面，是其理想的耐磨层，由于它具有黏着力，抗磨损性能好，而被普遍应用与抗磨损器件中，如汽车发动机的活塞密封环、轴承和齿轮等；此外，TiN 涂层还被广泛用于成形技术的工具表面，如汽车工业中薄板成形工具的表面。

TiN 薄膜生物相容性好，无毒、密度小质量轻、强度高，是理想的医用材料，可用作手术器械和植入人体的植入物等。齐峰等在钛合金人工心脏瓣膜表面覆盖了一层 TiN 涂层，使人工心脏瓣膜的瓣架耐磨性增强，使人工心脏瓣膜的寿命增加。在人工关节应用方面，钛及钛合金质轻，弹性模量低，对震动的减振力大，做人工关节不易导致假体松动，且极限抗拉强度、屈服强度和疲劳强度均高，腐蚀疲劳性及耐腐蚀性能高。TiN 薄膜还可以用在一些医用薄膜材料的表面，作为增强薄膜。有学者通过在羟磷灰石薄膜（HA）表面镀制 TiN 薄膜，而在很大程度上改善了 HA 的力学性能和附着力。

用 TiN 薄膜涂覆在 IF-MS2 上，可以提高二硫化钼润滑剂的耐磨性。不仅使航天装置的发动机等航空材料部件的润滑性能大大提高了，还提升了航空材料的抵抗高温和摩擦的能力。

5.4 碳氮化钛陶瓷

5.4.1 碳氮化钛陶瓷简介

Ti（C，N）基金属陶瓷的主要成分是 Ti（C，N），通常以 Co-Ni 作为黏结剂，以 WC、Mo_2C、VC、TaC，ZrC、Cr_3C_2、HfC 等硬质相作为增强相，形成（Ti、V、W、Nb、Zr）（C，N）固溶相，以固溶强化机制强化硬质相。与 TiC 基金属陶瓷相比，Ti（C，N）基金属陶瓷红硬性高、横向断裂强度高、抗氧化性强、热导率高。与传统 WC-Co 硬质合金相比，Ti（C，N）基金属陶瓷虽然强韧性不足，但具有红硬性高、摩擦系数低、耐磨性好、耐腐蚀性高等优势。因此 Ti（C，N）基金属陶瓷填补 WC-Co 硬质合金和陶瓷工具材料之间的空白，Ti（C，N）基金属陶瓷刀具适于高速铣、半精车碳钢和不锈钢，甚至包括 TiC 基金属陶瓷难加工的超合金等材料，并且能保持工件很高的表面光洁度和精度加工和半抛光，使得 Ti（C，N）基金属陶瓷已成为主要的切削刀具材料之一。

1973 年，美国 Rudy 博士公布了细晶粒（Ti，Mo）（C，N）-Ni-Mo 金属陶瓷在钢材切削中具有优异的耐磨性，高的韧性和良好的抗塑性变形的试验结果，此研究结果使世界范围内对金属陶瓷研究的兴趣大大增加。从那时起，世界上一些工业发达国家都进行了大量的基础研究与开发工作，推出了一系列品种和牌号，标志着 Ti（C，N）基金属陶瓷的诞生。

近年来，金属陶瓷取得重大发展的一个重要方面在于超细晶粒与纳米材料的研究与开发。超细晶粒 Ti（C，N）基金属陶瓷具有较常规材料高得多的强韧性、硬度和耐磨性等综合性能，纳米 Ti（C，N）基金属陶瓷受到极大的关注。纳米 TiN 改性 TiC 或 Ti（C，N）基金属陶瓷刀具制造技术，标志着利用纳米材料制作的新型金属陶瓷刀具的问世。国外商品 Ti（C，N）基金属陶瓷绝大多数都是复杂成分合金，而尤以同时添加 WC、TaC 合金的综合性能较好，国外主要厂家 Ti（C，N）基金属陶瓷的成分多以 Ti（C，N）+Mo_2C+TaC+WC+Co+Ni 为主。

5.4.2 Ti（C，N）基金属陶瓷材料的制备工艺

Ti（C，N）基金属陶瓷通常是采用粉末冶金的方法制备的，其中粉末制备、压制成形和烧结方法是关键步骤。

5.4.2.1 Ti（C，N）基金属陶瓷粉末的制备

Ti（C，N）基金属陶瓷的原料主要有陶瓷相 TiC、TiN、Ti（C，N）粉末和金属相 Ni、Co、Mo 粉末。通常为了得到性能优异的金属陶瓷材料，加入一些碳化物作为增强相，如 WC、Mo_2C、NbC、Cr_3C_2、VC 等。

Shen 等用 Na 作还原剂，以 $TiCl_4$ 和 $C_3N_3Cl_3$ 为主要原料，在 600℃反应合成了纳米 $TiC_{0.7}N_{0.3}$ 粉末。Feng 等以 $TiCl_4$、CCl_4 和 NaN_3 为原料，以 N_2 为保护气氛，在不锈钢高压容器在 420℃合成了纳米 Ti（C，N）粉末。韩国的 Kang S 等结合高能球磨等方法发明了制备各种金属陶瓷的固溶体纳米粉末，如 Ti（C，N）、(Ti，W) C 等。

重庆大学潘复生等用钛铁矿为原料制备了 Ti（C，N）粉末，开发了一种低成本的金属-碳氮化钛复合材料制备新技术。该技术所用原材料——钛铁矿（$FeTiO_3$）是我国的富有资源之一，成本极低；直接还原钛铁矿制备碳氮化钛粉和金属-碳氮化钛复合材料，为开发利用细粒级钛铁矿和制备高性能低成本复合材料开辟了一条新途径；工艺本身具有选择性，既可以生产含 Fe 的 Ti（C，N）复合粉，也可以生产较纯的 Ti（C，N）粉末，还可以直接合成金属-Ti（C，N）复合材料；当反应产物是含 Fe 的 Ti（C，N）复合粉时，既可以充分利用 $FeTiO_3$ 矿中的铁元素，又可以较好地解决 Ti（C，N）和基体的润湿性问题，有利于 Ti（C，N）在基体中的均匀分布；中间产物的消除可采用 C、Al、N_2 等多成分的复合还原技术。

5.4.2.2 Ti（C，N）基金属陶瓷的成形方法

Ti（C，N）基金属陶瓷最常见的成形方法是模压成形。另外还有等静压成形、注射成形等。尽管模压成形试样密度分布不均匀，需加成形剂，但由于其成本低，可压出形状复杂的试样，因而目前在粉末冶金行业模压法仍是最主要的成形手段。

等静压成形是伴随现代粉末冶金技术兴起而发展起来的一种新的成形方法。等静压成形与模压成形相比有以下优点：（1）能压制具有凹型、空心、细长件以及其他复杂形状的零件；（2）摩擦损耗小，成形压力较低；（3）压力从各个方面传递，压坯密度分布均匀、压坯强度高；（4）模具成本低廉。等静压成形的缺点是压坯尺寸和形状不易精确控制，生产率较低不易实行自动化。

注射成形又称热压注射成形，是粉末冶金技术同塑料注射成形技术相结合的一项新工艺。在压力作用下把熔化的含蜡料浆（简称蜡浆）注满金属模中，冷却后脱模得到坯件。所得到的坯块经溶剂处理后，再进行烧结。华中科技大学采用了粉末注射成形技术制备了 Ti（C，N）基金属陶瓷。

5.4.2.3 Ti（C，N）基金属陶瓷的烧结方法

制备 Ti（C，N）基金属陶瓷常用的烧结方法为真空烧结，另外还有气氛烧结、热压烧结、自蔓延高温合成技术、放电等离子烧结等。

A 真空烧结

真空烧结是目前 Ti（C，N）基金属陶瓷最普遍的烧结方式，它具有很多优点，如颗粒表面的氧化物可在较低的温度下被还原，从而可使烧结体产生较大的收缩率和致密度；可明显地改善液相对硬质相组分的润湿性，从而改善黏结相分布的均匀性；可大大减小气相和固相之间的反应，从而易于进行工艺控制。

B 氮气烧结

日本三菱公司在超细金属陶瓷制备工艺中采用了气氛烧结技术。采用气氛烧结技术可有效地抑制 Ti（C，N）或 TiN 的 N_2 分解，显著降低合金中产生孔隙的可能性。氮气烧结时，烧结温度和氮气压力一般随合金中氮含量的增大而提高。但是，由于金属陶瓷中碳氮化物的氮气平衡压力不仅受金属陶瓷中氮含量的影响，而且还受烧结温度、金属陶瓷中的碳含量、Mo_2C 含量等因素的影响，因而要准确地控制这一平衡压力是困难的，制取给定氮含量的金属陶瓷是不容易的，两相区的位置也易于发生变动。陈平等对 N_2 气氛烧结 $TiC_{0.5}N_{0.5}$ 基金属陶瓷的研究结果表明，氮分压值为 2kPa 时可获得较好的组织与性能。

C 热压烧结

热压烧结也是一种在烧结同时加上一定的压力以实现快速致密化的方法。但热压烧结的压力多为单向，在制品的不同部位很容易产生压力不均，影响烧结性能。而且，热压烧结对于稍微复杂的零件也无能为力。Monteverde 在 1620℃下利用热压烧结制备了 Ti（C，N）基金属陶瓷，但是组织中出现了一些缺陷。

D 自蔓延高温合成

自蔓延高温合成技术（self-propagating high-temperature synthesis，简称 SHS）是借助反应物间固相反应所放出的巨大热量维持反应的自发持续进行，从而使反应物转变为生成物的材料制备新工艺。众多的 SHS 研究均针对诸如碳化物、硼化物、氮化物等单相陶瓷材料，最近许多人用其来合成金属陶瓷，如有人将 Ti、C 与 Ni、Fe、Co 或 Mo 混合合成 TiC 基的金属陶瓷；但是所制得的材料孔隙度较大，大多数都高于 10%，力学性能无法得到保证。要想用自蔓延高温合成法合成致密度较高、组织细小的金属陶瓷，通常将其与热压、热等静压、准热等静压、冲击波压实等方法结合起来。SHS 工艺制得的金属陶瓷复合材料韧性较好，并有希望通过工艺的控制制备高性能的功能梯度材料。Lasalvia 等将其与冲击压实法结合，制备出的 TiC-Ni 金属陶瓷致密度大大提高，使孔隙度降低到 2% 以下。Han 将其与准等静压技术结合，获得了致密度高于 96%、晶粒度为亚微级的

TiC-Ni 金属陶瓷。栗振涛等因通过自蔓延高温合成（SHS）结合准等静压（PHIP）方法制备了 TiC-Ni（Mo）金属陶瓷材料，材料具有良好的致密性和优良的力学性能。自蔓延高温合成法与其他方法的结合使合成金属陶瓷的致密度大大提高，但仍比常规方法略低。

E 放电等离子烧结

放电等离子烧结（spark plasma sintering，简称 SPS）是近年来发展起来的一种新型的快速烧结技术，它是将金属等粉末装入石墨等材质制成的模具内，利用上、下模兼通电电极将特制烧结电源和压制压力施加于烧结粉末，经放电活化、热塑变形和冷却来制成高性能材料。由于它是从粉体内部自发热快速升温烧结，材料升温速率极快，能快速通过低温区，有利于活化晶界和晶格扩散而抑制表面扩散，从而有利于获得致密的细晶材料；同时它具有烧结时间短、组织结构可控、节能环保等特点，所以在较低烧结温度和较小成形压力下利用 SPS 法可烧结出高性能的材料。

近几年国内外许多大学和科研机构都相继配备了 SPS 烧结系统并将其应用到金属陶瓷的制备中。夏阳华等用日本住友株式会社生产的 SPS-1050 放电等离子烧结炉对 Ti（C，N）基金属陶瓷进行烧结，采用1350℃下保温 8min 的烧结工艺可使包覆层较完整且晶粒细小，液相烧结充分进行，获得优异的力学性能。

5.5 二硼化钛基金属陶瓷

5.5.1 二硼化钛陶瓷简介

二硼化钛粉末是灰色或灰黑色的，具有六方（AB2）的晶体结构。它的熔点是 2980℃，有很高的硬度。二硼化钛在空气中抗氧化温度可达 1000℃，在 HCl 和 HF 酸中稳定。二硼化钛主要用于制备复合陶瓷制品。由于其可抗熔融金属的腐蚀，可用于熔融金属坩埚和电解池电极的制造，如图 5-3 所示。

二硼化钛是硼和钛最稳定的化合物，为 C32 型结构，以其价键形式结合，属六方晶系的准金属化合物。其完整晶体的结构参数为：a = 0.3028nm，c = 0.3228nm。晶体结构中的硼原子面和钛原子面交替出现构成二维网状结构，其中的 B 与另外 3 个 B 以其价键相结合，多余的一个电子形成大 π 键。这种类似于石磨的硼原子层状结构和 Ti 外层电子决定了 TiB_2 具有良好的导电性和金属光泽，而硼原子面和钛原子面之间 Ti-B 键决定了这种材料的高硬度和脆性的特点。

TiB_2 具有高熔点、高强度、高硬度和高弹性模量，因此在结构材料中作为硬质相而被广泛用于切削工具、耐磨构件、金属熔炼坩埚、轻质装甲等。较之其他陶瓷材料，二硼化钛还具有良好的导电性，因此可以通过放电加工等技术，加工成各种形状的构件。高导电率和良好的耐腐蚀性，使得二硼化钛很有潜力作为铝电解熔炼池的电解电极。

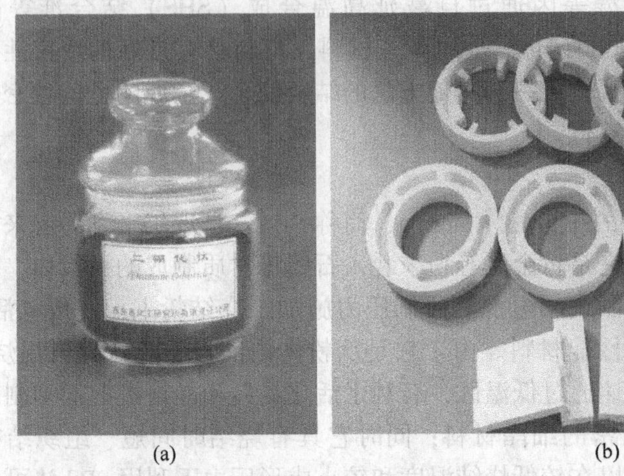

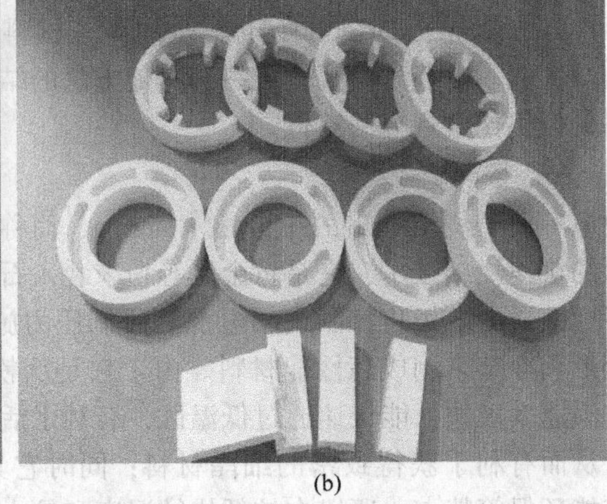

(a) (b)

图 5-3 二硼化钛金属陶瓷粉末（a）与制品（b）

但是，二硼化钛是脆性材料，单一的二硼化钛韧性很低。并且由于二硼化钛具有强的共价键结构，使得致密化过程由于其很低的分散系数而受到限制，在烧结过程中表现出热膨胀的各向异性，因而制备完全密实的二硼化钛材料十分困难，大大限制了其商业应用。为此，材料工作者进行了很多尝试，主要有两个方面：一是选择适宜的金属体系；二是改进致密化方法及制备工艺。

二硼化钛的应用领域包括：

（1）导电陶瓷材料，是真空镀膜导电蒸发舟的主要原料之一。

（2）陶瓷切削刀具及模具，可制造精加工刀具、拉丝模、挤压模、喷砂嘴、密封元件等。

（3）复合陶瓷材料，可作为多元复合材料的重要组元，与 TiC、TiN、SiC 等材料组成复合材料，制作各种耐高温部件及功能部件，如高温坩埚、引擎部件等，也是制作装甲防护材料的最好材料之一。

（4）铝电解槽阴极涂层材料，由于 TiB_2 与金属铝液良好的润湿性，用 TiB_2 作为铝电解槽阴极涂层材料，可以使铝电解槽的耗电量降低，电解槽寿命延长。

（5）制作成 PTC 发热陶瓷材料和柔性 PTC 材料，具有安全、省电、可靠、易加工成形等特点，是各类电热材料的一种更新换代的高科技产品。

5.5.2 二硼化钛陶瓷的制备方法

热压烧结是技术较为成熟、应用最为广泛的工艺，但是热压烧结温度较高，耗能耗时，并且制备的材料往往晶粒粗大，难以完全密实，材料性能不够理想；此外，热等静压技术也是常用的工艺，它具有压力大、烧结温度较低、材料密实性好的特点，但是设备较为复杂。近年来，又出现了许多新的制备工艺，特别是随着高温自蔓延合成技术，反应合成技术，以及燃烧合成技术等技术的运用，使得材料的性能得到了大幅的提高。

5.5.2.1 自蔓延高温合成加压技术

自蔓延高温合成是利用原料反应放热使反应自维持进行的一种陶瓷制备技术，具有反应速度快、反应温度高的特点。反应后由于原料中杂质的气化以及晶体体积的收缩，产物一般具有40%~50%的密实度。自蔓延高温合成加压技术的主要原理是：在燃烧反应完成后，对其施加外界载荷以获得高密实的材料。加压的方式可以是机械压力，液相、气相等静压，热挤压，热爆炸等。由于反应是一个放热自维持的反应过程，反应的温度很高，速度很快，因此降低了烧结温度，缩短了反应时间，产物纯净，密实度高。该技术具体又可分为4种：

（1）自蔓延高温合成快速加压技术（SHS）。该技术是在自蔓延反应完成后，产物仍然处于高温“红热软化”状态时对其施加快速轴向外界载荷从而获得密实材料的技术。其特点是反应时间短，整个工程在几分钟内完成，能耗少，并且可以制备较大尺寸的产品。刘建平等利用此技术制备了（TiB_2+Fe）/Fe梯度材料。傅正义等还详细研究了（TiB_2+Fe）系材料的制备技术，讨论了加压时间、压力延迟时间对于产物密实度的影响。

（2）自蔓延高温合成热等静压技术。该技术是以流体为加压介质，对红热的反应合成产物施加压力，从而获得密实的材料。热等静压技术的特点是：施加压力较大，一般在100MPa或更高，材料的密实性好，并且可以制备形状复杂、尺寸较大的产品，但是对于设备的要求较高，工艺较为复杂。

（3）自蔓延高温合成热冲击压实技术。该技术是将自蔓延反应产生的高温合成与冲击波产生的高压结合起来，从而获得密实材料的技术。KecsKes等较早研究了TiB_2致密样品的制备；刘利等也对此项技术进行了探索，制备出了TiB_2-Cu密实材料。

（4）燃烧合成热压技术。弱放热体系的制备一直是自蔓延高温技术研究的重点和难点，燃烧合成热压技术可以实现弱放热体系的制备。燃烧合成热压技术也称为反应热压技术，是在原料发生热爆反应的同时，采用热压的方法实现材料的密实化。利用该方法可以制备一些反应放热较弱的材料，并且工程较为容易控制，但对设备要求较高。王为民等利用此项技术得到了理论密度99%的TiB-NiAl复合材料，并对工艺过程和产物进行了研究。

5.5.2.2 机械合金化技术（MA）

机械合金化技术是将混合粉末进行高能球磨，使颗粒发生反复的变形、断裂、焊合，从而使粒子不断细化，产生晶格畸变及缺陷，最后使原始颗粒的特性逐步消失，形成均匀亚稳态的结构。Heng C. 等利用此种技术制备出了TiB-NiAl

复合材料，然后进行低温烧结，获得了性能良好的复合材料。

5.5.2.3 放电等离子烧结技术（SPS）

SPS 技术是一种新型的材料烧结技术，它是利用大电流产生的等离子体对材料进行加热烧结，具有升温速度快、加热均匀、烧结时间短等特点，所获得的材料组织细小均匀、致密度高，并且可以用来制备梯度材料和复杂工作。除了具有热压烧结的特点外，其主要特点是利用体加热和表面活化，实现材料的超快速致密化烧结，因此具有十分高的热效率，对于制备难烧结的材料具有独特的优势。

5.5.2.4 控制气氛烧结技术

烧结气氛对于产品的密实性、力学性能都具有很大的影响。现在制备 TiB_2 金属陶瓷复合材料多是采用 Ar 气氛或真空的单一气氛烧结。单一烧结气氛不利于材料的致密化，其原因是：在真空条件下烧结，金属液相会大量的气化和蒸发；在 Ar 气氛保护下烧结，材料又会捕获气体。因此，可采用二步烧结技术。研究人员对比了真空条件烧结、Ar 气氛保护烧结和两步烧结 3 种工艺。通过两步烧结，即在 1600℃真空下烧结 1h 后通入 Ar 气氛，在 1700℃下再烧结 1h，获得了相对密实度为 99%的材料，并提出可以通过两步烧结获得完全致密的材料。

5.6 超细晶粒 Ti（C，N）基金属陶瓷的制备及性能影响

5.6.1 超细晶粒对陶瓷性能的影响

在 Ti（C，N）基金属陶瓷中，粉末粒度越小，形貌越不规则，其表面能越大，可为烧结过程提供的驱动力也越大，这使得烧结系统的液相点降低，快速致密化过程开始得较早，但也会增大材料的孔隙度，因而会直接影响材料的组织和性能。现有研究结果表明，随着硬质相粉末粒度的细化，除典型的黑芯-灰壳结构之外，组织中还出现白芯-灰壳结构晶粒。纳米 TiN 的加入使晶粒的大小趋于一致，组织分布较为均匀，并改善了硬质相与黏结相的结合状态。一般来说，细晶金属陶瓷的断裂方式主要为沿晶断裂，而粗晶粒金属陶瓷以穿晶断裂为主。并且，采用细粉制备金属陶瓷可使材料的强度和硬度得到显著提高，而断裂韧性往往略有降低。通过研究硬质相粉末粒度对纳米 TiN 改性 Ti（C，N）基金属陶瓷组织和性能的影响，可为开发超细 Ti（C，N）基金属陶瓷刀具选择合理的粉末粒度组合提供设计依据。

研究表明，细化晶粒是一种提高材料强韧性的有效方法，通过成分优化、采用超细和纳米硬质相粉末、纳米改性以及运用先进的设备和制备工艺可以获得细晶粒、高性能的 Ti（C，N）基金属陶瓷材料。制备 Ti（C，N）基金属陶瓷时可以直接添加 Ti（C，N）粉末，也可以同时添加 TiC 和 TiN 粉末来提供硬质相。

采用后一方法时，TiC 是主要的硬质相，TiN 为 Ti（C，N）的形成提供 N 元素，同时未溶解的纳米 TiN 又可起到纳米改性的作用。所以，不同粒度的 TiC 和 TiN 以及二者的粒度组合方式会影响材料的组织和性能。合肥工业大学詹斌等采用不同粒度组合的 TiC 和 TiN 粉末制备了四种 Ti（C，N）基金属陶瓷材料，并对 TiC 和 TiN 粉末粒度对金属陶瓷的显微组织和力学性能的影响进行了深入研究。

5.6.2 超细晶粒 Ti（C，N）基金属陶瓷的制备工艺

关于试样的制备过程。四种不同硬质相粉末粒度组合的金属陶瓷试样成分均为 50%TiC-10%TiN-15%WC-4%Mo-10%Ni-10%Co-1%C，所用原料粉末均为市售，其主要特性如表 5-1 所示。TiC 和 TiN 纳米、微米粉末均有。金属陶瓷的硬质相粉末粒度组合设计如表 5-2 所示。

表 5-1 原始粉末的主要技术参数

粉末	比表面积/$m^2 \cdot g^{-1}$	粒径/μm	化学成分/wt%
TiC（μm）	—	2.56（Fsss）	C_{free}：0.179，O：0.13
TiC（nm）	23	0.04	O：<1
TiN（μm）	—	2.3（Fsss）	C：0.09，O：0.001
TiN（nm）	48	0.02	O：<1
WC	—	3.52（Fsss）	C_{free}：0.02
Mo	—	2.33（Fsss）	C：0.0036，Fe：0.002，O：0.095
Ni	—	2.74（Fsss）	C：<0.15，S：<0.001，O：<0.015
Co	—	2.46（Fsss）	C：0.058，S：0.0045，O：0.008
C	—	3.25（Fsss）	N：0.00015，O：0.3

注：Fsss 表示采用费氏法测得的粒度。

表 5-2 金属陶瓷的硬质相粉末粒度组合设计

金属陶瓷	TiC 粉末尺寸	TiN 粉末尺寸
A	微米级	微米级
B	微米级	纳米级
C	纳米级	微米级
D	纳米级	纳米级

首先对纳米 TiC、TiN 粉末进行分散处理，按粉末与无水乙醇（分散介质）1：10 的比例称量纳米 TiN 粉末，量取无水乙醇于烧杯中，并加入 3wt%表面活性剂吐温-80，超声分散 40min。再将其他粉末按成分配比进行称量后与纳米 TiC、

TiN 粉末混合，按球料质量比 7∶1 放入尼龙罐中，以无水乙醇为球磨介质在行星式球磨机上球磨混合 24h。将球磨后的料浆放入烘箱烘干，然后加入浓度为 8% 的汽油橡胶溶液成形剂进行造粒。在粉末压片机上用钢制模具双向压制成形，压制压力为 180MPa，保压 3min。在单室真空烧结炉中，根据一定的工艺对压坯进行脱胶、烧结，最终在 1430℃（0.01Pa）下保温 1h，制得所需试样烧结体。脱胶、烧结工艺曲线分别如图 5-4 和图 5-5 所示。

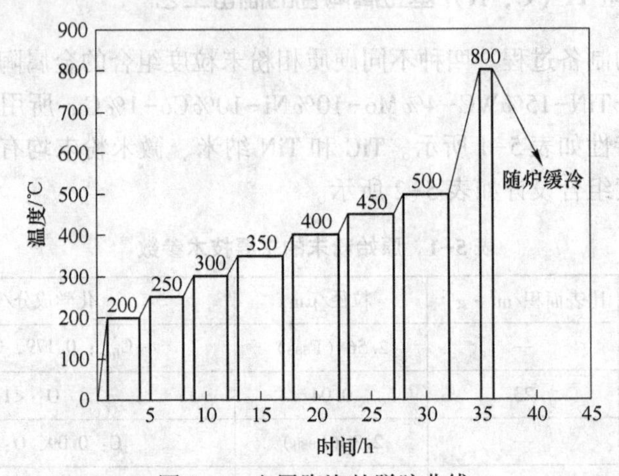

图 5-4　金属陶瓷的脱胶曲线

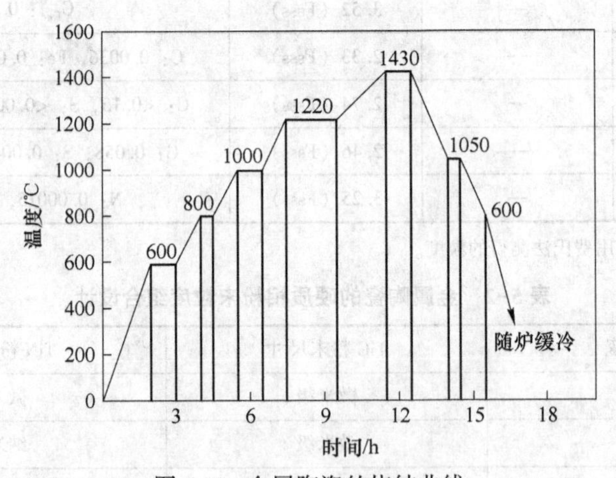

图 5-5　金属陶瓷的烧结曲线

真空烧结制得的试样表面较粗糙，所以需要在显微组织和力学性能测试之前进行研磨。首先在金相预磨机上用 240 目 B4C 粉对试样的一个面进行预磨，然后用 5 号金相砂纸进一步细磨，最后在抛光机上用金刚石抛光膏进行抛光，使试样表面达到镜面。

5.6.3 超细晶粒 Ti（C，N）基金属陶瓷的性能分析

通过对以上四种金属陶瓷材料性能的比较和分析，得到如下结论：

（1）随着硬质相粉末粒度的细化，金属陶瓷材料的黏结相 Ni/Co 中的固溶元素的量增多，XRD 衍射峰的偏移量增大。

（2）采用微米 TiC 粉末制备的材料（A、B）显微组织中，硬质相晶粒主要呈现“黑芯-灰壳”结构，晶粒普遍较粗大，硬质相与黏结相的分布不均匀；纳米 TiC 粉末制备的材料（C、D）中，硬质相晶粒呈现“黑芯-灰壳”和“白芯-灰壳”两种结构，晶粒较细小，硬质相与黏结相的分布较均匀。

（3）以“纳米 TiC+微米 TiN”为硬质相粉末制备的金属陶瓷材料（C）中存在一种特殊的极粗大硬质相晶粒，这种晶粒呈现“灰芯-灰壳”结构，芯部主要由多孔的 TiN 颗粒构成，环形相为厚大的（Ti，W，Mo）（C，N）固溶体。分析认为，这种特殊晶粒的形成是由微米 TiN 与纳米 TiC 颗粒在液相中的饱和溶解度存在巨大差异所引起的。

（4）由于受多种强化机制和孔隙弱化作用的共同影响，在 TiN 分别为微米粉和纳米粉的条件下，TiC 的粉末粒度对金属陶瓷抗弯强度和硬度的影响具有不同的规律，而用纳米 TiC 制备的金属陶瓷（C、D）的断裂韧性均低于微米 TiC 制备的金属陶瓷（A、B）；在 TiC 分别为微米粉和纳米粉时，以纳米 TiN 制备的材料（B、D）的抗弯强度和硬度均高于微米 TiN 制备的材料（A、C），而 B 和 D 的断裂韧性分别低于 A 和 C，B 的综合力学性能最好。

（5）材料的断口形貌和裂纹扩展路径反映出相同的材料断裂特征：以微米 TiC 粉末制备的材料 A 和 B 的硬质相晶粒都较粗大，A 发生的主要为穿晶断裂，而 B 发生的主要是沿晶断裂，这主要源于氧等杂质引起的相界面弱化；纳米 TiC 制备的材料 C 和 D 的硬质相晶粒细小，发生的主要是沿晶断裂。材料断口均存在硬质相脱落形成的凹坑、细小晶粒从黏结相中拔出所形成的韧窝以及黏结相撕裂而形成的撕裂棱，并且 C 和 D 的断口中存在较多孔隙。

6 钛酸盐系压电陶瓷

6.1 压电陶瓷的概念

压电陶瓷是一种能够将机械能和电能互相转换的信息功能陶瓷材料，具有压电效应。压电陶瓷除具有压电性外，还具有介电性、弹性等，已被广泛应用于医学成像、声传感器、声换能器、超声马达等。压电陶瓷利用其材料在机械应力作用下，引起内部正负电荷中心相对位移而发生极化，导致材料两端表面出现符号相反的束缚电荷即压电效应而制作，具有敏感的特性。压电陶瓷主要用于制造超声换能器、水声换能器、电声换能器、陶瓷滤波器、陶瓷变压器、陶瓷鉴频器、高压发生器、红外探测器、声表面波器件、电光器件、引燃引爆装置和压电陀螺等，除了用于高科技领域，它更多的是在日常生活中为人们服务，为人们创造更美好的生活而努力。

压电陶瓷是一类具有压电特性的电子陶瓷材料，与典型的不包含铁电成分的压电石英晶体的主要区别是：构成其主要成分的晶相都是具有铁电性的晶粒。由于陶瓷是晶粒随机取向的多晶聚集体，因此其中各个铁电晶粒的自发极化矢量也是混乱取向的。为了使陶瓷能表现出宏观的压电特性，就必须在压电陶瓷烧成并于端面做成电极之后，将其置于强直流电场下进行极化处理，以使原来混乱取向的各自发极化矢量沿电场方向择优取向。经过极化处理后的压电陶瓷，在电场取消之后，会保留一定的宏观剩余极化强度，从而使陶瓷具有了一定的压电性质，如图 6-1 所示。

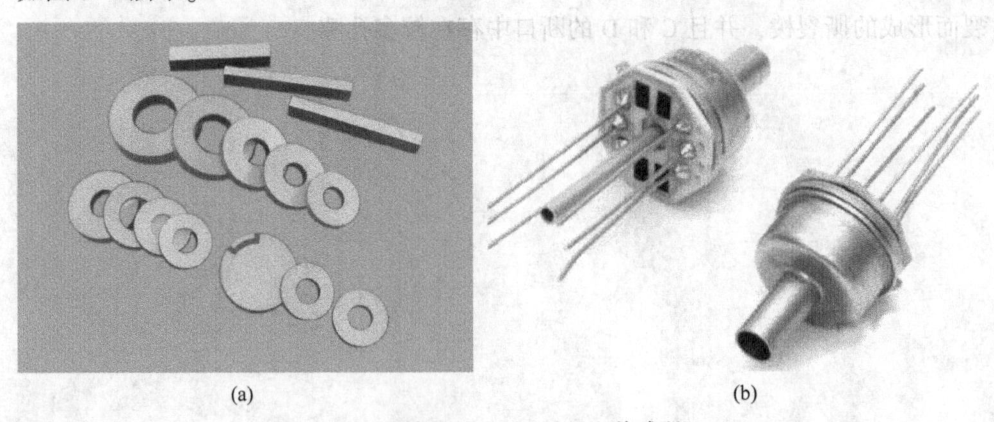

(a) (b)

图 6-1 压电陶瓷片（a）及压电传感器（b）

常用的压电陶瓷有钛酸钡系、钛酸铅系、锆钛酸铅二元系及在二元系中添加第三种 ABO_3（A 表示二价金属离子，B 表示四价金属离子或几种离子总和为正四价）型化合物，如 $Pb(Mn_{1/3}Nb_{2/3})O_3$ 和 $Pb(Co_{1/3}Nb_{2/3})O_3$ 等组成的三元系。如果在三元系中再加入第四种或更多的化合物，可组成四元系或多元系压电陶瓷。此外，还有一种偏铌酸盐系压电陶瓷，如偏铌酸钾钠（$Na_{0.5}\cdot K_{0.5}\cdot NbO_3$）和偏铌酸锶钡（$Ba_x\cdot Sr_{1-x}\cdot Nb_2O_5$）等，它们不含有毒的铅，对环境保护有利。压电陶瓷的应用领域如表 6-1 所示。

表 6-1 压电陶瓷的部分应用领域

应用	举 例
振子方面的应用	压电振子：振荡器、谐振器、滤波器
	复合振子：压电音叉、压电音片、音叉滤波器、压电耦合器
	机械滤波器
	压电变压器：静压复印、静电吸附设备中的升压装置
	延迟装置：电视、通信设备、计算机用延迟装置
换能器方面的应用	测量仪器：压力计、振动计、加速度计
	超声波测量计：流量计、流速计、风速计、声速计、液面计
	空气中声学换能器：拾音器、传声器、耳机、扬声器、电视遥控等
	水声换能器：超声测探仪、鱼群探测器、声呐等
	固体声换能器：超声探伤仪、厚度计、混凝土探伤、地下探伤
	物理声学换能器：物理性质研究用各种换能器、超声衍射光栅等
	大功率超声换能器：清洗、加工、搅拌、乳化、混合、促进反应
	医用超声换能器：脑、心脏病的诊断、脑肿瘤的治疗等
	其他：产生压电火花（点火器）、压电泵、压电马达等

6.2 PZT 压电陶瓷

6.2.1 PZT 压电陶瓷简介

PZT 是锆钛酸铅压电陶瓷的缩写，其中 P 是铅元素 Pb 的缩写，Z 是锆元素 Zr 的缩写，T 是钛元素 Ti 的缩写。PZT 压电陶瓷是将二氧化铅、锆酸铅、钛酸铅在 1200℃高温下烧结而成的多晶体，具有正压电效应和负压电效应。

$Pb(Zr_{1-x}Ti_x)O_3$ 的制备反应化学方程为：

$$PbO+TiO_2 \longrightarrow PbTiO_3$$

$$PbO+PbTiO_3+ZrO_2 \longrightarrow Pb(Zr_xTi_{1-x})O_3 \text{（中间态 PZT）}$$

$$PbTiO_3+Pb(Zr_xTi_{1-x})O_3 \longrightarrow PZT$$

也可以是：$(1-x)ZrO_2+xTiO_2+PbO \longrightarrow Pb(Zr_{1-x}Ti_x)O_3$

PZT 是 $PbZrO_3$ 和 $PbTiO_3$ 的固溶体，具有钙钛矿型结构。$PbTiO_3$ 和 $PbZrO_3$ 是铁电体和反铁电体的典型代表，因为 Zr 和 Ti 属于同一副族，$PbTiO_3$ 和 $PbZrO_3$ 具有相似的空间点阵形式，但两者的宏观特性却有很大的差异，钛酸铅为铁电体，其居里温度为 492℃，而锆酸铅却是反铁电体，居里温度为 232℃，如此大的差异引起了人们的广泛关注。研究 $PbTiO_3$ 和 $PbZrO_3$ 的固溶体后发现 PZT 具有比其他铁电体更优良的压电和介电性能，PZT 以及掺杂的 PZT 系列铁电陶瓷成为近些年研究的焦点。

6.2.2 PZT 压电陶瓷粉体的制备方法

6.2.2.1 微波辐射法

自 1986 年首次把微波技术用于有机合成以来，此种技术在有机及无机材料的合成方面都得以广泛应用。微波加热是利用高频交变电场引起材料内部的自由束缚电荷（如偶极子、离子和电子等）的反复极化和剧烈运动使分子间产生碰撞、摩擦和内耗，将微波转变为热能，从而产生高温。微波加热的特点为：微波能直接穿透样品，里外同时加热，不需传热过程，瞬时可达一定温度，无热惯性。通过调节微波输出功率，可使样品的加热情况无惰性改变，便于实现反应的瞬时升降温控制和自动控制。能量利用率很高，达到 50%～70%，大大节约了能量。微波还可以有选择地进行加热。研究人员利用微波技术在 600℃ 合成了单一钙钛矿型 PZT 粉体，且 PZT 粉体形成速率快，反应时间短及铅挥发小。

6.2.2.2 机械化学法

机械化学法合成粉体的反应机理十分复杂，目前仍处于探索、发展阶段。现大致认为是：球磨机的转动或振动使硬球对反应前驱物进行强烈的撞击、研磨和搅拌，缺陷密度增加，使颗粒很快细化，从而产生晶格缺陷、畸变，并具有一定程度的无定形化，同时，由于表面化学键断裂而产生不饱和键、自由离子和电子等原因，使晶体内能增高，导致物质反应的平衡常数和反应速率常数显著增大。另外，局部碰撞点的升温可能是诱导反应进行的另一促进因素。该方法用于 PZT 粉体合成，其特点为：对反应原料要求低，室温条件下即可完成粉体合成，工艺过程相对简单，易于实现工艺化生产。PZT 压电陶瓷的制备仅需一次高温作用，铅挥发减少，制品性能高，但存在反应时间过长，球磨中易引入一定的杂质，球磨后期因过粉磨可能导致颗粒发生严重的团聚等不足。近年来，随着高能球磨和气流磨等机械设备效率的提高，以及耐磨介质的选择，在一定程度上可克服现有的不足。

6.2.2.3 反应烧结法

反应烧结法是先将混合均匀的多组分粉末压成素坯，在随后的烧结过程中，各组分之间或组分与烧结气氛之间发生化学反应，获得预期设计组成的复相陶瓷。其特点是在烧结传质过程中，除利用表面自由能下降作为推动力外，还包括一种或多种化学反应能作为推动力或激活能。粉体合成和致密化烧结一步完成，工艺步骤简单。研究发现，烧结后期钙钛矿相的形成有助于坯件致密度的提高。研究人员采用 RHF 技术将 PZT 粉体合成和致密化烧结一步完成。在 830℃煅烧 2h，合成了晶粒尺寸为 0.2~0.5μm 的单一钙钛矿型 PZT 52/48 粉体。1100℃烧结 1h，制品致密度达到理论密度的 98%。在 1kHz 条件下其电性能为：介电常数为 1157，$P_r = 27.3\mu C/cm^2$，$E_c = 21kV/cm$。

6.2.2.4 溶胶-凝胶法（Sol-Gel）

溶胶-凝胶法（Sol-Gel）是基于粒径为 1~100μm 范围内的固体颗粒，能稳定地分散在溶液中形成溶胶。Sol-Gel 方法的过程是：

$$\text{前驱体（无机盐或金属盐）}\xrightarrow{\text{水解}}\text{溶胶}\xrightarrow{\text{凝聚}}\text{凝胶}\xrightarrow{\text{干燥、烧结}}\text{无机材料}$$

该工艺具有以下优点：可在较低的温度下（450~650℃）制得所需产品；可制得多组分均匀混合物；可制得粒度均匀的高纯、超细（十几至几十纳米之间）粉末；可制得一些传统方法难以得到或根本得不到的产品。

同时，该方法也存在以下不足：配料时应考虑烧结时过程中 PbO 的挥发；制备过程中 Sol 里含水量多少无法精确控制；Sol-Gel 法步骤繁杂，且金属醇盐极易水解，一次配制的 Sol 经多次使用后会出现不溶性沉淀物，既浪费原料，Sol 老化又可能会影响到烧结粉体的质量；Sol 制备过程须在干燥气氛中进行，对工艺要求严格，不利于生产工业化。

总之，Sol-Gel 工艺制备 PZT 陶瓷微粉其主要性能优于传统法，且该方法所需设备简单，工艺重复性好，但原料昂贵不易得到，目前主要用于制备 PZT 薄膜材料。

6.2.2.5 水热合成法

20 世纪 80 年代初，古老的水热法再现青春活力，常用来制备 PZT 微粉。这种方法的基本原理是：把在常温常压下不容易被氧化的物质，或者不易合成的物质，置于高温高压条件下来加速氧化反应进行。

水热合成法的优点在于可以直接合成多组分物料，避免了一般湿化学法需经烧结转化为氧化物这一可能形成硬团聚的步骤，制备的物料中晶粒发育完整，团聚程度很轻等。

近年来水热合成法在美、日等国取得了长足发展，连续化生产工艺问题已得到解决。日本的鹤见敬章、市原高志等用水热法制得了 PZT 半导体陶瓷及电压陶瓷，山本孝等研究了掺 Nb 对 $PbZrO_3$ 压电陶瓷烧结性能及电性能的影响，国内惠春等系统地研究了水热法制备 PZT 微粉的结构与热效应。但是用该方法制备的 PZT 晶体微粉，其粒径大小和微粉粒度均处于微米级。随着纳米科技的发展，纳米晶体微粉的研究，引起人们的重视，预计在未来的数年内，水热法很可能成为生产 PZT 粉料的主要方法，但粉料的粒度已不能满足纳米材料发展的要求，粉体细化的问题尚需进一步解决。

6.2.2.6 分步沉淀法

国内曾有人用分步沉淀法制备 $PbZrO_3$ 和 $PbTiO_3$ 粉末，其基本过程是在 Pb、Ti、Zr 的可溶性盐溶液中加入碳氨或氨水，制得含有 Pb、Ti、Zr 沉淀物的混合液，将沉淀混合、烧结合成 $PbZrO_3$ 和 $PbTiO_3$，粉碎得其粉体。目前该方法仅作为一种学术探讨，并无多大适用性。

6.2.2.7 共沉淀法

共沉淀法是所有制备粉体的湿化学方法中，工艺最简单、成本最低并且最终能制备出优良性能的粉体的方法，已被用于制备 $BaTiO_3$、SnO_2、Al_2O_3 等陶瓷粉体。其一般方法是：在可溶性盐溶液中加入一种沉淀剂（如碳氨、氨水等）。首先制得一种不溶于水的碱式盐或氢氧化物沉淀等，然后再通过加热分解的方式制得 PZT 粉体。根据盐溶液种类的不同，共沉淀法可分为草酸盐法、醇盐法、氯化物法等。由于 PZT 的组成阳离子 Zr^{4+}、Ti^{4+}、Pb^{2+} 共沉淀的特殊性，共沉淀过程中要控制适当的 pH 值较困难，因此研究很多，但问题也很多，同时也给粉体研究工作者带来了极大的乐趣。

研究人员以 $Pb(Ac)_2$ 作为初始原料代替 $Pb(NO_3)_2$，配制成水溶液，加入表面活性剂与沉淀剂，控制其 pH 值，沉淀完全后水洗除去可溶性杂质离子，特别是 Cl^-，直到 0.1mol 的 $AgNO_3$ 检验无 Cl^- 为止，然后用正丁醇共沸蒸馏处理，90℃干燥，650℃下 2h 煅烧分解，粉碎，通过上述处理就可得到反应充分、粒度分布合理、符合化学计量比、粒度分布在 0.3~0.6μm 的 PZT 微粉。

对于共沉淀法制备粉体，其优势在于成本低、工艺简单、可重复性好，有利于工业化，但存在如下缺点：在共沉淀制备粉体的过程中从共沉淀、晶粒长大到沉淀的漂洗、干燥、煅烧的每一阶段均可能导致颗粒长大及团聚体的形成；所得沉淀物中杂质的含量及配比难以精确控制。

6.2.3 PZT 压电陶瓷的加工

PZT 压电陶瓷片的工艺流程如下：配料→混合磨细→预烧→二次磨细→造粒

→成形→排塑→烧结成瓷→外形加工→被电极→高压极化→老化测试。

配料：进行料前处理，除杂去潮，然后按配方比例称量各种原材料，注意少量的添加剂要放在大料的中间。

混合磨细：目的是将各种原料混匀磨细，为预烧进行完全的固相反应准备条件，一般采取干磨或湿磨的方法。小批量可采取干磨，大批量可采取搅拌球磨或气流粉碎的方法，效率较高。

预烧：目的是在高温下，各原料进行固相反应，合成压电陶瓷。此道工序很重要，会直接影响烧结条件及最终产品的性能。

二次细磨：目的是将预烧过的压电陶瓷粉末再细振混匀磨细，为成瓷均匀性能一致打好基础。

造粒：目的是使粉料形成高密度的流动性好的颗粒。

成形：目的是将制好粒的料压结成所要求的预制尺寸的毛坯。

排塑：目的是将制粒时加入的黏合剂从毛坯中除掉。

烧结成瓷：将毛坯在高温下密封烧结成瓷，此环节相当重要。

外形加工：将烧好的制品磨加工到所需要的成品尺寸。

被电极：在要求的陶瓷片表面设置上导电电极，一般方法有银层烧渗、化学沉积和真空镀膜。

高压极化：使陶瓷内部电畴定向排列，从而使陶瓷具有压电性能。

老化测试：陶瓷性能稳定后检测各项指标，看是否达到了预期的性能要求。

6.3 $BaTiO_3$ 压电陶瓷

6.3.1 $BaTiO_3$ 压电陶瓷简介

钛酸钡是一种白色粉末，也是一致性熔融化合物，熔点 1625℃，相对密度 6.017，溶于浓硫酸、盐酸及氢氟酸，不溶于热的稀硝酸、水和碱。熔点为 1625℃。钛酸钡的这些理化性质对其制备具有十分重要的影响。

钛酸钡是一种强介电材料，是电子陶瓷中使用最广泛的材料之一，被誉为“电子陶瓷工业的支柱”。当钛酸钡晶体受压力而改变形状的时候，会产生电流，一通电又会改变形状。于是，人们把钛酸钡放在超声波中，它受压便产生电流，由它所产生的电流的大小可以测知超声波的强弱。相反，用高频电流通过它，则可以产生超声波。现在，几乎所有的超声波仪器中，都要用到钛酸钡。除此之外，钛酸钡还有许多用途。例如：铁路工人把它放在铁轨下面，来测量火车通过时候的压力；医生用它制成脉搏记录器；还应用于制造陶瓷敏感元件。其固态时可有五种晶体结构，温度从高到低依次为：六方、等轴、四方、斜方及三方晶系。除等轴外，其余的结构都呈现铁电性。钛酸钡的经济价值很高。因而，研究如何制备性能优良的钛酸钡对工业生产具有积极参考意义。

作为一种铁电材料，具有高的介电常数和低介电损耗特点，有优良的铁电、压电、耐压和绝缘性能，附加值高，发展前景广阔。广泛地应用于制造陶瓷敏感元件，尤其是正温度系数热敏电阻（PTC）、多层陶瓷电容器（MLCC）、热电元件、压电陶瓷、声呐、电光显示板、记忆材料、聚合物基复合材料以及涂层等。

钛酸钡在片式多层陶瓷电容器（MLCC）上的用量最大。MLCC是世界上用量最大、发展最快的片式元件品种。从下游供应链终端市场来看，电子产品对MLCC的需求呈现出几何级数增长，目前全球产能预计已经达到15000亿颗以上。全球目前对钛酸钡的需求约为5~10万吨。目前，中国钛酸钡年需求量占了世界近30%的份额，且正以20%的年增长速度发展，如图6-2所示。

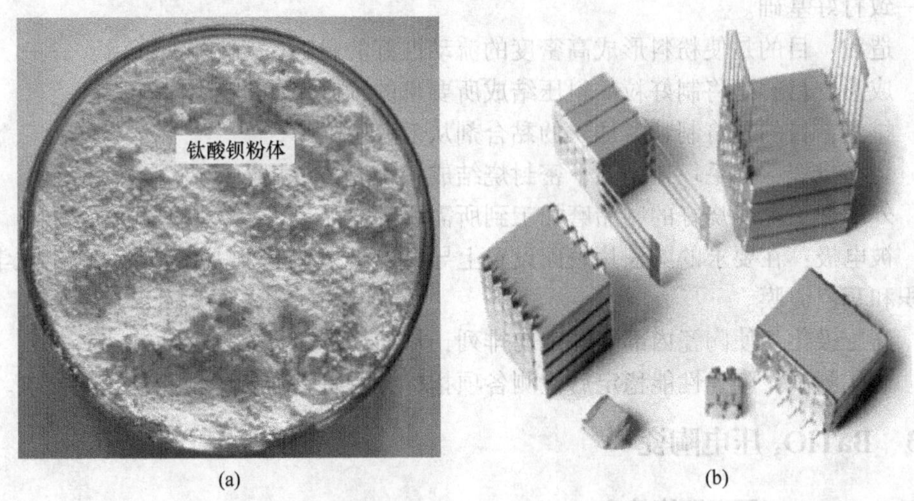

(a) (b)

图6-2 白色钛酸钡粉体（a）和多层陶瓷电容器（b）

6.3.2 $BaTiO_3$ 压电陶瓷粉体的制备方法

高纯超细钛酸钡的粒径很小（一般为100~500nm）。近几年，钛酸钡制备技术得到了较快的发展，钛酸钡粉体制备方法很多，如固相法、化学沉淀法、溶胶-凝胶法、水热法、超声波合成法等。

6.3.2.1 固相合成法

固相法是钛酸钡粉体的传统制备方法，典型的工艺是将等量碳酸钡和二氧化钛混合，在1500℃温度下反应24h，反应式为：$BaCO_3+TiO_2 \rightarrow BaTiO_3+CO_2\uparrow$。该法工艺简单，设备可靠。但由于是在高温下完成固相间的扩散传质，故所得$BaTiO_3$粉体粒径比较大（微米），必须再次进行球磨。高温煅烧能耗较大，化学成分不均匀，影响烧结陶瓷的性能，团聚现象严重，较难得到纯$BaTiO_3$晶相，粉体纯度低，原料成本较高。一般只用于制作技术性能要求较低的产品。

6.3.2.2 化学沉淀法

A 以偏钛酸为原料制备法

将适量的氢氧化钠加入到偏钛酸浆料中，然后干燥、煅烧得到正太酸钠，再水解得到正钛酸，然后与适量的草酸共热反应，得到草酸氧钛酸，在与适量的氯化钡反应生成草酸氧钛酸钡，最后干燥、煅烧生成疏松多孔状的钛酸钡。其反应方程式如下：

$$TiO(OH)_2+4NaOH \xlongequal{} Na_4TiO_4+3H_2O$$

$$Na_4TiO_4+4H_2O \xlongequal{} H_4TiO_4+4NaOH$$

$$H_4TiO_4+2H_2C_2O_4 \xlongequal{} H_2[TiO(C_2O_4)_2]+3H_2O$$

$$H_2[TiO(C_2O_4)_2]+BaCl_2+4H_2O \xlongequal{} BaTiO(C_2O_4)_2\cdot 4H_2O+2HCl$$

$$BaTiO(C_2O_4)_2\cdot 4H_2O \xlongequal{} BaTiO_3+2CO+2CO_2+4H_2O$$

B 以工业钛液为原料制备

以硫酸法钛白生产过程中的中间产品纯净工业钛液 $TiOSO_4$ 为原料，将其制成正钛酸沉淀；正钛酸沉淀洗涤、过滤除杂后，与草酸反应，得草酸氧钛酸溶液；再在草酸氧钛酸溶液中加入 $BaCl_2$ 溶液进行反应，生成草酸氧钛酸钡水合沉淀；草酸氧钛酸钡水合沉淀洗涤、干燥后煅烧，将煅烧产物冷却后再粉碎，即可获得钛酸钡粉体，其工艺如图 6-3 所示。

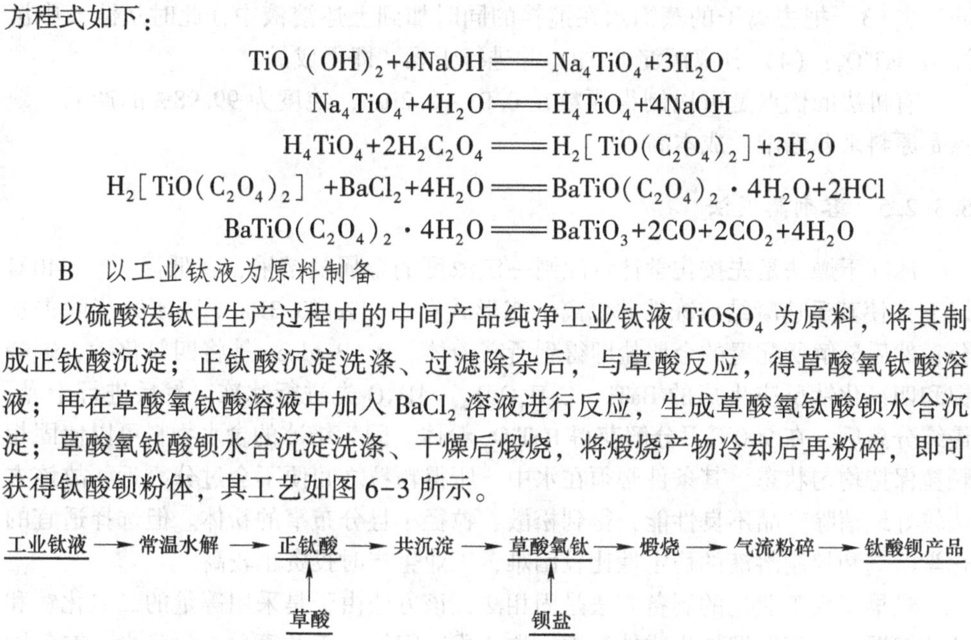

工业钛液 → 常温水解 → 正钛酸 → 共沉淀 → 草酸氧钛 → 煅烧 → 气流粉碎 → 钛酸钡产品
草酸（→ 正钛酸）；钡盐（→ 草酸氧钛）

图 6-3 以工业钛液为原料制备钛酸钡工艺流程

6.3.2.3 水热合成法

在封闭的高压釜中，在一定的蒸汽压力和温度下，以水为溶剂，使原始混合物进行反应的合成方法便是水热合成法。最近几年来用此方法制备质量较高的亚微细 $BaTiO_3$ 微粒很受关注，如通过高活性水合氧化钛与氢氧化钡水溶液反应，反应温度和压力大大降低，合成的钛酸钡粉体粒径在 60~100nm 之间。该法原料价格低，Ba/Ti 物质的量比可准确地等于化学计量比，粉体具有高的烧结活性。

6.3.2.4 有机法

有机法又有具体的不同的方法，如醇钛和醇钡燃烧法、醇钛和醇钡水解法、异丙醇钡和戊醇钛同时水解法以及异丙醇钡和异现醇钛同时水解法等。

醇钛和醇钡燃烧法是将化学计量的醇钛和醇钡混合物溶于有机溶剂中，然后将混合物与助燃气体（如氧气或空气）一起通进雾化器，点火、燃烧，所产生的热量将醇钛和醇钡分解，游离的钡离子和钛离子直接反应生成很细的、均匀的钛酸钡单晶。醇钛和醇钡中挥发的那部分烧掉。颗粒大小可由原料液的浓度控制，晶型可由燃烧温度控制。

醇钛、醇钡水解过程包括：（1）在有机溶剂中溶解的分子式为 $Ba(OR)_2$ 和 $Ti(OR)_4$ 的化合物，最好是 1~6 个碳原子的烷基；（2）搅拌得到的溶液并进行回流；（3）把去离子的蒸馏水在搅拌的同时加到上述溶液中，此时从溶液中沉淀出 $BaTiO_3$；（4）分离沉淀 $BaTiO_3$ 并进行干燥，即得成品。

有机法的优点是可以制得颗粒在 0.01~0.2μm，纯度为 99.98%的产品。缺点是原料来源困难，成本高。

6.3.2.5 溶剂蒸发法

冰冻干燥法是先按化学计量配制一定浓度的金属盐溶液，在低温下（-40℃以下）使其迅速凝结成冻珠并以离子态形式存在，在 13.3Pa 下减压升华除去水分，然后分解所配置的金属盐即得到所需粉体。P. Pradeep 等将四氯化钛、碳酸钡和四氯化钛反应生成的 $BaTi(C_6H_4O_2)_3 \cdot 4H_2O$ 先进行冰冻，然后进行干燥，最终分离后，在 900℃下分解获得 $BaTiO_3$ 粉体。因为结冰的含水物料可以使固相颗粒保持均匀状态，其条件必须在水中，所得颗粒之间便不会过分靠近，故该方法较好地消除产品不良性能，得到松散、粒径小且分布窄的粉体。但选择适宜的化学溶剂和控制溶液的稳定性比较困难，工业生产时投资也较高。

最早实现工业化的制备方法是固相法，该方法由于是采用等量的二氧化钛和钛酸钡混合，高温煅烧生成钛酸钡，故合成时间短、工艺简单、污染少，在各国备受青睐。在美国和日本已实现产业化的高压水热合成法中，在密封高压釜中，以水为溶剂在一定的温度和蒸汽压力下，使原始混合物进行反应，将产物干燥后进行碾磨得到钛酸钡粉体。

此方法由于对压力较高，需要较高的耐压设备，因此投入成本较大，产业化受到一定的限制，故近几年关于常压水热合成法的研究越来越多。中国科学院成都有机化学研究所和中国科学院研究生院在此方法上有了一定的突破，研究出的制备方法如下：将预处理除杂后的偏钛酸、氢氧化钡、蒸馏水按一定的比例混合在加热搅拌的条件下使其反应，持续一段时间后，将产物酸洗、水洗、醇洗，进行烘干最后碾磨，就得到钛酸钡粉体。国内外专家学者在钛酸钡的光电、压电性质方面的研究也很多，大都通过掺杂铈和钇来得到新材料，尤其是在 MLCC 方面的应用。基于以上情况，以后的研究方向应集中在重点解决如何大规模工业化生产高纯超细的 $BaTiO_3$ 粉体，开发出相对廉价的高纯超细的 $BaTiO_3$ 粉体的生产方法并实现大规模工业化生产。

6.4 水热法合成钛酸铋钠无铅压电陶瓷

6.4.1 钙钛矿型无铅压电陶瓷简介

无铅压电陶瓷类型众多，按晶体结构可分为三类：钨青铜结构、铋层状结构和钙钛矿结构压电陶瓷。钙钛矿是以 $CaTiO_3$ 为主要成分的天然矿物，理想情况下其结构属于立方晶系，钙钛矿结构名字来自于矿物 $CaTiO_3$ 的结构，化学通式是 ABO_3，B 离子为半径较小的阳离子，如 Ti、Sn、Zr、Nb、Ta、W 等；A 离子为半径较大的阳离子，如 Na、K、Ca、Sr、Ba、Rb、Pb 等离子。属于钙钛矿结构的有 $BaTiO_3$、$SrTiO_3$、$PbTiO_3$、$PbZrO_3$、$SrZrO_3$、$SrSnO_3$ 等。

钙钛矿结构的压电陶瓷是发现最早，目前种类最多的氧八面体型材料，广泛应用于实际的 PZT、PZNT 和 PMNT 基含铅压电陶瓷也属于钙钛矿结构类型。典型的钙钛矿结构的无铅压电陶瓷有 $BaTiO_3$、$Na_{0.5}Bi_{0.5}TiO_3$、$K_{0.5}Bi_{0.5}TiO_3$、$K_{0.5}Na_{0.5}NbO_3$ 等及其形成的固溶体。目前，钙钛矿系无铅压电陶瓷研究主要集中在 $K_{0.5}Na_{0.5}NbO_3$ 无铅压电陶瓷，而 $Na_{0.5}Bi_{0.5}TiO_3$ 系和 $K_{0.5}Bi_{0.5}TiO_3$ 系无铅压电陶瓷有待深入研究。

6.4.2 钛酸铋钠简介

6.4.2.1 钛酸铋钠结构

钛酸铋钠（$Na_{0.5}Bi_{0.5}$）TiO_3（NBT）于 1960 年被苏联科学家 Smolenskii 发现，是一种 A 位复合钙钛矿型弛豫铁电体，其钙钛矿结构的 A 位由 Na^+ 和 Bi^{3+} 共同占据，B 位由 Ti^{4+} 占据。

NBT 的相变过程非常复杂，目前仍然存在争论。Suchanicz 等认为高温下 NBT 为立方相；在 320～220℃ 之间，NBT 发生由四方相向三方相缓慢相变；220℃ 以下，NBT 为三方铁电相。由于三方结构的不对称性，产生自发极化，从而使 NBT 具有铁电性。

NBT 在室温下属于铁电三方晶系，具有一些很好的特性，如压电系数大、介电常数小（240～340）、声学性能良好、热释电性能与 PZT 相当等，其居里点 T_c 较高，约为 320℃，烧成温度属中温烧结（约在 1100～1150℃），具有较强的铁电性能，剩余极化强度为 38μC/cm^2，被认为是最有希望取代铅基压电陶瓷的无铅体系之一。

6.4.2.2 $Na_{0.5}Bi_{0.5}TiO_3$ 无铅压电陶瓷的研究现状

采用传统法制备的纯 NBT 陶瓷矫顽场高达 73kV/cm，极化十分困难，材料所具备的真实压电性能无法充分展现。另外 Na_2O 易吸潮，导致体系的化学稳定性比铅基压电陶瓷差，烧结温度范围窄，容易生烧或过烧，工艺不好控制。如何提高

NBT 陶瓷压电活性、降低极化难度成为实际应用过程中，亟待解决的关键问题。

针对 NBT 陶瓷的两大缺点，许多学者通过 NBT 陶瓷掺杂取代，特别是 A 位的掺杂取代来改善材料的压电性能，压电性能较好的体系主要有 $(1-x)(Na_{0.5}Bi_{0.5})TiO_3 \cdot xBaTiO_3$、$(1-x)(Na_{0.5}Bi_{0.5})TiO_3 \cdot x(K_{0.5}Bi_{0.5})TiO_3$、$(1-x)(Na_{0.5}Bi_{0.5})TiO_3 \cdot xNaNbO_3$、$(1-x)(Na_{0.5}Bi_{0.5})TiO_3 \cdot xKNbO_3$ 体系等，已成为该类无铅压电陶瓷研究领域的热点。

6.4.3 钛酸铋钠无铅压电陶瓷的制备

成都理工大学王燕等以 $Bi(NO_3)_3 \cdot 5H_2O$ 为铋源、$Ti(C_4H_9O)_4$ 为钛源，NaOH 为矿化剂和钠源，采用水热法合成了无铅压电陶瓷 NBT 粉体，利用 XRD、SEM、XRF 等对其成分、结构、形貌进行表征，分析了不同水热反应温度、不同 Bi/Ti 摩尔比对其结构与形貌的影响。采用的技术路线如图 6-4 所示。

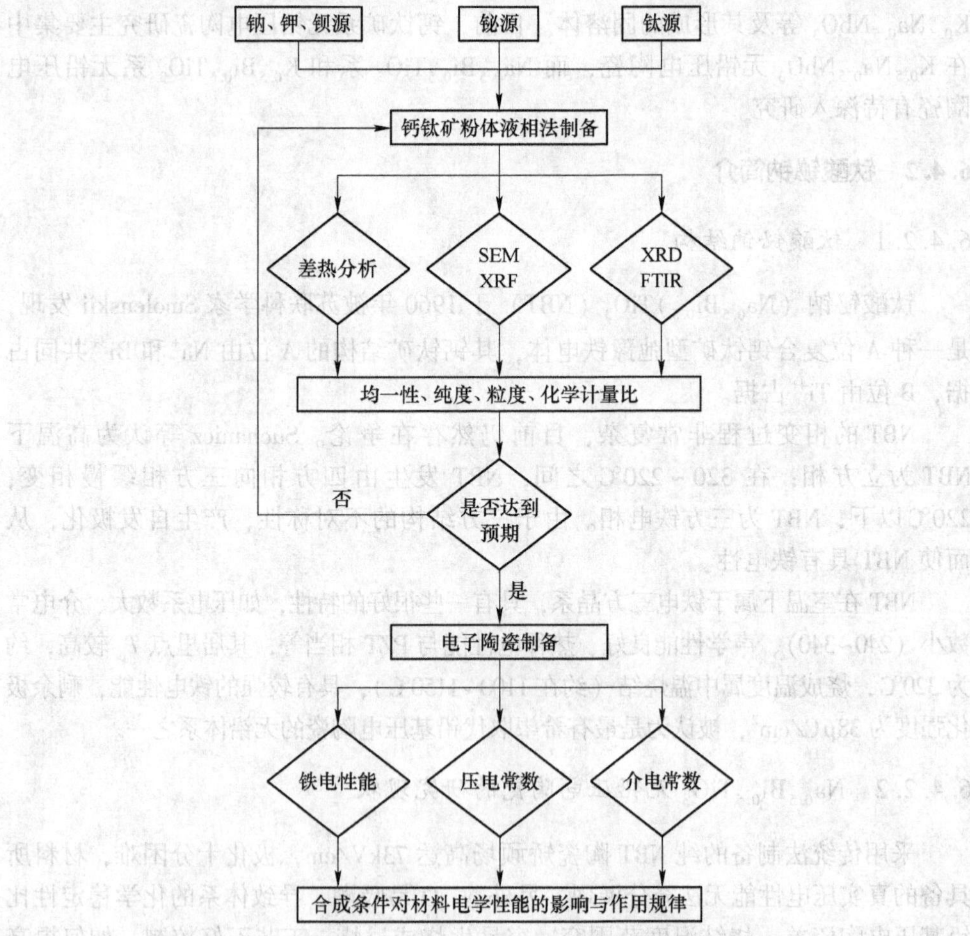

图 6-4 水热法合成钛酸铋钠无铅压电陶瓷技术路线图

实验所采用的原料试剂如表6-2所示。

表6-2 实验所用原料试剂

序号	药品	分子式	规格	生产厂家
1	五水硝酸铋	$Bi(NO_3)_3 \cdot 5H_2O$	分析纯	成都科龙化学试剂厂
2	钛酸丁酯	$Ti(OC_4H_9)_4$	分析纯	成都科龙化学试剂厂
3	硝酸钠	$NaNO_3$	分析纯	成都科龙化学试剂厂
4	硝酸钾	KNO_3	分析纯	成都科龙化学试剂厂
5	硝酸钡	$Ba(NO_3)_2$	分析纯	成都科龙化学试剂厂
6	氢氧化钠	NaOH	分析纯	成都科龙化学试剂厂
7	氢氧化钾	KOH	分析纯	成都科龙化学试剂厂
8	柠檬酸	$C_6H_8O_7 \cdot H_2O$	分析纯	成都科龙化学试剂厂
9	氨水	$NH_3 \cdot H_2O$	分析纯	成都科龙化学试剂厂
10	无水乙酸	CH_3COOH	分析纯	成都科龙化学试剂厂
11	无水乙酸	C_2H_6O	分析纯	成都科龙化学试剂厂
12	聚乙烯醇	PVA	分析纯	成都科龙化学试剂厂
13	高温导电银浆			上海玖银电子科技有限公司

水热合成法是在密封耐高压的不锈钢反应釜中进行，以水为介质，在高温高压的条件下制备材料的一种方法，制备工艺过程操作简单方便，较易实施，水热合成法制备粉体是在液相中一次完成的，不需要后期的晶化热处理，从而避免了由于后期热处理而产生粉体的硬团聚、晶粒自行长大和容易混入杂质等缺点，成为制备NBT压电陶瓷粉体的优良方法。截至目前，在水热法合成NBT压电陶瓷粉体的研究方面，学者成功地合成了NBT压电陶瓷粉体，但如何找到相稳定区域则需要通过不同实验条件和过程摸索。以往水热合成NBT压电陶瓷粉体的研究中，较多讨论水热温度、水热时间、矿化剂浓度等参数的影响，本实验重点考察了不同Bi/Ti摩尔比对产物结构与形貌以及成分的影响。

在矿化剂的选择方面，水热法涉及的化合物在水中的溶解度往往很小，为了提高化合物的溶解度通常加入矿化剂，这些物质通常是易溶于水的低熔点的酸碱盐，或者是其他能与难溶成分形成络合物的可溶性物质。矿化剂在水中温度越高则溶解度越大，它既能够提高溶质在水热溶液里的溶解度，又能够改变溶解度的温度系数。目前在水热合成中经常使用的无机矿化剂主要有KOH、KCl、NaOH、NaCl等。

在NBT压电陶瓷粉体水热合成过程中，碱性矿化剂的使用非常必要。学者使用了碱性强度不同的矿化剂进行了水热合成研究，发现较弱碱性的矿化剂不利于粉体的合成，只有碱性较强的矿化剂才能有效合成NBT粉体，这是因为强碱可以提高反应物在水热体系中的溶解度，同时，强碱还可有效促进NBT微晶的水热合成。选择矿化剂还需要注意的是不能引入杂质，不能破坏晶体结构。由于 NaOH 具有强碱性，而且在该体系中不会引入其他离子，所以实验选用了 NaOH 作为矿化剂。

实验所采用的实验仪器设备如表 6-3 所示。

表 6-3 实验所用仪器设备

序号	设备名称	型号及规格	厂家
1	磁力搅拌器	CL00S2	广州市广才实验仪器有限公司
2	电子天平	BS224S	赛多利斯科学仪器（北京）有限公司
3	大型水热高压反应釜	CJ-1000	威海新元化工机械厂
4	聚四氟乙烯小型反应釜	100mL	河南巩义市科研仪器有限公司
5	电热恒温鼓风干燥箱	DHG-9076A	上海浦东莱丰科学仪器有限公司
6	高温马弗炉	SRJ1-13	上海科仪仪器厂
7	成型模具	ϕ13mm	成都蜀华模具有限公司
8	高压极化装置	7462	华仪电子股份有限公司
9	X 射线衍射仪	DX-2700	丹东方园仪器有限公司
10	扫描电子显微镜 1	JSM-5610LV	日本电子株式会社
11	扫描电子显微镜 2	S-3000N	日本日立公司
12	扫描电子显微镜 3	Quanta250	美国 FEI 公司
13	X 射线荧光光谱仪	XRF-1800	日本岛津制作所
14	激光粒度分布仪	BT-9300H	丹东百特仪器有限公司
15	红外光谱仪	AVATAR-360	美国 Thermo-Nicolet 公司
16	热分析仪	STA409PC	德国耐驰公司
17	阻抗分析仪	HP-4194	美国 Agilent 公司
18	压电系数测量仪	ZJ-3A	中科院声学所
19	高压电源	Model609A	美国 Trek 公司
20	铁电工作站	Precision Work Station 6000	美国 Radiant 公司

在水热反应设备的选择方面，由于水热合成过程通常是在一种特制的密闭反应容器（高压反应釜）里进行的，故一般选用水溶液作反应介质，通过对高压反应釜加热，提供一个高温、高压利于反应进行的环境，使得通常不容易被溶解的物质溶解并且发生重结晶，以此获得高性能的陶瓷粉体。近年来水热设备有了很大的发展。采用微波加热形成了“微波-水热法”，在反应器上附加各种搅拌装置，包括用非铁磁材料制作高压釜，在反应中外加三维的可变磁场，或在反应过程中一起机械晃动高压釜和加热器。另外，连续式中试规模的水热粉体制备装置也已有报道。为了保证在高温高压水热反应的进行，需要将高压釜严格密封，

这在客观上造成了水热反应过程的不可视性，人们难以直接观察到反应的实时进行情况，只能通过对产物的检测来对各种反应参数进行调整。V. I. Popolito 用大块水晶晶体制造出了透明高压反应釜，使人们首次直观地观察到了水热反应全过程，同时还可以根据反应情况随时调节反应条件。

实验室常用的高压反应釜有两种，一种是小型反应釜，结构简单，外层是不锈钢制成的釜体，内层反应容器为聚四氟乙烯或对位聚苯材质，此种反应釜造价低，使用普通烘箱加热，实验温度一般在 200℃ 左右，规格多样（50mL、100mL、200mL 等），方便灵活，实验室常用。另外一种是大型反应釜，这种反应釜设备体积较大（0.5L、1L、2L 等），自带加热系统和搅拌系统，常配备有压力表，冷却水套等附属设备，使用硅油加热或者电加热，加热温度可达 400℃；能够一次制备大量粉体，可适应半工业化生产需求。实验采用了 CJ-1000 型高压反应釜，高压反应釜由反应容器、搅拌器及传动系统、冷却装置、安全装置、加热炉等组成。

在具体合成工艺方面，以 $Bi(NO_3)_3 \cdot 5H_2O$、$Ti(C_4H_9O)_4$ 为原料，以 NaOH 为矿化剂和钠源，水热法合成 NBT 压电陶瓷粉体的工艺流程如图 6-5 所示。

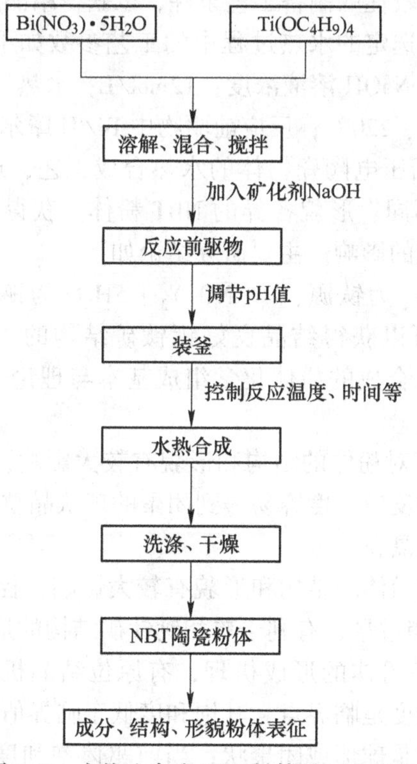

图 6-5 水热法合成 NBT 粉体的工艺流程

其具体的工艺步骤为：

（1）前驱体配制：按照$Na_{0.5}Bi_{0.5}TiO_3$的化学计量比计算，称取$Bi(NO_3)_3 \cdot 5H_2O$在蒸馏水中溶解，后将量取好的$Ti(OC_4H_9)_4$加入，使用磁力搅拌器将混合溶液搅拌均匀。将配置好的矿化剂NaOH溶液缓慢滴加到上述混合液，充分搅拌后形成均匀的反应前驱体。

（2）水热反应：将按步骤（1）配制好的前驱体移至水热反应釜。保证釜体的填充度保持在80%，充分密封釜盖与釜体，使之能够达到水热反应所需的压力。前驱体在设定的反应温度，水热反应一定时间后，在反应釜中自然冷却至室温。

（3）样品处理：为了除去反应的副产物，将所得产物用蒸馏水进行反复淋洗，同时真空抽滤，直至洗涤后溶液的pH值为7~8。然后在真空干燥箱内100℃干燥12h，再在研钵中充分研磨，最后将粉体置于干燥环境以备用。水热合成法允许选择一个合适的实验参数范围，通过控制前驱液中不同离子摩尔比、反应温度、反应时间、矿化剂浓度等实验条件，以控制陶瓷粉的物相、大小和形状。通过控制水热合成参数Bi/Ti摩尔比，研究其对合成粉体的晶体结构和显微形态的影响规律，确定较佳的制备工艺条件，以获得结晶度高、颗粒均匀细小的粉体。根据参考文献，选定的水热过程中的工艺参数如下：反应前驱物中Ti浓度：0.5mol/L；矿化剂NaOH溶液浓度：12mol/L；水热反应时间：24h；水热反应温度：120℃、180℃、220℃；反应前驱物中Bi/Ti摩尔比：0.4、0.5、0.6。

按照上述NBT无铅压电陶瓷粉体的水热合成工艺，通过控制水热反应工艺过程参数合成出尺寸不同、形貌各异的NBT粉体。获得了不同Bi/Ti摩尔比对NBT粉体的结构和形貌的影响。主要研究结论如下：

（1）以$Ti(OC_4H_9)_4$为钛源、$Bi(NO_3)_3 \cdot 5H_2O$为铋源、NaOH为矿化剂和钠源，通过水热反应可以获得结晶良好钙钛矿结构的NBT粉体。NBT产物的XRF分析表明，水热法合成的粉体化学组成基本与理论上的$Na_{0.5}Bi_{0.5}TiO_3$组成符合。

（2）水热反应温度对粉体的结构和形貌有较大影响，随着反应温度的升高，晶粒明显长大；较低的反应温度容易得到团聚的球状晶粒，较高的反应温度有利于得到分散的立方体状晶粒。

（3）Bi/Ti对NBT粉体的结构和形貌有较大影响，控制Bi/Ti比在0.5~0.6之间，使前驱体中Bi稍过量，有利于单相钙钛矿结构的形成。

（4）水热合成陶瓷粉体的形成机理，有原位结晶机理与溶解-结晶机理两种，前驱体的过饱和程度是临界点，其饱和度低于临界值时，原位结晶机理占主导作用，产物颗粒形貌是球形或团聚状；当前驱体饱和度大于临界值时，溶解-结晶机理起主要作用，产物颗粒形貌为立方状。

7 Nb-Ti 超导材料

7.1 超导材料概述

7.1.1 特性

超导材料是指具有在一定的低温条件下呈现出电阻等于零以及排斥磁力线的性质的材料。现已发现有 28 种元素和几千种合金和化合物可以成为超导体。超导材料处于超导态时电阻为零，能够无损耗地传输电能。如果用磁场在超导环中引发感应电流，这一电流可以毫不衰减地维持下去。这种“持续电流”已多次在实验中观察到。

超导材料处于超导态时，只要外加磁场不超过一定值，磁力线不能透入，超导材料内的磁场恒为零。外磁场为零时超导材料由正常态转变为超导态（或相反）的温度，以 T_c 表示。T_c 值因材料不同而异。已测得超导材料的最低 T_c 是钨，为 0.012K。到 1987 年，临界温度最高值已提高到 100K 左右。使超导材料的超导态破坏而转变到正常态所需的磁场强度，以 H_c 表示。H_c 与温度 T 的关系为 $H_c=H_0[1-(T/T_c)^2]$，式中，H_0 为 0K 时的临界磁场。

超导体的临界温度 T_c 与其同位素质量 M 有关。M 越大，T_c 越低，这称为同位素效应。例如，原子量为 199.55 的汞同位素，它的 T_c 为 4.18K，而原子量为 203.4 的汞同位素，T_c 为 4.146K。

通过超导材料的电流达到一定数值时也会使超导态破坏而转为正常态，以 I_c 表示。I_c 一般随温度和外磁场的增加而减少。单位截面积所承载的 I_c 称为临界电流密度，以 J_c 表示。

超导材料的这些参量限定了应用材料的条件，因而寻找高参量的新型超导材料成了人们研究的重要课题。以 T_c 为例，从 1911 年荷兰物理学家 H. 开默林-昂内斯发现超导电性（Hg，$T_c=4.2$K）起，直到 1986 年以前，人们发现的最高的 T_c 才达到 23.2K（Nb_3Ge，1973 年）。1986 年，瑞士物理学家 K. A. 米勒和联邦德国物理学家 J. G. 贝德诺尔茨发现了氧化物陶瓷材料的超导电性，从而将 T_c 提高到 35K。之后仅一年时间，新材料的 T_c 已提高到 100K 左右。这种突破为超导材料的应用开辟了广阔的前景，米勒和贝德诺尔茨也因此荣获 1987 年诺贝尔物理学奖金。2018 年《自然》（Nature）杂志刊登两篇中国学者文章，报道了石墨烯的高温超导现象。

7.1.2　主要合金

在常压下有 28 种元素具超导电性，其中铌（Nb）的 T_c 最高，为 9.26K。电工中实际应用的主要是铌和铅（Pb，T_c=7.201K），已用于制造超导交流电力电缆、高 Q 值谐振腔等。

超导元素加入某些其他元素作合金成分，可以使超导材料的全部性能提高。如最先应用的铌锆合金（Nb-75Zr），其 T_c 为 10.8K，H_c 为 8.7T。继后发展了铌钛合金，虽然 T_c 稍低了些，但 H_c 高得多，在给定磁场能承载更大电流。其性能是 Nb-33Ti，T_c=9.3K，H_c=11.0T；Nb-60Ti，T_c=9.3K，H_c=12T（4.2K）。三元合金，性能进一步提高，Nb-60Ti-4Ta 的性能是 T_c=9.9K，H_c=12.4T（4.2K）；Nb-70Ti-5Ta 的性能是 T_c=9.8K，H_c=12.8T。

超导元素与其他元素化合常有很好的超导性能。如已大量使用的 Nb_3Sn，其 T_c=18.1K，H_c=24.5T。其他重要的超导化合物还有 V_3Ga，T_c=16.8K，H_c=24T；Nb_3Al，T_c=18.8K，H_c=30T。以超导陶瓷为例，20 世纪 80 年代初，米勒和贝德诺尔茨开始注意到某些氧化物陶瓷材料可能有超导电性，他们的小组对一些材料进行了试验，于 1986 年在镧-钡-铜-氧化物中发现了 T_c=35K 的超导电性。1987 年，中国、美国、日本等国科学家在钡-钇-铜氧化物中发现 T_c 处于液氮温区有超导电性，使超导陶瓷成为极有发展前景的超导材料。

7.1.3　应用领域

超导材料具有的优异特性使它从被发现之日起，就向人类展示了诱人的应用前景。但要实际应用超导材料又受到一系列因素的制约，首先是它的临界参量，其次还有材料制作的工艺等问题（例如脆性的超导陶瓷如何制成柔细的线材就有一系列工艺问题）。

到 20 世纪 80 年代，超导材料的应用主要有：

（1）利用材料的超导电性可制作磁体，应用于电机、高能粒子加速器、磁悬浮运输、受控热核反应、储能等；可制作电力电缆，用于大容量输电（功率可达 10000MV · A）；可制作通信电缆和天线，其性能优于常规材料。

（2）利用材料的完全抗磁性可制作无摩擦陀螺仪和轴承。

（3）利用约瑟夫森效应可制作一系列精密测量仪表以及辐射探测器、微波发生器、逻辑元件等。利用约瑟夫森结作计算机的逻辑和存储元件，其运算速度比高性能集成电路的快 10~20 倍，功耗只有 1/4。超导电缆与迈纳斯效应导致的磁悬浮现象如图 7-1 所示。

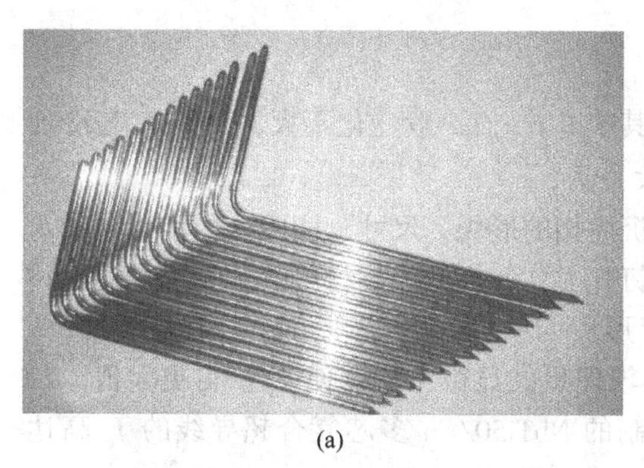
(a)

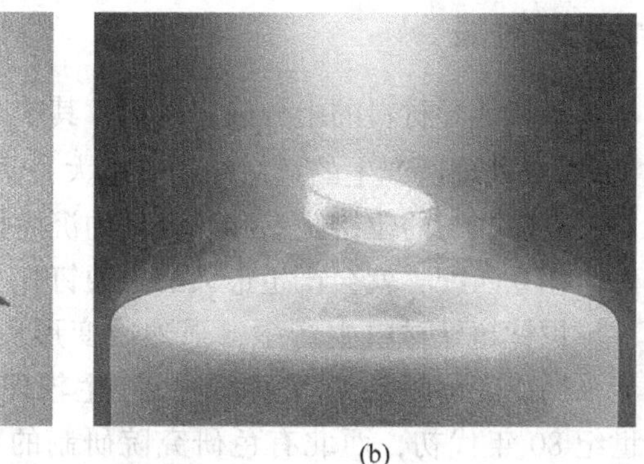
(b)

图 7-1 超导电缆（a）与磁悬浮现象（b）

7.2 Nb-Ti 超导合金的组成、性质与用途

7.2.1 组成

铌钛合金是指由金属铌和金属钛所组成的合金。工业生产的铌钛合金，钛含量一般为 20wt%～60wt%，最典型的铌钛合金含钛 66wt%（约 50wt%）。它们是重要的合金型超导材料，其超导转变温度为 8～10K，加入其他元素还可以进一步提高超导性能。钛在合金中以固溶体状态存在。

钛超导合金材料的组成成分要满足尽量高的 T_c、H_c 和 J_c 要求，一般在 Nb-(40%～55%) Ti 范围。这种合金组分既能得到适当高的 T_c 和 H_c，又能制得沉淀相数量多的高载流能力的超导材料。国际上所采用的铌钛合金超导材料的牌号有 6 种：Nb-44Ti、Nb-46.5Ti、Nb-48Ti、Nb-50Ti、Nb-53Ti、Nb-55Ti 等，其中 Nb-46.5Ti 和 Nb-50Ti 是广泛应用的合金组分牌号。

现有超导电技术中，铌钛超导合金是用得最多的一种超导电材料。质量比近乎 1∶1 的 Nb-Ti 合金具有良好的超导电性能，其超导临界转变温度 $T_c = 9.5\text{K}$，可在液氦温度下运行，它在 5T（50000Gs）磁场下，传输电流密度 $J_c \geqslant 105\text{A/cm}^2$（4.2K）；最高应用场可达 10T（100000Gs）（4.2K）。合金还具有优良的加工工艺性能，可通过传统的熔炼、加工和热处理工艺得到超导线材和带材制品。

实用 Nb-Ti 超导材料大多是简单二元合金，含 35%～55% Nb；可添加部分钽和锆来改善超导性能。由于超导稳定性原因，Nb-Ti 超导材料常用纯铜、纯铝或铜镍合金作为基体材料，嵌镶入多股 Nb-Ti 细芯组合成复合多芯超导材料。一根超导线可包含有数十股至上万股的 Nb-Ti 芯，芯径最小达到 1μm。另外，根据使用场合不同，还常常要把多芯线进行扭转和换位，达到降低损耗和增加电磁稳定性效果。

7.2.2 性能

铌钛超导材料的组分确定以后，其 T_c、H_c 值一般变化不大，而其 J_c 与冷加工-时效处理所产生的显微结构有重大关系。

若冷加工的位错胞壁和热处理的沉淀相的形貌、尺寸、间距、数量能与量子磁通相互匹配，就会产生最大的磁通钉扎力，使铌钛超导材料的 J_c 达最大值。

铌钛超导材料生产中，强烈冷变形后的一次时效处理，其 J_c 有显著提高。当采用冷变形时效处理多次，能产生较理想的显微结构，使 J_c 获得更大值。20 世纪 80 年代初，西北有色研究院研制的 NbTi50/Cu 多芯复合超导线的 J_c 高达 3.5×10^5A/cm^2（5T，4.2K，$10^{-14}\Omega\cdot$m 判据）。

到 20 世纪 80 年代末至 90 年代初，NbTi46.5/Cu 多芯复合铌钛超导材料的 J_c 提高到（3.7～3.8）$\times10^5$A/cm^2（4.2K，5T，$10^{-14}\Omega\cdot$m 判据）的新水平。目前，商品铌钛超导材料的 J_c 值不高于 2.75×10^5A/cm^2（4.2K，5T，$10^{-14}\Omega\cdot$m 判据）。

7.2.3 应用

Nb-Ti 超导材料的基本加工工艺是：用自耗电弧炉或等离子炉将纯钛和纯铌熔炼成合金锭，后经热挤压开坯，通过热轧和冷拉成棒材；再将 Nb-Ti 合金棒插入作为基体材料的无氧铜管，复合成单芯棒；并经多次复合组装，加工成多芯 Nb-Ti 超导线材和带材。需将材料经受多次大的冷加工（加工率 90%以上）和低温（400℃以下）时效热处理，使超导体获得足够的有效钉扎中心，提高超导材料的超导电性能。

由于超导体零电阻效应带来无焦耳热损耗的特点，以及 Nb-Ti 超导体在强磁场下能承载很高输运电流的能力，使 Nb-Ti 超导材料特别适合在大电流、强磁场的电工领域应用。例如高场磁体、发电机、电动机、磁流体发电、受控热核反应、储能装置、高速磁浮列车、船舶电磁推进和输电电缆等。迄今，Nb-Ti 合金超导材料最成功的应用是：直径超过 1km 的大型回旋高能加速器和医疗部门广为使用的核磁共振成像诊断仪。

铌钛合金超导材料已在超导高能加速器、超导核磁共振成像诊断仪、超导磁悬浮高速列车、超导强磁选矿机等大型装置上应用，还在受控核聚变、磁流体发电、发电机、输电、储能等能源开发上得到应用。此外，在强磁推动系统（舰艇、船只、高速发射等装置）与军事防务等方面也有应用。总之，塑性铌钛合金超导材料在大型超导应用装置中起重大作用，它是国际上用量最多（>95%）的超导材料。

尽管 20 世纪 80 年代中期科学家发现了能在液氮温度（77K）下运行的铜氧

化合物高温超导体，但铌钛合金超导材料凭借自身独有的优良加工成材性能、良好低温超导电性能、相对低廉的成本和几十年研究生产及应用开发经验，仍然是当今世界最重要的实用超导电材料。

高温超导材料的发现已三十多年，但目前由于还存在成材困难、磁场下性能较低及制造成本高等缺陷，在未来相当长的一段时间内，铌钛合金等低温超导材料仍将在强电应用领域占据主导地位。NbTi 超导材料由于具有良好的超导性能、优异的力学性能和低廉的制造成本，是目前应用范围最广的低温超导材料，其用量占整个超导市场的90%以上。为了提高 NbTi 超导体的临界电流密度，扩展其应用范围，目前人们采用了多次时效热处理工艺和“人工钉扎”等技术，并取得了显著的进展。

7.3 Nb-Ti 超导合金的熔铸

铌钛超导合金的熔铸方法有以下 5 种：

(1) 以粉末为原料的真空自耗电弧炉熔铸法——用铌、钛粉末作原料，按适当比例混合，模压成电极，经高温固化、焊接后经真空自耗电弧炉熔铸两次或两次以上，制得铌钛合金锭。

(2) 以片条或棒配制电极的真空自耗电弧炉熔铸法——铌、钛原料分别经熔炼、加工制得片条或棒材，将它们配制成电极后，在真空自耗电弧炉熔铸两次或两次以上，熔铸得铌钛合金锭。

(3) 用片条或棒组合电极的真空电子束炉与真空自耗电弧炉联合熔铸法——同上法，将铌、钛分别制成片条或棒，且配制成电极，在真空电子束炉与真空自耗电弧炉联合熔铸而得铌钛合金锭。

(4) 用片条或棒配制电极的真空电子束炉熔铸法——以铌、钛分别制成片条或棒，将它们配制为电极，在真空电子束炉内熔铸两次或两次以上，制得铌钛合金锭。

(5) 用优质海绵钛与电子束提纯铌棒配制电极的真空白耗电弧炉与真空壳式炉联合熔铸法——以优质海绵钛压制成棒，将其与真空电子束炉熔铸提纯的铌棒配制成电极，在真空白耗电弧炉与真空壳式炉两种炉型内，联合熔铸成铌钛合金铸锭。

上述铌钛超导合金熔铸方法，用铌、钛粉末为原料在制备高均匀性的铌钛合金方面有些优势，但易造成间隙杂质较多，工艺繁杂。用铌、钛片条或棒为电极的真空电子束炉熔铸的铌钛超导合金锭，能得到含杂质，特别是含间隙杂质很少的塑性优异合金，但合金组分铌中钛含量波动范围比较大。一般真空自耗电弧炉熔铸的铌钛合金锭，其不同部位含钛量波动在±1.5%；而真空电子束炉熔铸的波动范围为±3%或稍多。第五种铌钛合金熔铸法是我国西北有色金属研究院采用的一种独具特色的方法。该方法工艺简便，既可获得高度均匀性的铌钛合金锭，又能制得低杂质含量的铌钛合金。

熔炼后的合金标准，可以参考美国华昌公司、德国 VAC 公司有关铌钛超导合金铸锭标准和我国西北有色金属研究院生产的铌钛超导合金锭指标，其质量列于表 7-1 中。

表 7-1 美国、德国铌钛超导合金锭标准与我国铌钛合金锭的杂质含量

（$\times 10^4$wt%）

杂质	美国华昌公司样品	德国 VAC 公司样品	中国西北有色院样品
O	≤1000	≤1000	500
H	≤35	≤35	≤35
C	≤100	≤100	100
Fe	≤50	≤125	≤125
Ta	≤1000	≤1800	≤1000
N	≤100	≤100	100
Ni	≤100	≤50	≤50
Si	≤100	≤100	≤100
Cu	≤100	≤60	≤50
Al	≤100	≤100	≤50
Cr	≤60	≤60	≤50
Ti 含量波动	标量±1. 5%	标量±1. 5%	标量±1. 5%
硬度 HB	148		130

用铌、钛两种纯金属，可以适当形式组成电极，在真空环境下熔化形成铸锭。铌和钛都属于活性、难熔稀有金属，它们彼此能形成固溶合金。该合金属于第Ⅱ类超导体，具有高的上临界场（H_{c2}）。铌钛固溶合金在低温时效处理时，能析出钉扎相，使其有高的临界电流密度。熔铸的铌钛合金组分均匀，杂质含量少。铌钛二元超导合金组分与临界温度（T_c）和上临界场的关系曲线分别示于图 7-2 与图 7-3。

从两图中的曲线可看出，钛含量高的二元合金的 T_c 和 H_{c2} 是较低的；钛含量过少的铌钛二元合金，其 T_c 虽高些，而 H_{c2} 则较低。因此，不是所有的铌钛二元合金组分都能用于制造铌钛超导材料，而要综合选择 T_c 和 H_{c2} 都较高的铌钛二元合金组分，提供制造超导材料。

实际上，工业化应用的铌钛超导合金，钛含量一般在 44%～53%。因此，铌钛超导合金牌号有 Nb-44Ti、Nb-46. 5Ti、Nb-48Ti、Nb-50Ti 和 Nb-53Ti 等。就这些不同组分牌号铌钛超导材料的应用而言，钛含量较低的适用于制作较高场的

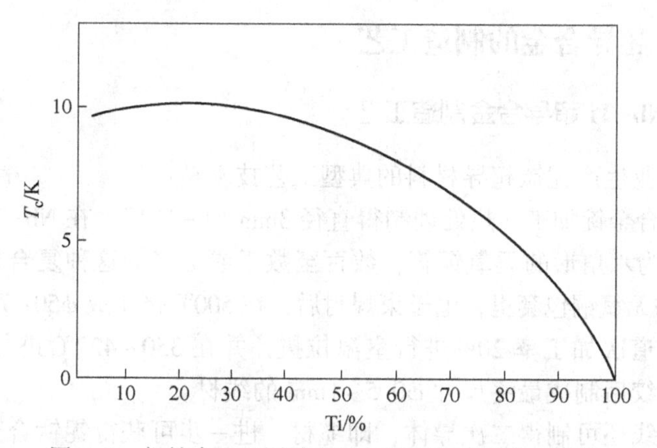

图 7-2 铌钛合金不同钛含量与临界温度的关系曲线

超导磁体，而钛含量较高的则宜用于制作较低场的超导磁体。

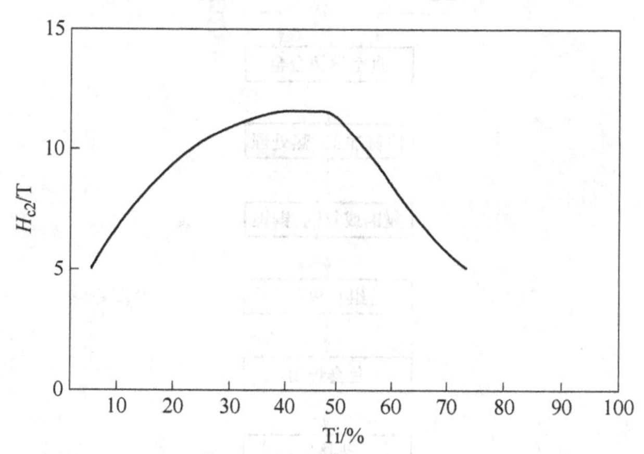

图 7-3 铌钛合金不同钛含量与上临界场的关系曲线

关于合金铸锭的均匀性和塑性问题。铌与钛属不同族金属，它们的熔点相差700℃，密度相差近一倍。在铌钛合金熔铸过程中，易出现铌不熔块，影响合金组分的均匀性和塑性。此外，铌和钛对间隙元素（氮、氧、碳、氢等）具有高的活性，化学亲和力强，合金中容易超过允许组分量，对合金锭的加工带来严重影响。而铌钛超导合金组分的高度均匀性和优异塑性是使铌钛超导材料获得高临界电流密度的重要因素。因为铌钛超导材料内的沉淀钉扎相的弥散分布与多次冷加工—热处理后的最终大的拉拔应变，极大地影响铌钛超导材料的临界电流密度。

可见，为了制备高均匀度与低杂质含量的铌钛合金，铸锭是熔铸合金工艺技术的至关重要的环节。

7.4 Nb-Ti 超导合金的制造工艺

7.4.1 普通 Nb-Ti 超导合金制造工艺

国际上工业生产铌钛超导材料的典型工艺技术是：

把高均匀合金锭加工、热处理制得直径 3mm Nb-Ti 棒、在 Nb-Ti 棒外套上一个内呈圆形外为六角形的无氧铜管，数百至数千或更多的这种复合棒装放在直径 250~300mm 的无氧铜包套里，电子束焊封后，在 500℃挤压成 ϕ50~70mm 复合棒。

复合棒以道次加工率 20%进行室温拉拔，并在 350~420℃进行 4~6 次时效热处理，经扭绞后制成最终尺寸 ϕ0.5~1mm 的线材。

以此为股线还可制得二次导体，即缆材，进一步可获得铌钛合金超导材料电缆和铌钛超导材料编织带。其制造工艺流程如图 7-4 所示。

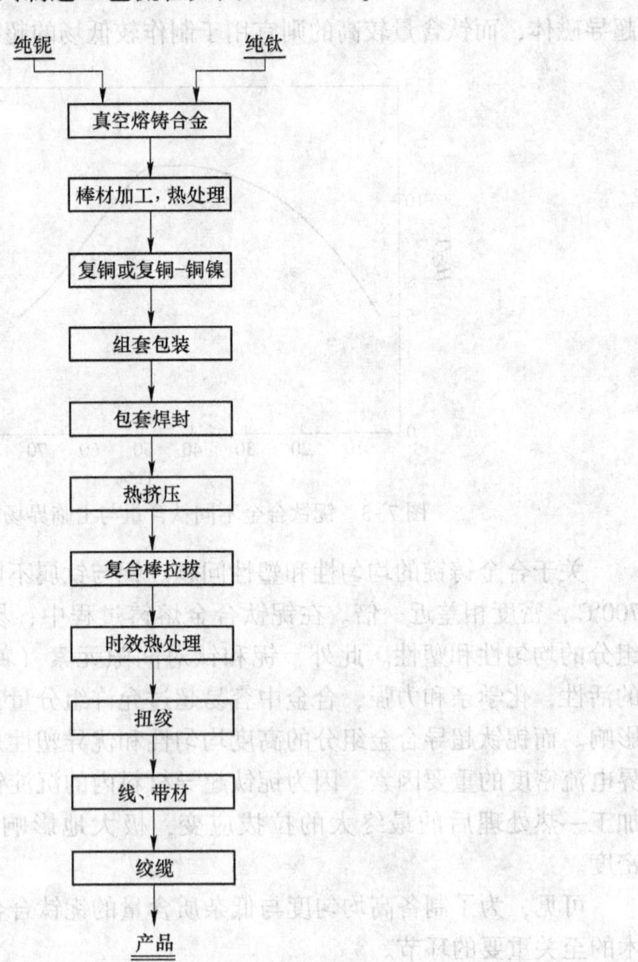

图 7-4 Nb-Ti 超导合金的典型制造工艺流程

7.4.2 多芯复合 Nb-Ti 超导合金制造工艺

多芯复合 Nb-Ti 超导体每根截面上排列数百芯乃至数万芯 Nb-Ti 丝。多芯复合 Nb-Ti 超导体主要结构有三种，分别是圆线、扁带、镶嵌式扁带。多芯复合 Nb-Ti 超导体的典型的制备工艺主要通过两个阶段的生产流程如图 7-5 所示。

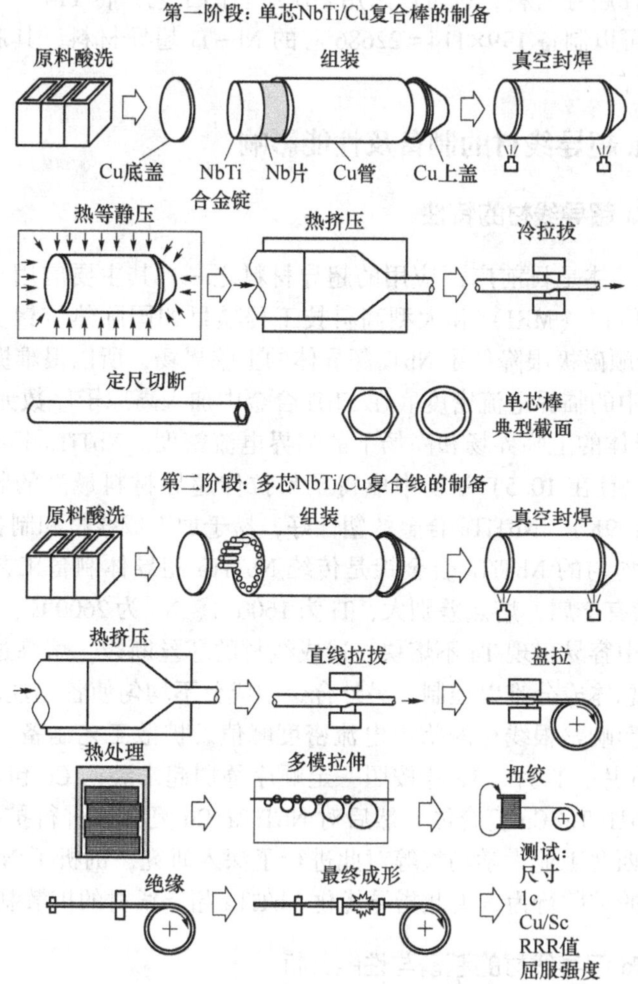

图 7-5 多芯复合 Nb-Ti 超导体的制造工艺

第一阶段是 Nb-Ti/Cu 单芯棒的制备。将酸洗好的原材料（Cu 包套组件、Nb-Ti 合金锭、Nb 片）组装好后，经过真空封焊、热等静压、热挤压、冷拉拔至设计尺寸后定尺切断得到第二个流程所需的 Nb-Ti/Cu 单芯棒。

第二阶段将 Nb-Ti/Cu 单芯棒与铜包套组装，同样经过真空封焊、热挤压制得多芯的 Nb-Ti/Cu 复合棒，通过直线拉伸、盘拉工序使得材料截面面积减小，再经过 3~6 次的热处理，再通过多模拉伸进一步实现线材的减径，达到一定尺寸后再通过扭绞、拉伸后进行绝缘处理，最终成形后制得成品。

为了减少多次挤压带来的原材料损耗，降低成本，对于少芯丝（<60）的 Nb-Ti 超导材料也可以采用小尺寸的 Nb-Ti 棒直接插入多孔铜锭中，减少了单芯 Nb-Ti 棒的制备工序、缩短了制备周期、提高了效率、节省了成本。对于超细芯丝的多芯 Nb-Ti 超导材料，也可以采用多次组装的工艺，将 114 支 199 芯的多芯复合棒复合，可以制备 199×114=22686 芯的 Nb-Ti 超导材料，其芯丝直径可以达到 2.6μm 左右。

7.5 NbTiTa 超导线材的制备及性能影响

7.5.1 NbTiTa 超导线材的特性

NbTi 基超导体是目前广泛应用的超导材料之一，其主要应用于高科技仪器如核磁共振成像仪（MRI）和大型高科技工程项目如国际热核聚变反应实验堆(ITER)。由于顺磁极限降低了 NbTi 超导体的上临界场，所以很难提高 NbTi 超导线材在高磁场中的临界电流密度。在 NbTi 合金中加入高原子序数元素 Ta 能有效提高 NbTi 超导体的上临界场和高场下的临界电流密度。NbTiTa 超导体的上临界场高达 15.5T，且在 10.5T 磁场中取得了易拉伸超导材料最高的临界电流密度 $1550A/mm^2$（1.9K）。NbTiTa 合金的塑性好，易于加工成线材和制备磁体。

获得成分均匀的 NbTiTa 合金锭是传统 NbTiTa 超导体制备工艺的难点。Ti、Nb、Ta 都是稀有金属，熔点差别大，Ti 为 1600℃、Nb 为 2600℃、Ta 为 2996℃。熔炼时合金锭中容易出现 Ta 不熔块，造成线材的芯丝断裂。熔炼过程中 Ti 易挥发，使合金的总体成分难以控制。另外合金中成分不均匀使各芯丝间的超导性能不一致，从而影响整根线材的临界电流密度峰值。扩散工艺制备 NbTiTa 超导线材，即把纯 Nb 片、Ti 片、Ta 片按照一定顺序叠加起来装入 Cu 包套中，通过热挤压加工成 NbTi-Ta/Cu 复合体，然后对 NbTiTa/Cu 复合体进行扩散处理，制备出超导线材。西北工业大学马权等对此进行了深入研究，剖析了 Nb 与 Ti、Ti 与 Ta、Nb 与 Ta 的扩散行为，由此指导优化 NbTiTa 超导线材的扩散制备工艺。

7.5.2 NbTiTa 超导线材的制备与性能分析

首先，将经过 1h 退火的 Nb 板、Ti 板与 Ta 板两两组配，其退火温度分别是：Ti 700℃、Nb 850℃、Ta 1000℃。扩散偶的制作方法是：将 Nb 板、Ti 板、Ta 板的表面打磨，去掉附着在金属表面的氧化物和油污。将两块不同金属板的打磨面面对面水平放置，中间掂起 2mm 的距离，再在上面铺一层 20mm 厚的硝酸铵炸药。炸药爆炸瞬时产生巨大的压力和热量，使两块金属板被压合在一起，并相互粘牢形成复合板。酸洗后的复合板就是试验所需的扩散偶。对 Nb/Ti、Ti/Ta、

Nb/Ta 扩散偶进行热处理，分别在 550℃、700℃、850℃、1000℃保温 5h，然后对 3 种扩散偶样品分别进行淬火处理和随炉冷却，获得样品。

然后，在 JSM6460 扫描电镜上对扩散形成的合金层进行形貌观察及成分分析。

研究发现，经过 1000℃、5h 扩散处理后，Nb 与 Ta、Nb 与 Ti、Ti 与 Ta 之间产生了明显的合金层，Nb 与 Ti 之间的合金层能达到几十微米。经过 850℃、5h 扩散处理后随炉冷却形成的 TiTa 合金层会在富 Ti 区析出针状富 Ta 相，而 700℃、550℃扩散处理后随炉冷却或扩散处理后淬火的样品都没有富 Ta 相析出。Nb 片、Ti 片、Ta 片在包套中的排列方式对扩散处理工艺和超导线材的微观结构有很大的影响。由于 NbTiTa 复合体在扩散前有巨大的塑性变形量和覆铜，所以在第二次挤压后采用的扩散温度要低于 550℃。扩散生成超导的 NbTiTa 合金相，其剩余体积百分含量超过 30% 的 Nb 或 Ti，可作为钉扎中心，最终获得了较高超导性能。

8 钛系梯度功能材料

8.1 梯度功能材料概述

8.1.1 梯度功能材料的性质

梯度功能材料（functionally gradient materials，FGM）是指材料的组成和结构从材料的某一方位（一维二维或者三维）向另一方位连续地变化，使材料的性能和功能也呈现梯度变化的一种新型的功能性材料，梯度功能材料是两种或多种材料复合且成分和结构呈连续梯度变化的一种新型复合材料，是应现代航天航空工业等高技术领域的需要，为满足在极限环境下能反复地正常工作而发展起来的一种新型功能材料。它的设计要求功能、性能随机件内部位置的变化而变化，通过优化构件的整体性能而得以满足。梯度功能材料的实物和形象如图 8-1 所示。

(a)　　(b)

图 8-1　梯度功能材料的实物（a）和形象图（b）

从材料的结构角度来看，梯度功能材料与均一材料、复合材料不同。它是选用两种（或多种）性能不同的材料，通过连续地改变这两种（或多种）材料的组成和结构，使其界面消失导致材料的性能随着材料的组成和结构的变化而缓慢变化，形成梯度功能材料。

关于 FGM 的特点，可以从材料的组合方式来看，FGM 可分为金属/合金，金属/非金属、非金属/陶瓷、金属/陶瓷、陶瓷/陶瓷等多种组合方式，因此可以获得多种特殊功能的材料。这是 FGM 的一大特点，FGM 的特点也可以从材料的组成的变化来看，FGM 可分为：

（1）梯度功能涂覆型，即在基体材料上形成组成渐变的涂层。

（2）梯度功能连接型，即黏接在两个基体间的接缝组成呈梯度变化。

（3）梯度功能整体型，即材料的组成从一侧向另一侧呈梯度渐变的结构材料。因而，可以说 FGM 具有巨大的应用潜力，这是 FGM 的另一大特点。

由于 FGM 的材料组分是在一定的空间方向上具有连续变化的特点，因此它能有效地克服传统复合材料的不足。与传统复合材料相比，FGM 有如下优势：

（1）将 FGM 用作界面层来连接不相容的两种材料，可以大大地提高黏结强度；

（2）将 FGM 用作涂层和界面层可以减小残余应力和热应力；

（3）将 FGM 用作涂层和界面层可以消除连接材料中界面交叉点以及应力自由端点的应力奇异性；

（4）用 FGM 代替传统的均匀材料涂层，既可以增强连接强度，也可以减小裂纹驱动力。

8.1.2 梯度功能材料的分类

根据不同的分类标准 FGM 有多种分类方式。

根据材料的组合方式，FGM 分为金属/陶瓷、陶瓷/陶瓷、陶瓷/塑料等多种组合方式的材料；

根据其组成变化，FGM 可分为梯度功能整体型（组成从一侧到另一侧呈梯度渐变的结构材料）、梯度功能涂敷型（在基体材料上形成组成渐变的涂层）、梯度功能连接型（连接两个基体间的界面层呈梯度变化）；

根据不同的梯度性质变化，可分为密度 FGM、成分 FGM、光学 FGM、精细 FGM 等；

根据不同的应用领域，可分为耐热 FGM，生物、化学工程 FGM，电子工程 FGM 等。

Ti 基功能梯度材料作为现代材料中的新型复合材料，是通过 Ti 与陶瓷、金属或聚合物的复合，根据具体的使用要求以及结构计算，制备在空间、组分上呈连续梯度变化的非均质复合材料。

目前最流行的梯度功能材料是 Ti/Al_2O_3 梯度材料。常见的钛系梯度功能材料还有：钛/羟基磷灰石、Ti-Al-N 系功能梯度材料、Ti（C，N）基梯度材料、Ti/TiB_2 功能梯度材料、$Ti-ZrO_2$ 系梯度材料、Ti-6Al-4V 基梯度材料、W-Mo-Ti 功能梯度材料、Ti/TiC 梯度材料、Ti/TiN 梯度材料等。

8.2 $Ti-Al_2O_3$ 梯度功能材料

8.2.1 $Ti-Al_2O_3$ 梯度功能材料简介

Al_2O_3 陶瓷是一种优良的耐高温材料，具有优异的热力学特性，金属 Ti 质轻、耐腐蚀、耐高温，有着优良的热电传导性且资源丰富，Ti 和 Al_2O_3 具有良好的物理化学相容性，热膨胀系数相近（相差 $1.57\times10^{-6}℃^{-1}$），且 Ti 和 Al_2O_3 的烧结温度相差不大，Ti 和 Al_2O_3 的基本物性参数如表 8-1 所示。因 Ti 及其合金都是航空航天工业中不可缺少的材料，将两者结合起来可制备出性能优良的梯度功能材料。

表 8-1 Ti 和 Al_2O_3 的基本物性参数

原料	热膨胀系数 α/℃$^{-1}$	熔点 T_f/℃	弹性模量 E/GPa	泊松比 ν
Ti	7.14×10^{-6}	1666	116	0.33
Al_2O_3	8.71×10^{-6}	2045	380	0.27

采用一定梯度复合技术制备的 Ti/Al_2O_3 系 FGM 组分从纯金属 Ti 端连续过渡到纯陶瓷 Al_2O_3 端，使材料既具有金属 Ti 的优良性能，又具有 Al_2O_3 陶瓷的良好的耐热、隔热、高强及高温抗氧化性，同时由于中间成分的连续变化，消除了材料中的宏观界面，整体材料表现出良好的热应力缓和特性，使之能在超高温、大温差、高速热流冲击等苛刻环境条件下使用，可望用作新一代航天飞机的机身、燃烧室内壁等，也可为涡轮发动机、高效燃气轮机等提供超高温耐热材料。

8.2.2 $Ti-Al_2O_3$ 梯度功能材料的制备

8.2.2.1 自蔓延高温合成法

自蔓延高温合成法（self-prepagating high-temprature synthesis，简称 SHS）作为制备金属-陶瓷复合材料的新方法起源于 20 世纪 80 年代，目前在梯度材料制备中应用非常广泛。它是利用本身的化学反应热使材料固结的一种方法，其基础是组元之间的化学反应为放热反应，形成燃烧波能使化学反应自发地维持下去。该法具有制备过程简单、反应迅速且能耗少、产品纯度高、反应转化率高等优点，但是，利用 SHS 法制备金属-陶瓷复合材料也存在合成产物孔隙率大以及反应过程速度快、温度高，致使陶瓷相的大小和形貌难以控制等不足，如果在材料制备过程中同时施加压力，则可以得到高密度的燃烧产品。

李益民等分别采用无压 SHS 法及爆炸固结+SHS 两种方法制备了完整的 Al_2O_3 系梯度材料。结果表明，用无压 SHS 法制备的 FGM 致密度比较低，只有 82%，而且材料各个方向收缩率不同，轴向收缩较多，径向收缩不均匀；而采用爆炸固结+SHS 法制备的 FMG 的致密度达到 94%，制品完整无裂纹。

8.2.2.2 激光加热合成法

激光是一种受激辐射的特殊光源，经聚焦后可以达到极高的功率密度。20 世纪 90 年代初期，日本学者结成正弘等开创附加温度激光扫描烧结 PSZ-Mo 系梯度材料的新方法，将激光加工技术引入梯度材料的研究，探讨梯度材料常规烧结技术即炉内恒温烧结法难以解决的不同成分梯度层的烧结温度差异和收缩量差异的重大难题，展示了激光加热源温度梯度烧结无污染、高效率等优点。目前激光在梯度材料制备中的应用还比较少，李克平等采用激光加热制备了 Al_2O_3 系 FGM，这是国内首例使用激光加热法烧结梯度材料粉末坯体。

8.2.2.3 干式喷涂+温度梯度烧结法

A. Otsuka 等利用该法在 Ti 基体上制备了 Ti/Al_2O_3 梯度涂层。其主要工艺过程是先将一定混合比的 Ti 与 Al_2O_3 混合粉末放入等离子气体室中，利用高频射流使原料粉末变成超细粒子，然后冷却，使其转化成气溶胶状态喷涂在 Ti 基体上，通过控制喂料过程中 Ti/Al_2O_3 比例的连续变化，得到 Ti/Al_2O_3 梯度涂层，然后将所得涂层连同基体一起放入自制的特殊烧结炉中，利用温度梯度烧结。为了控制烧结过程中基体与涂层间收缩率差异，制备过程中在 Ti 基体中加入 5%左右的 Ti 或 Zr 的氢化物，使二者收缩达到一致，最终得到了与基体结合良好的致密的 Ti/Al_2O_3 梯度涂层。该工艺中运用超细颗粒可以降低制品的烧结温度，得到的梯度涂层结晶细小、良好，使涂层的性能大大提高，但实验过程比较复杂，设备要求高。

8.2.2.4 颗粒共沉降制备工艺

上述 Ti/Al_2O_3 系梯度材料制备工艺各有利弊，且都不适合制备大体积以及特异形状的梯度材料。因此，要加快该体系梯度材料的实用化进程，就必须对现有工艺进行改进或者探索材料制备新工艺。对于金属-陶瓷梯度材料来说，既要充分发挥其优越的耐热性能，同时又要大大缓和热应力，就必须使所得梯度材料的成分和组织在厚度方向上尽可能连续变化，以最大限度地缓和热应力。为达到这一要求，共沉降法制备 Ti/Al_2O_3 系梯度材料满足了该诉求。

共沉降法制备梯度材料是近年发展起来的一种材料制备新技术，其理论基础是 Stokes 定律。由于球形颗粒在重力作用下的沉降速度与颗粒的大小与密度有关，可以推论，在一定条件下，同种粉末沉降时，颗粒大的沉降快；不同种粉末共沉降时，颗粒度大、密度大的沉降快。因而，对于给定的两种粉末，通过调整沉降参数和选择合适的粉末特性，就可以控制两种粉末的沉降行为，制备出组分连续分布的梯度材料。利用该方法制备 FGM 具有设备简单、操作简便、得到的梯度材料成分渐变性更好等诸多特点。共沉降法已经成为梯度功能材料领域的一个重要发展方向，到目前为止，在其理论研究，如沉降模型的建立以及实验研究等方面已取得了较大进展，利用该法制备 Ti/Al_2O_3 系梯度材料既有理论基础又有实践优势。

8.2.2.5 气相沉积法

气相沉积法是通过两种气相物质在反应器中均匀混合，在一定条件下发生化学反应，使生成的固相物质在基板上沉积以制备 FGM。材料制备工艺的选取以及制备过程中各项参数的确定都不是随意的，必须建立在对复合体系特性的全面了解和对材料制备工艺、结构形成与性能三者之间关系的深入研究基础之上。

Ti/Al_2O_3 系梯度功能材料是一种具有优良性能及广阔应用前景的超高温耐热材料。目前，对其制备技术及 Ti 与 Al_2O_3 之间的润湿性、界面反应情况有了较多的研究，但是对其界面反应的评价体系、界面反应对润湿性及材料宏观性能的影响，界面反应模型的建立及两相材料同时烧结致密化等方面还缺乏研究，只有对体系界面反应、润湿性的特点和烧结致密化机理等进行全面的认识、研究，才能开发出适宜的制备技术，并通过采取相应的措施控制其显微组织，改善材料的宏观性能，推进 Ti/Al_2O_3 系梯度功能材料的实用化进程。

王志等采用热压烧结工艺制得结构完整的 Ti/Al_2O_3 梯度功能材料。原料采用 Ti 粉（纯度>99.6%，平均粒径为 7.76μm）、α-Al_2O_3 粉（纯度为 99.8%，平均粒径 1.5μm）及少量的 Nb 粉（纯度为 99%，平均粒径 5.7μm）。该 Ti/Al_2O_3 梯度功能材料是通过有限元软件模拟材料热应力计算得出最佳分布指数为 $P=0.8$、共 11 层、每层厚度为 0.5mm 的设计方案，每层成分组成如表 8-2 所示。

表 8-2 Ti/Al_2O_3 梯度功能材料各层成分质量分布

层数	Ti 含量/wt%	Ti 的质量/g	Al_2O_3 含量/wt%	Al_2O_3 的质量/g	Nb 的质量/g
1	100	3.1863	0	0	0
2	90	1.4338	10	0.1402	0.0817
3	80	1.2745	20	0.2805	0.0727
4	70	1.1152	30	0.4207	0.0583
5	60	0.9559	40	0.561	0.0454
6	50	0.7966	50	0.7012	0.0341
7	40	0.6373	60	0.8414	0.0242
8	30	0.4779	70	0.9817	0.0159
9	20	0.3186	80	1.1219	0.0091
10	10	0.1593	90	1.2622	0.003
11	0	0	100	1.4024	0

制作时，将各层材料经压制成形后依次叠放到石墨模具中，在真空热压炉中以1450℃、25MPa条件下烧结，制备出结构完整的Ti/Al_2O_3FGM。

8.3 钛/羟基磷灰石梯度功能材料

8.3.1 钛/羟基磷灰石简介

生物陶瓷羟基磷灰石（简称HAP）与人体骨中无机物磷灰石的晶体结构相同，因其无毒、生物相容性好，是骨的理想替代物。但HAP的强度低、韧性差，限制了其作为硬组织植入材料的用途。钛是目前广泛用于人体的金属材料，力学性能好，但生物学性能与HAP相比较差。因此，结合二者优势的钛基HA涂层用于生物医用领域得到了广泛的应用。

羟基磷灰石（HA，$Ca_{10}(PO_4)_6(OH)_2$）生物活性材料因具有与人体骨骼和牙齿中主要物质相类似的化学组成和晶体结构而被作为生物涂层材料。其占人体骨骼的65wt%，在人体环境中能够诱导骨形成，常被用于人工骨的外包裹涂层。钛及钛合金具有良好的力学性能，可作为人工骨的支架材料。因此，可以采用钛合金（TC4）作为基体材料，在类似于人体环境的模拟体液中自然沉积磷灰石，这样可以兼具两者优点，从而得到更能适应人体环境的骨骼替代材料。钛/羟基磷灰石用于人体及其化学原理如图8-2所示。

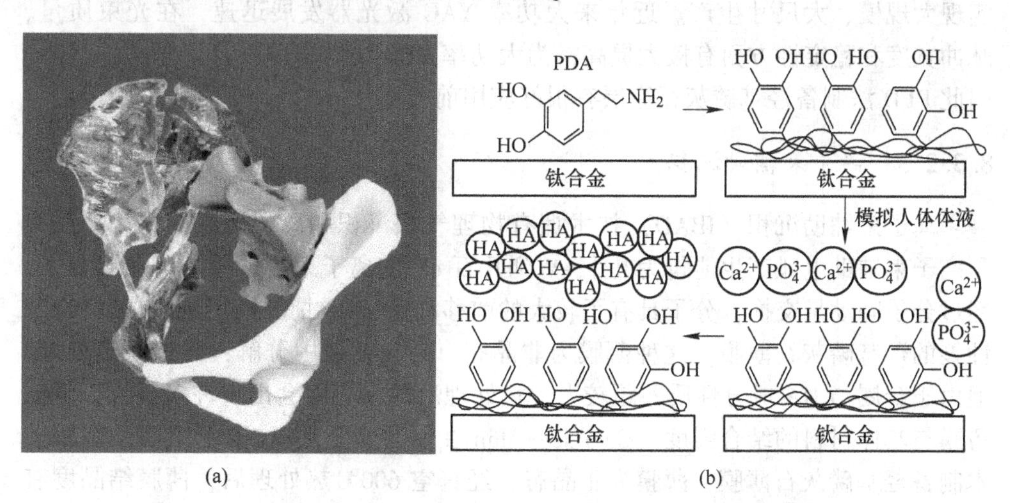

图8-2 钛/羟基磷灰石多孔钛骨骼（a）及其化学原理示意图（b）

8.3.2 钛/羟基磷灰石的制备方法

8.3.2.1 等离子喷涂法

等离子喷涂（PSP）技术是制备羟基磷灰石涂层最为有效的方法。PSP技术的等离子弧热源能形成高温高能高速的等离子射流，射流将粉末加热加速使之成为熔融的粒子流，粒子流撞击基材表面，发生流散、凝固，形成涂层。

Lugscheider E 利用 PSP 法制备出羟基磷灰石和氟掺杂羟基磷灰石涂层，制备的氟掺杂羟基磷灰石涂层时间短、生物活性好、结合强度大，由于喷涂温度高，冷却后的涂层内部存在较大的孔隙率与热应力，会造成涂层产生裂纹；当快速冷却时，氟掺杂羟基磷灰石含有一定的非晶相，在体液中非晶的氟掺杂羟基磷灰石易溶解，不利于植入人体组织中。在钛合金表面，Kurkcu 利用 PSP 法制备出牙质和搪瓷派生的氟掺杂羟基磷灰石涂层，经过处理后材料的生物相容性有了较大的提高。

8.3.2.2 脉冲-激光沉积

钛合金表面，脉冲-激光沉积（PLD）法能成功制备出羟基磷灰石涂层。实际操作是通过准分子激光照射羟基磷灰石靶材，靶被加热、熔化、气化最后变成高温高压的羟基磷灰石等离子体，等离子体在基体材料上凝聚成核最终得到薄膜涂层。PLD 法能制备出不同性质的羟基磷灰石涂层，其优点是反应时间短，衬底温度低，薄膜均匀稳定，可根据工艺要求任意调节参数。目前 PLD 法主要是应用小功率短波长准分子激光器，虽能制备出质量好的薄膜，但沉积速率低，无法实现大规模、大尺寸生产。近年来大功率 YAG 激光器发展迅速，在光束质量、脉冲宽度和稳定性方面有极大提高，为大功率 PLD 法制备薄膜打下坚实的基础。因此 PLD 法制备羟基磷灰石涂层有很好应用前景。

8.3.2.3 离子束辅助沉积

离子束辅助沉积（IBAD）技术拥有物理气相沉积和离子注入的优势。操作是离子束辅助电弧产生能量为几十 eV 到几百 eV 的离子束轰击羟基磷灰石分子，经过分子间动量交换，分子具有了较大的前移动量，在衬底材料上形成具有特殊性能的羟基磷灰石薄膜。这种薄膜为非晶态，易在体液中分解，需进行热处理，但由于金属与 HA 成分性质差距较大，热处理后薄膜表面会出现许多裂纹，降低薄膜与基体材料的结合强度。Choi Jse-Man 在钛合金上用 Ar 离子束辅助沉积技术制备羟基磷灰石薄膜，薄膜为非晶态，经真空 600℃ 热处理后，薄膜结晶度有所提高，但薄膜出现许多裂纹。

8.3.2.4 溶胶-凝胶法

近年来在制备 HA 涂层中研究最多的是溶胶-凝胶（Sol-Gel）法。Sol-Gel 法首先将原料配置成溶胶，均匀涂覆在钛基表面，形成凝胶化的溶胶膜，然后干燥、热处理，这样就得到了所要涂层。该方法的优点是成本低、设备简单；涂层中各个成分在纳米级、分子级都是均匀分布的；易于控制材料的制备过程，能准确地控制涂层中 F 元素的掺杂量，可以得到性质良好、均匀、致密、多孔的羟基磷灰石或氟掺杂羟基磷灰石涂层；但其缺点是制备薄膜所需时间长，涂层与基体的结合强度能力较差。

8.3.2.5 电沉积法

电沉积（EPD）法因具有设备简单、工艺易控、成本较低、反应时间短等优点，近年来被越来越多的人应用于制备羟基磷灰石或氟掺杂羟基磷灰石涂层方面。EPD 法是首先配置一定浓度的 Ca^{2+}、$H_2PO_4^-$ 和 F^- 电解质溶液，然后调节溶液的 pH 值、温度，且控制电极电位，这样在钛金属基底表面上沉积出氟掺杂羟基磷灰石涂层。EPD 法可以在复杂形状、表面甚至多孔的基体上均匀沉积氟掺杂羟基磷灰石涂层，还能有效地控制涂层性能；但其缺点是需要经过热处理使沉积层结晶致密化；在基体表面，该方法会水解产生的 H_2 气影响氟掺杂羟基磷灰石的沉积。

8.3.2.6 仿生溶液法

仿生溶液法制备羟基磷灰石涂层已成为生物医用材料表面改性的重点研究方向。该方法首先按照体液成分配制模拟体液，后将基体材料浸泡在溶液中，在类似于人体组织的生物环境条件下，在基体表面上自发沉积 HA 涂层。该方法设备简单、容易操作、工艺易控、成本低；整个反应在低温下进行，涂层内无残余应力；可在复杂形状、多孔的基体材料上沉积涂层；涂层与骨的结合力较高；无需热处理，涂层致密均匀。其缺点是涂层是薄的纯 HA 涂层。

Fan Y 采用仿生溶液沉积技术，根据蛋白控制针状氟掺杂羟基磷灰石的生长方向，在基体表面沉积出氟掺杂羟基磷灰石涂层。张春燕采用仿生溶液法在钛金属沉积出致密的网状结构的羟基磷灰石涂层。利用仿生溶液制备出的生物合成组织替代材料将是未来表面改性发展的主要趋势之一。

8.3.2.7 冷喷涂法

冷喷涂是基于空气动力学与高速碰撞动力学原理的涂层制备技术，因其沉积温度较低，可实现喷涂材料成分组织结构移植，同时涂层中只存在压应力，因此冷喷涂技术是制备生物涂层材料的可行方法。是基于空气动力学与高速碰撞动力学原理的涂层制备技术，因其沉积温度较低，可实现喷涂材料成分组织结构移植，同时涂层中只存在压应力，因此冷喷涂技术是制备生物涂层材料的可行方法之一。

8.3.2.8 各种制备方法的评价

制备羟基磷灰石涂层的方法有十几种，比较成熟的有等离子喷涂、离子束辅助沉积、激光熔覆法、电沉积、冷喷涂、仿生溶液生长法、溶胶-凝胶法等。其中等离子喷涂、高速氧焰操作温度高，可诱发涂层 HA 分解，在涂层中产生杂质和非晶 HA，反而降低了涂层的生物活性，同时冷却时基体与涂层界面会有很高的残余热应力，不利于复合材料的稳定，结合强度的波动范围很大，且它们都是线性工艺，应用于多孔或形状复杂的基体上时，无法获得均匀一致的生物活性涂层。虽然等离子喷涂被认为是可实际应用的生物涂层制备技术，但抑制由于热效应导致涂层发生相变等一直制备羟基磷灰石涂层的关注的问题。阴极电沉积法具有简单易行、适于各种形状的基质的特点，因此受到人们的关注。

热喷涂、激光熔覆、离子注入涂层具有高的沉积率，但沉积过程中 HAP 高温分解，化学成分和晶体结构发生变化影响生物活性；溶胶-凝胶法涂层化学均匀性好，颗粒细，制备温度低，但凝胶干燥时收缩大，HAP 结晶性差与基体结合强度低影响种植体的使用寿命。众所周知，高结晶度的 HAP 涂层由于体内降解缓慢对于种植是有利的。电化学沉积、水热法沉积是获得高结晶度、取向生长 HAP 的方法，但存在与基体结合强度差、前期处理复杂的问题。微弧氧化是一项在金属表面原位生长氧化物涂层的新技术，涂层与基底结合强度高，通过改变电解液配方，导入生物活性元素，提高其生物学性能。但获得均匀涂层的 Ca/P 比远小于 HAP 的化学计量比 1.67，可控操作性、结晶性差。各种制备方法及其原理、特点和应用归纳如表 8-3 所示。

表 8-3 钛合金表面生物陶瓷涂层制备方法和特点

分类	制备方法	原理	特点	应用
喷涂法	等离子喷涂、爆炸喷涂、高速氧焰燃烧喷涂法	利用高温将涂层材料加热到熔融和半熔融状态，并将其高速碰上沉积到钛合金表面	工艺简单：高温时涂层与基体结合能力较差；涂层易相变、成本偏高	HA、生物活性玻璃、玻璃陶瓷等
物理气相沉积及离子注入法	磁控溅射、脉冲激光沉积、离子束溅射沉积、离子注入法、离子束动态混合	通过蒸发、溅射和电离等过程，使离子或粒子沉积或射入钛合金表面形成涂层	涂层与基体结合较好；形成涂层较薄	HA、TiO、C 或 N 膜等

续表 8-3

分类	制备方法	原理	特点	应用
化学气相沉积	化学气相沉积法	在气态条件下发生化学反应，生成固态物质沉积在固态基体表面	形成薄膜，生成温度低	无定形碳（α-C∶H）等
化学法	磁热处理法、酸碱两步化学法、双氧水处理法、表面诱导矿化法	用酸碱等对钛合金表面进行化学处理，再浸入模拟体液中形成涂层	设备简单、成本较低；结合强度较低、步骤复杂、费时	HA 或钙磷层等生物活性涂层材料
电化学法	电沉积技术、电泳沉积、阳极氧化法	将钛合金作为阴极活阳极，在含有钙离子及磷酸根离子的电解液中进行电解	涂层均匀、制备过程简洁快速、条件温和；结合强度较低	HA 等生物活性涂层材料
涂覆熔覆法	溶胶-凝胶法、涂覆烧结法、激光熔覆法、放电等离子烧结法	将涂层铺压、涂覆或浸涂于钛合金基体的表面，然后通过烧结等方法形成涂层	工艺比较简单，但温度过高会影响基体性能	HA、生物活性玻璃、玻璃陶瓷等

8.4 激光熔覆法制备HA/钛金属梯度生物涂层

8.4.1 激光熔覆法制备梯度材料的优势

为减少 Ti 金属基体与 HA 涂层界面处物理性能差异大，尤其是金属与陶瓷间热膨胀系数不匹配造成的涂层失效现象，人们开始进行梯度涂层的设计。梯度涂层是在基体与涂层之间构建组分、孔结构呈梯度变化的过渡层，其中，组分梯度可以通过匹配热膨胀系数、降低热应力来提高界面结合强度；孔结构梯度使涂层结构实现从涂层底部至表面由致密到疏松的过渡，底部致密有利于增强界面结合强度，表面多孔结构增加涂层与植入区组织的接触面积，有利于与骨组织形成化学键合。比如，在 HA 涂层中直接添加 Ti、TiO_2、ZrO_2 等无机微粒可改善涂层力学性能，降低涂层热膨胀系数，提高涂层内聚力，进而提高界面结合强度，改善涂层稳定性。HA/Ti 涂层性能不仅与涂层组成成分有关，与制备方法也是密切相关。目前制备 Ti 金属/HA 生物活性陶瓷涂层的方法有十多种，其中常用的方法有等离子喷涂、磁控溅射、电化学沉积、激光熔覆等。

激光熔覆法指利用高能激光束熔化金属基体表面，同时将预置于基体表面或同步送入的涂层粉末熔化，获得界面成冶金结合的金属基生物活性陶瓷复合涂层。与其他制备技术相比，激光熔覆法具有独特的优势，它的工艺流程大致分为基材表面预处理、选择熔覆层材料、确定送粉方式、预热、激光熔覆工艺调配和涂层热处理。涂层与基体之间能形成牢固的冶金结合，且熔覆层成分、厚度和稀释度可控，通过工艺参数调配可获得组织细化、均匀的陶瓷涂层，故该方法已被应用于 Ti 金属/HA 生物陶瓷涂层的制备中。

8.4.2 激光熔覆法制备 HA/钛金属梯度生物涂层的工艺与设备

石家庄铁道大学李兰兰等以 HA 和 TiO_2 为原料，在涂层应力场分布模拟的基础上，对激光熔覆制备 HA/Ti 涂层的关键问题进行了研究，通过 Ti 金属基体表面预处理、激光熔覆工艺参数优化、涂层后处理三步骤工艺，采用同轴送粉法制备了纯 HA 涂层、HA/TiO_2 涂层以及由涂层底层往上各层成分分别为 TiO_2、HA 加 TiO_2、HA 的梯度涂层（简称 HA/HT/T 涂层），探讨了激光功率、扫描速度等工艺参数对涂层性能的影响，获得了制备 HA 涂层的最佳工艺参数。然后利用 SEM、X 射线能谱、X 射线光电子能谱、金相分析、XRD、交流阻抗等方法对不同组分的 HA 涂层的表面形貌、断面形貌、微观组织结构、元素成分和界面结构进行研究，采用万能试验机对涂层与金属基体间界面结合强度进行了测定。

首先，采用有限元模拟对相同厚度、不同结构 HA 涂层进行了应力模拟，从纯 HA 涂层至四层 HA 梯度涂层，涂层与 Ti 金属基体之间界面区域应力值变化趋势越来越缓，且涂层应力值随层数的增加而降低，与纯 HA 涂层相比，HA/HT/T 涂层应力峰值（36MPa）与表面应力值（0.8MPa）分别降低了 59MPa、84.2MPa。在层数相同条件下，涂层应力峰值及表面应力值随涂层厚度的增加而增加，与厚度为 1.0mm 的 HA/HT/T 涂层相比，厚度为 0.3mm 的涂层应力峰值降低幅度为 5MPa，表面残余应力值降低 4.7MPa。依据模拟结果，综合考虑实际应用等因素，实验优选总厚度为 300mm 左右的 HA/HT/T 梯度涂层为最优涂层设计方案，由基体往上各层成分分别为 TiO_2、50wt%TiO_2 加 50wt%HA、HA。拟采用激光熔覆方法在 Ti 金属基体表面分别制备 HA/HT/T 梯度涂层、HA/TiO_2 双层涂层和纯 HA 涂层。

实验所采用的熔覆系统包括 YSL-4000W 光纤激光器、DPF-2 送粉器、四路送粉熔覆头、多坐标数控工作台。其中 YLS-4000W 型光纤激光器，输出功率在 0~4000W 之间，输出功率连续可调，8h 内输出功率不稳定度不超过±2%。DPSF-2 送粉器和四路送粉熔覆头组成送粉系统，送粉器为载气输送粉末的双筒送粉器，送粉重复精度为±2%，送粉盘转速为 0~2rad/min，也可按需求设计，送粉量连续可调。二维运动平台由电机带动的两个垂直相交的滑动丝杠部分及平台组成，通

过编程控制平台在 X 轴、Y 轴方向运动，与熔覆头配合运动，得到预想的扫描路径。

钛金属基体按如下方法进行前期预处理：选用 Ti 金属板材，尺寸为 100mm×50mm×3mm 矩形板，预处理前经多道砂纸（400 号、600 号、1000 号）打磨 Ti 金属基体表面用以除去其表面污渍及氧化层，然后用乙醇溶液超声清洗 20min，最后酸碱两步处理金属基体步骤是用 3%HF 溶液浸泡半小时，去离子水冲洗、干燥，随后用预先配置好的 5mol/L 的 NaOH 溶液在 60℃ 条件下浸泡 12h，取出后用去离子水冲洗、干燥备用。

同轴送粉法制备 HA/钛金属涂层实验过程如下：同轴送粉法制备 HA/Ti 涂层简要步骤是直接将各层所需比例的粉末原料输入送粉器中，通过调整送粉盘转速进行定量，由四根对称分布的紫铜管进行粉末输送，送粉重复精度为±2%，粉末离管后发散角度小，能准确投射到激光熔池中，使材料供给和涂层熔覆同时进行，而后极冷凝固形成陶瓷涂层。该方法无需多次涂覆-干燥，具有直接送粉涂覆、形成涂层均匀可控、可重复制备的优点，能够克服预置涂层法带来的缺点，同轴送粉法制备 HA/HT/T 梯度涂层示意如图 8-3 所示。

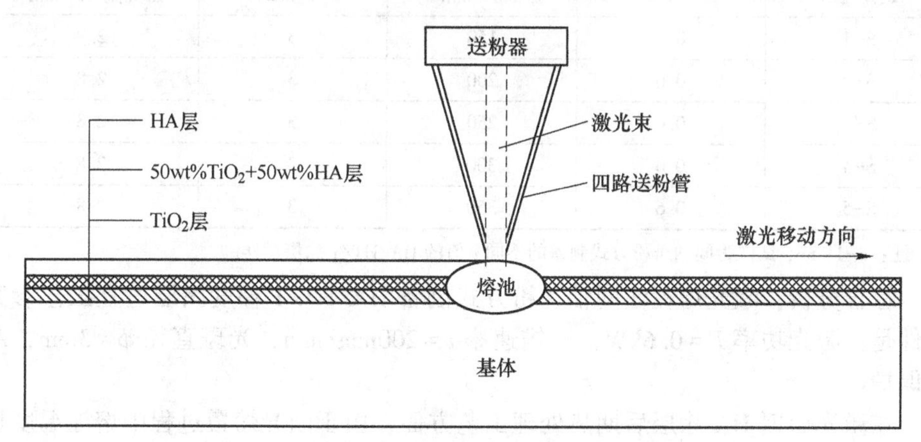

图 8-3 同轴送粉法制备 HA/HT/T 涂层示意图

在涂层材料设计方面，涂层成分设计见表 8-4。按不同涂层分组比例配制混合粉末，搅拌混匀，随后将原料粉末置于送粉器内，进行预喷粉并称取粉末质量，调整送粉率。

表 8-4 涂层成分设计

涂层成分	第一层	第二层	第三层	涂层总厚度/mm
纯 HA 涂层	HA	—	—	约 0.3
HA/TiO_2 涂层	TiO_2	HA	—	约 0.3
HA/HT/T 涂层	TiO_2	50wt%TiO_2+50wt%HA	HA	约 0.3

在同轴送粉法工艺参数的确定方面，取夹具将预处理后的Ti金属板材固定在数控工作台上，启动设备，依据已设定路径及加工程序进行激光扫描，保护气体和载流气体均采用惰性气体Ar气。对于同轴送粉法来说，根据初期实验探索发现决定熔覆层厚度的主要因素为送粉率（u）和光斑尺寸（ϕ），其中送粉率通过改变送粉器转盘转数和送气量控制，由于该实验选用的四路送粉喷嘴的粉末利用率一般只有30%~50%，并且HA和TiO_2原料粉末质量较轻，为此实验设置送粉率较大，为2.8g/min。为保证较小的激光点直径以及足够的粉末，调整Ti金属基体位于粉末流束汇聚点，即四根送粉管延伸线的交点，游标卡尺测量此时光斑直径$\phi=3$mm。经初期实验摸索发现，扫描速率对同轴送粉法制备HA/Ti涂层质量关系密切，经实验摸索初步确定同轴送粉法工艺探索范围，其中，v探索范围为200~400mm/min，P探索范围为0.2~1.2kW。首先，固定其他工艺参数，改变v值，对HA/HT/T梯度涂层（S试样）进行实验摸索，确定最优v值，具体实验参数分组情况如表8-5所示。

表8-5 激光熔覆HA/HT/T涂层的工艺参数

试样编号	P/kW	v/mm·min^{-1}	ϕ/mm	Ar气流/L·min^{-1}
S-1	0.6	150	3	2.8
S-2	0.6	200	3	2.8
S-3	0.6	250	3	2.8
S-4	0.6	300	3	2.8
S-5	0.6	350	3	2.8

注：S-1~S-5试样为同轴送粉方式制备的不同v值的HA/HT/T涂层试样。

综合分析，激光熔覆法同轴送粉方式制备HA/HT/T梯度涂层适宜工艺参数条件是：激光功率$P=0.6$kW，扫描速率$v=200$mm/min，光斑直径$\phi=3$mm，Ar气保护。

在激光熔覆HA涂层后期热处理工艺方面，由于激光熔覆过程中熔池温度显著高于大量生成HA所需温度上限1200℃，因此在激光熔覆法制备HA/Ti涂层过程中HA存在分解现象，其分解产物主要有磷酸三钙（TCP，$Ca_3P_2O_8$）、磷酸四钙（TTCP，$Ca_4P_2O_9$）、CaO等，另外，激光束扫描使得部分熔融的HA因极冷来不及结晶而形成非晶态。因此热处理的重要作用体现在以下两方面：一是经适当热处理可以恢复HA涂层结晶度，涂层结晶度高、稳定性好，在体液中溶解较少，可改善Ti金属/HA植入体的长期稳定性；二是热处理过程可释放涂层内部残余应力，各分解产物之间重新反应与组织结构重排，有利于降低应力、提高结合强度。实验中，将激光熔覆后的试样置于SRJX-5-13型高温箱式电炉控制箱中进行热处理，热处理工艺为：10℃/min速度缓慢升温至500℃保温4h，随炉冷却至室温。

综上，利用激光熔覆方法，采用同轴送粉涂覆方式，通过基体预处理-激光熔覆-后处理三步骤工艺制备了纯 HA 涂层、HA/TiO_2 涂层及 HA/HT/T 梯度涂层，获得主要结论如下：

（1）预置涂层法制备涂层材料的适宜工艺参数是 $P=0.6$kW，$v=400$mm/min，$\phi=6$mm，Ar 气保护；三种涂层与基体间均发生了原子互扩散的冶金结合，HA/HT/T 涂层表面为细枝状或絮状晶体，表面结构粗糙、呈蜂窝状网络结构，但涂层 Ca/P 比值过高、均匀度差，实验结果说明预置涂层法结果不理想。

（2）同轴送粉法制备 HA/Ti 涂层的适宜工艺参数是 $P=0.6$kW，$v=200$mm/min，$\phi=3$mm，$u=2.8$g/min，Ar 气保护。该方式制备的 HA/HT/T 涂层表面颗粒为树枝状晶体，由涂层底层至表层实现了从致密到疏松的孔结构过渡，各区域界面紧密结合、无明显裂纹或孔洞形成，而且 HA/HT/T 涂层的 Ca/P 比值为 1.64 最接近于 HA 的 Ca/P 比值 1.67，涂层表面 HA 含量高、结晶度好。电化学测定表明其结构均匀、性能稳定，证明同轴送粉方法是一种较为理想的制备方法。

（3）纯 HA 涂层、HA/TiO_2 涂层、HA/HT/T 涂层结合强度平均值分别为 25.03MPa、28.95MPa、35.11MPa，与纯 HA 涂层相比，HA/HT/T 涂层结合强度平均值增加了 10.08MPa。表明工艺参数对其影响较大，梯度结构可有效改善热膨胀系数失配、降低残余应力，提高界面结合强度，与有限元模拟结果相一致。

9 钒钛新能源电池材料

9.1 新能源电池材料概述

广义地说，凡是能源工业及能源技术所需的材料都可称为能源材料。但在新材料领域，能源材料往往指那些正在发展的、可能支持建立新能源系统满足各种新能源及节能技术的特殊要求的材料。

能源材料的分类在国际上尚未见有明确的规定，可以按材料种类来分，也可以按使用用途来分。大体上可分为燃料（包括常规燃料、核燃料、合成燃料、炸药及推进剂等）、能源结构材料、能源功能材料等几大类。按其使用目的又可以把能源材料分成能源工业材料、新能源材料、节能材料、储能材料等大类。为叙述方便也经常使用混合的分类方法。

新能源新材料是在环保理念推出之后引发的对不可再生资源节约利用的一种新的科技理念，新能源新材料是指新近发展的或正在研发的、性能超群的一些材料，具有比传统材料更为优异的性能。目前比较重要的新能源材料有：

(1) 裂变反应堆材料，如铀、钚等核燃料、反应堆结构材料、慢化剂、冷却剂及控制棒材料等。

(2) 聚变堆材料：包括热核聚变燃料、第一壁材料、氚增值剂、结构材料等。

(3) 高能推进剂：包括液体推进剂、固体推进剂。

(4) 燃料电池材料：如电池电极材料、电解质等。

(5) 氢能源材料：主要是固体储氢材料及其应用技术。

(6) 超导材料：传统超导材料、高温超导材料及在节能、储能方面的应用技术。

(7) 太阳能电池材料。

(8) 其他新能源材料：如风能、地热、磁流体发电技术中所需的材料。

新能源和再生清洁能源技术是21世纪世界经济发展中最具有决定性影响的五个技术领域之一，新能源包括太阳能、生物质能、核能、风能、地热、海洋能等一次能源以及二次电源中的氢能等。新能源材料则是指实现新能源的转化和利用以及发展新能源技术中所要用到的关键材料。主要包括储氢电极合金材料为代表的镍氢电池材料、嵌锂碳负极和 $LiCoO_2$ 正极为代表的锂离子电池材料、燃料电池材料、Si 半导体材料为代表的太阳能电池材料以及铀、氘、氚为代表的反应堆核能材料等。太阳能电池材料是新能源材料，IBM 公司研制的多层复合太阳能电池，转换率高达 40%。固体氧化物燃料电池的研究十分活跃，关键是电池材料，如固体电解质薄膜和电池阴极材料，还有质子交换膜型燃料电池用的有机质子交换膜等。

当前的研究热点和技术前沿包括高能储氢材料、聚合物电池材料、中温固体氧化物燃料电池电解质材料、多晶薄膜太阳能电池材料等。新能源电池在太阳能和汽车上的应用如图 9-1 所示。

(a)

(b)

图 9-1　太阳能电池板（a）和汽车用新能源电池（b）

与钒钛相关的新能源电池材料主要有亚氧化钛、钛酸锂、硫酸氧钒电解液、钙钛矿太阳能电池材料、染料敏化电池材料等。

9.2　亚氧化钛

9.2.1　亚氧化钛简介

亚氧化钛是由称作 Magneli 相的不同价态的氧化钛所组成的无机材料。Magneli 相亚氧化钛是一系列缺氧钛氧化物的统称，常被写作 Ti_nO_{2n-1}（$4\leqslant n\leqslant 10$）。Magneli 相亚氧化钛具有基于金红石型 TiO_2 晶格的结构，因具有特殊晶体结构而具有优异的电化学稳定性、导电性及氧敏性能等，近年来作为新兴材料备受人们关注，常温下，Magneli 相具有不同的导电性能。亚氧化钛陶瓷电极材料最突出的革命性应用是被成功地做成了双极板，并由此诞生了世界上第一种实用型双极式阀控铅酸蓄电池（英国，Atraverda 公司，2009），图 9-2 为传统蓄电池和双极式蓄电池的对比图。可以看出，双极式蓄电池取消了栅板、联结物和中间隔板，而以双极板取代，使得蓄电池重量大大减轻，体积缩小，电流分布均匀。

Magneli 相的晶体结构：Magneli 相不是 TiO_2 的掺杂物或者是 TiO_x（$x<2$）的混合物，而是晶体结构稳定的非化学计量氧化物，晶体结构是以金红石型 TiO_2

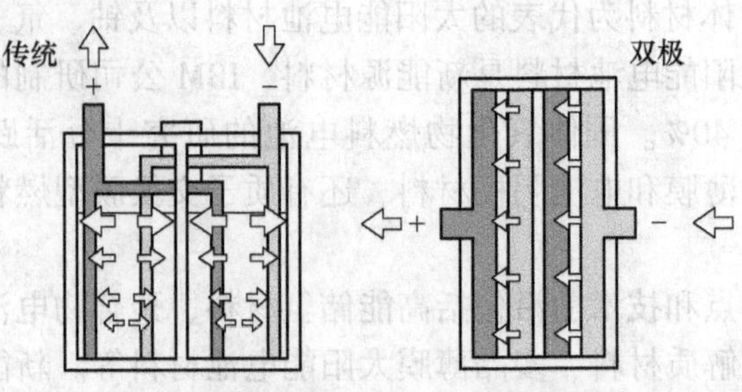

图 9-2 传统蓄电池和双极式蓄电池的对比图

为母体，由 $n-1$ 个 TiO_2 八面体和一个 TiO 构成的八面体，金属性的 TiO 使得 Ti_nO_{2n-1} 表现出金属导电性，所以 Magneli 相化合物具有很好的导电性。而结构中 TiO 以外的 TiO_2 结构层使得 Magneli 相具有较好的稳定性和耐腐蚀性。

9.2.2 不同形态 Magneli 相制备方法

亚氧化钛基 Ebonex 电极材料可加工成各种物理形态：粉末，多孔或无孔 3D 固体块，复合材料，图 9-3 为 Magneli 氧化物不同形态的流程图，表 9-1 为不同形态的 Magneli 氧化物的制备工艺。

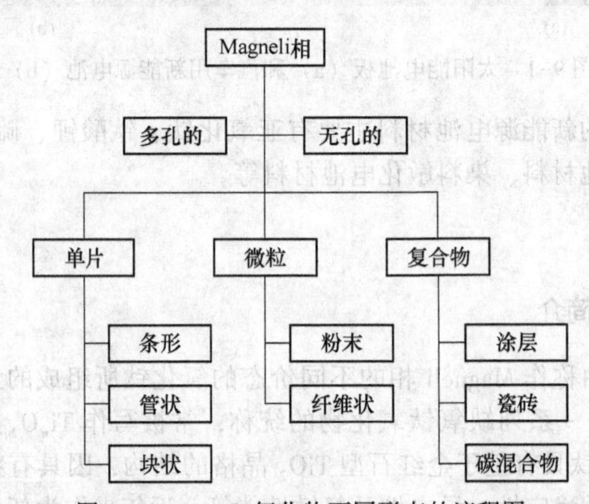

图 9-3 Magneli 氧化物不同形态的流程图

表 9-1 制备 Magneli 相亚氧化钛材料的实验工艺路线

形貌	化学组成	预处理	工艺条件
多孔单片	单相 Ti_4O_7	将 TiO_2 分散到异丙醇内，干燥，再加入 5wt% 聚乙烯氧化物溶液做黏结剂、压片	空气气氛下 1323K 烧结 24h，再在氮气气氛下 1323K 保温 4h 后降温

续表 9-1

形貌	化学组成	预处理	工艺条件
粉末	Ti_4O_7	无	将 TiO_2 与金属钛球磨混合后放入二氧化硅管内 1423K 下保温一周
压制成片	Ti_nO_{2n-1}	将 TiO_2 与金属钛混合物在氩气下 1423K 烧结得到前驱体	将前驱体在一根密封二氧化硅管中 1423K 下烧结 3 天
烧结成片	Ti_4O_7	将 TiO_2 粉末先用 50MPa 的单向压力再用 250MPa 的均向压力制片，空气气氛中 1600K 保温 5h	烧结好的片在 93%氩气、7%氢气气氛中，1270 ~ 1340K 下还原 3.5h
棒状或瓷片状	Ti_4O_7 Ti_5O_9		二氧化钛在 1458K 下还原 8h
瓷片状	Ti_4O_7	TiO_2（粉末 5~50μm）与 3%~4%的石油基有机黏结剂（Mobilcer）混合，在每平方英寸 5t 的压力下压制。压制产物在 1573K 下烧结 3h 时，黏结剂于 523~573K 下被除去	产物在氢气炉中 1453K 下烧制 8h

亚氧化钛的物理和化学性能随着精确的亚氧态（n 值）明显地发生变化。生产过程中，亚氧态极易受反应条件影响，所以必须精确控制反应条件，以利于生成预期的产物。影响还原程度和产物组分的因素包括：反应物组分、还原剂在原料中的分散度、粒径大小、原料密度、温度曲线及处理时间等。

目前研究来看，Magneli 相制备方法主要有以下三种：

（1）TiO_2 还原法，主要是使用 H_2、炭黑、金属 Ti 和 CO 等还原剂在真空或惰性气体气氛下加热到一定温度并保温一定时间还原 TiO_2 制备所需粉末样品。

（2）气相沉积法，在一定的氧分压下，以金属 Ti 或 Ti 的无机盐为原料，利用物理或化学的方法来获得具有一定 O/Ti 比的钛的低价氧化物。

（3）溅射法，在 N_2 或真空条件下进行低压溅射或电子束蒸发来制备钛氧、钛薄膜。

9.2.3 Ti_4O_7 结构

Ti_4O_7 是人们认为的 Magneli 相的一系列化合物 Ti_nO_{2n-1}（$4 \leqslant n \leqslant 9$）中的一种，$n$ 的值为 4，具有与 Magneli 相类似的晶体结构，即 Ti 位于中心位置，而氧原子位于顶点位置，相邻的八面体互相共用八面体的边和顶点。Ti_4O_7 可以看作是由 3 个 TiO_2 八面体和 1 个 TiO 构成的八面体，每个第 4 层有个氧原子缺失，从而导致晶体结构中形成剪切面，其晶体结构如图 9-4 所示。

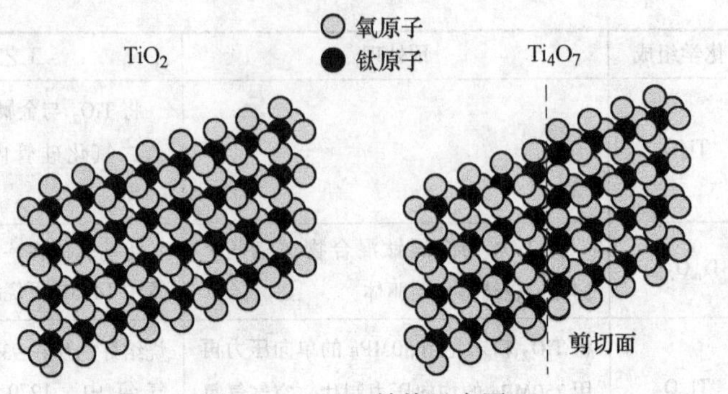

图 9-4 Ti_4O_7 结构示意图

9.2.4 Ti_4O_7 性质

9.2.4.1 物理性质

目前研究发现，Ti_4O_7 最突出的物理性能就是室温下导电性能优异，它的单晶导电率可以达到 1500S/cm，虽然实际制备 Ti_4O_7 是多晶材料，导电性不能达到单晶导电率，但是因为其导电率优于石墨，完全可以满足电极材料以及导电陶瓷材料的应用。另一方面，Ti_4O_7 没有磁性，在水中分散性很好，经分散后不易再次团聚，这一特性使得它作为导电添加剂时，便于与其他电池活性物的均匀混合，有利于工作电流的均匀分布。另外，Ti_4O_7 比重较小且耐磨损性很强，抗冲刷，制备出的块体材料机械强度高，尺寸稳定，并且具有很高的有机聚合物相容性，容易与各种高分子聚合物混合成形，这样可以克服陶瓷材料韧性较差的缺点，可以通过加工制备成所需的各种形状的电极材料。

9.2.4.2 化学性质

化学性能方面，Ti_4O_7 具有非常显著的化学稳定性和抗腐蚀能力，在强酸强碱环境下都能稳定存在，这一点超越了绝大多数现有的常用工业电极材料。另外，电化学研究发现，其析氢及析氧电位很高，可以作为优异的电池正极或者负极材料，并且在用于化学电镀时，化学沉积或者涂覆的各种金属氧化物或贵金属催化剂与其能很好地结合，可以保持催化活性。

9.2.5 Ti_4O_7 粉末制备方法

Ti_4O_7 亚氧化钛的生产特别容易受到反应条件的影响，在制备过程中一定要保证条件的精确。一般来说，反应物、温度曲线及处理时间等都能影响产物的还原程度和产物组分，其中反应物包括组分、粒径、密度及混料的均匀性。生产过程中，同一原料可以生成任何一种亚氧态，所以需要精确控制反应条件进而利于反应生成预期的产物。制备过程中实验条件的精确性在一定程度上限制了Magneli相的发展及应用，成为制约其实际应用研究及工业化生产的瓶颈。目前较为常见的制备方法主要有以下几种。

9.2.5.1 热化学合成法

热化学合成法是现有的制备 Ti_4O_7 亚氧化钛的主要方法，即用还原性物质（如 H_2、C、Ti）在一定的条件下还原 TiO_2 制得。

A H_2 还原法

H_2 是一种广泛使用的还原剂，20 世纪 80 年代，P. C. S. Hayfield 就将二氧化钛与黏结剂混合后在空气氛围中高温加热玻璃化，然后在氢气氛围中在 1150℃ 还原 4h，最终制得 Ti_4O_7。随后，H. Harada 采用超细 TiO_2 粉末作为原料，在氢气气氛中 1050℃ 下还原 4h 制得粉末。接下来对于氢气还原的研究，侧重于氢气流速及还原温度的精确控制。2008 年，Han W. Q. 等采用氢氧化钠以及二氧化钛为原料，在一定温度下的高压反应釜中反应 2~5 天，得到 $H_2Ti_3O_7$ 纳米线，然后置于氢气气氛中还原在 1050℃ 反应 1~4h 后，最终获得短纤维状的 Ti_4O_7，但是低温化学合成的纳米线存在一定缺陷，所以在经过高温处理时，在缺陷聚集处易发生断裂。2010 年，加拿大的 Li X. X. 等在 950℃ 下采用 200mL/min 的氢气流速，950℃ 加热 4h 还原 TiO_2 粉末，制得了粒径为 500~1000nm 的 Ti_4O_7 颗粒，图 9-5 为他们制备的 Ti_4O_7 的扫描电镜照片。由图可以看出，由于小颗粒经过高温处理，颗粒间发生黏接，形成孔洞的结构组织，这一结构有利于传质，可应用在空气电池中。

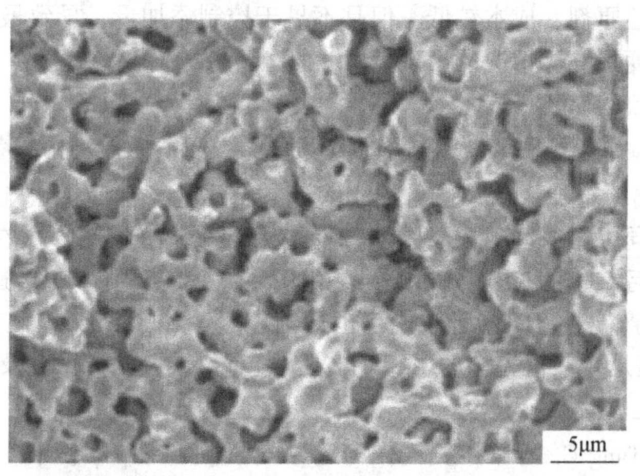

图 9-5 合成 Ti_4O_7 的扫描电镜形貌

B 碳还原法

碳还原法是指单质炭以及提供碳源的聚合物等作为还原剂。2004 年，T. Tsumura 等采用四异丙基钛水解得到 TiO_2，并与等质量的 C 的前驱体聚乙烯醇（PVA）混合，在氮气气氛中加热到 900℃还原制得 Ti_4O_7，但是由于碳的过量，在制得的 Ti_4O_7 中含有少量碳，但这并不影响尝试用作低温的电池催化剂载体材料。2009 年，M. Toyoda 等人将 TiO_2 与 PVA 直接混合后，在 1100℃下热处理其混合物，通过改变配比，制得各种 Ti－O Magneli 相的条件，其中当 TiO_2 与 PVA 质量比为 1∶1 时获得了单相 Ti_4O_7，从热处理前后的 SEM 形貌（图 9-6）可以看出，反应前驱体 TiO_2 的平均粒径为 70～90nm，而碳热还原得到的 Ti_4O_7 的粒径增大到 500～1000nm，可见，在高温还原时，固体颗粒间会发生严重的团聚现象。

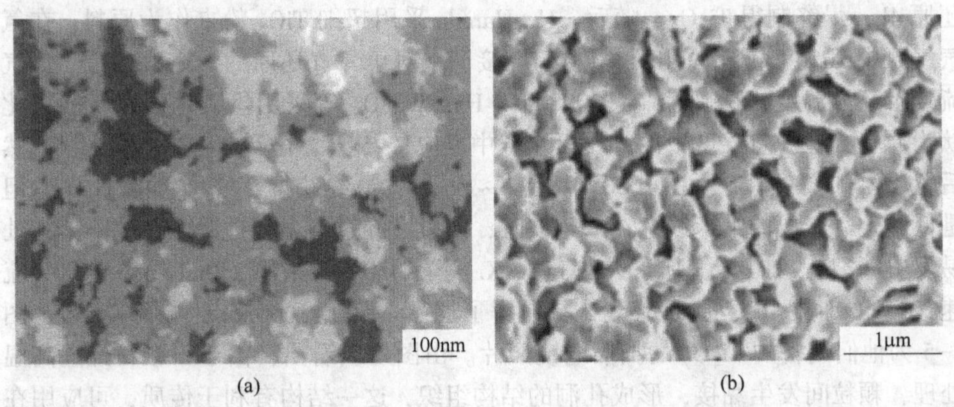

(a) (b)

图 9-6 TiO_2（a）和 $m(TiO_2) : m(PVA) = 1 : 1$、1000℃热处理后样品（b）的 SEM 形貌

以碳作为还原剂，成本较低，但是不易于控制添加量，导致最终产物含碳量较高或者还原度不够等情况的出现。

C 机械活化 Ti 还原

A. A. Gusev 等人采用金属 Ti 作为还原剂来还原 TiO_2。首先将 Ti 与 TiO_2 球磨 15min，取出粉末加入 25%的甘油水溶液黏合压片，然后在氢气气氛中，采用不同温度，不同保温时间退火。图 9-7 为机械活化后 Ti 和 TiO_2 在 H_2 气氛中经不同温度退火后产物的 XRD 分析结果。由图 9-7 可知，随着温度逐步从 800℃升高到 1000℃，产物中 Ti_4O_7 所占比例也逐渐增多，1000℃保温 1h 得到几乎是单相的 Ti_4O_7。但是要获得完全的单相 Ti_4O_7，还有待继续深入研究及实验条件。

D NH_3 还原法

2012 年，Tang C. 等采用氨气作为还原气氛制备 Ti_4O_7 粉末。研究发现，在 1050℃还原 3h 可以得到单相 Ti_4O_7。与传统氢气还原比较，该方法存在同样的问题，因为处理温度过高，颗粒之间发生黏接，并且团簇现象发生，颗粒分散性不

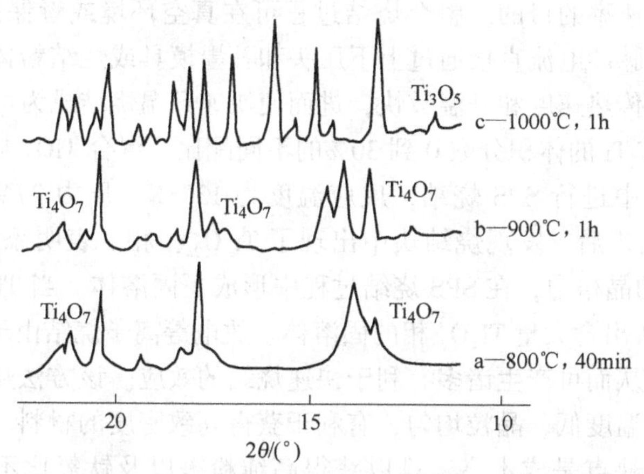

图 9-7 活化后的 Ti 与 TiO_2 在 H_2 中不同退火温度下产物的 XRD 图

好，这必然限制了在导电添加剂方面的应用。

9.2.5.2 气相沉积法

气相沉积法（chemical vapor deposition，简称 CVD），即指高温下的气相反应，例如，有机金属、金属卤化物、碳氢化合物等的热分解，氢还原或者让它的混合气体在高温下发生化学反应以析出氧化物、金属、碳化物等无机材料的方法。这种技术开始是作为涂层的手段而开发的，但不只应用于耐热物质的涂层，并且应用于高纯度金属的精制、半导体薄膜、粉末合成等，是一个颇具特征的技术领域。

Eva Fredriksson 等在 1015℃，硅保温管 50Torr（约 6666Pa）总压下，通过气相沉积法制备出了单相的 Ti_4O_7 亚氧化物。反应过程中的混合气体是 $TiCl_4$、CO_2 和 H_2，这三种气体的摩尔质量分数是影响反应生成物的主要因数。在该反应中，CO_2 和 H_2 充当载气气体，单相的 Ti_4O_7 在 0.33mol% CO_2、6.5mol% $TiCl_4$ 及相应摩尔质量的 H_2 条件下生成。Ti_4O_7 的生成条件要求较精确，其生成反应只存在于 0.114mol%~0.33mol% CO_2 的范围内。该方法下制备的 Ti_4O_7 亚氧化物颗粒为圆柱形，尺寸均匀，但颗粒粗大。

目前，气相沉积法在低温下可以合成高熔点物质，在节能方面做出了巨大贡献，作为一种新技术是大有前途的。但是，存在设备复杂、耗能高和产量低等显著的缺陷。

9.2.5.3 SPS 烧结法

SPS 是 Spark Plasma Sintering 的简称，即放电等离子烧结，是利用直流脉冲电流直接通电烧结的加压烧结方法，通过对脉冲直流电的大小的调节来达到控制烧结温度和升温速率的目的。整个烧结过程可在真空环境或者保护气氛中进行。在烧结过程中，脉冲电流直接通过上下压头和石墨模具或烧结粉体，因此加热系统的热容很小，传热速度和升温较快，进而使快速升温烧结成为可能。

Lu Yun 等按 Ti 的体积分数 0 到 30%的不同配比，混合 TiO_2 与金属 Ti。混合物放在石墨模具中进行 SPS 烧结，反应温度为 1373K，压力 27MPa，保温时间 5min。加入 Ti 粉末后，发现烧结块中出现了 Ti_nO_{2n-1} 相。表明添加的 Ti 进入了金红石型 TiO_2 的晶格中，在 SPS 烧结过程中形成了固溶体。当 Ti 的体积分数为 8%和 20%可制备出含大量 Ti_4O_7 相的固溶体。放电等离子烧结由于强脉冲电流加在粉末颗粒间，从而可产生诸多有利于快速烧结的效应。该方法烧结时间短、升温速度快、烧结温度低、晶粒均匀、有利于获得高致密度的材料、控制烧结体的细微结构。但是缺点是成本高、难以获得高纯粉末以及钛氧比不易准确控制等缺点。

9.2.6 Ti_4O_7 的应用

正是因为 Ti_4O_7 具有的特殊性能，使得其应用研究成为近年来备受关注的热点之一，已公开报道的应用有以下几个方面。

9.2.6.1 电池方面

Ti_4O_7 在室温下具有高导电性，甚至可以代替高导电炭材料。这使其在电池领域具有广泛的应用前景：

(1) 锂电池：目前使用的锂电池正极材料中，一般使用石墨作为导电添加剂。但石墨的比表面太大，不易均匀分散，并且抗氧化腐蚀的性能较差，因而会导致电池容量的衰减。亚氧化钛陶瓷材料具有更好的电化学稳定性，并且不易团聚、易分散，容易与金属氧化物类正极活性物质混合，进而使得电极内导电网络分布更加均匀。Ti_4O_7 作为导电添加剂的电池，其容量基本上不衰减，同时充电速度可以得到提高。

(2) 在铅酸电池方面：可以作为电极板导电剂或者制备双极性蓄电池电极板。目前铅蓄电池的正极活性物质一般是 PbO_2，但它导电性较差，利用率低。为了提高铅蓄电池的比能量，需要在正极加入导电添加剂。目前最常用的导电添加剂是石墨、炭黑等炭材料。但这些炭材料在硫酸中化学性质欠稳定，尤其在正极充电至较高电位时，炭材料会被氧化，产生二氧化碳造成导电剂流失，进而造成正极板活性物质疏松，掉粉、脱落等现象，导致电池寿命较差。若将高化学稳定性的亚氧化钛作导电剂加入其中，不但能提高电极电导率、耐腐蚀性，还可以增强与 PbO_2 的结合力，在充放电过程中保持孔形状和孔隙率，提高正极活性物的成形性，进而有效提高正极的比容量与寿命。

另一方面的应用，将 Ti_4O_7 粉末均匀地与塑料前躯体混合，制成含亚氧化钛粉的导电塑料板栅，并在该导电塑料板栅两面镀铅锡合金改善其与铅膏的黏结性能，再将正负极铅膏分别涂覆在该板栅两面，组装新型双极性铅蓄电池。由于该亚氧化钛基板栅质量轻、导电性好、耐腐蚀、且可使电池用铅量减少，可有效提高活性物质利用率，电池的循环寿命也能得到提高。

（3）燃料电池、锌-空气电池和液流电池：将 Ti_4O_7 粉末制成板材，代替石墨板作为全钒液流电池正极集流体，可提高电极反应效率，延长极板寿命；将纳米亚氧化钛粉末代替石墨粉作锌-镍单液流电池正极导电剂，有望提高正极活性物质的使用寿命，进而提高器件的比能量与寿命。也有研究者利用亚氧化钛在耐氧化方面的特点，将其应用到锌空气电池正极上，实验结果表明，在不同的 KOH 电解液中，亚氧化钛电极均体现出了极强的耐氧化能力，在高电位区间工作时稳定性好，在锌空气电池方面有较好应用前景。

9.2.6.2 颜料方面

Ti_4O_7 呈蓝黑色，并且具有无毒、分散性好、颗粒细、热稳定性好等良好优点，可以用于油漆、印刷油墨等的着色剂和橡胶塑料制品的颜料；又由于其无毒、重金属含量低等特点，使它在制作化妆品的着色剂上有很好的应用前景；另外，Ti_4O_7 还可用于钢板等金属材料或其他材料的高级涂料。通过控制成分或掺入杂质，还可以得到蓝色、紫色、黄色、褐色等多种颜色。

9.2.6.3 环保行业和水处理领域

我国现在水污染严重，水资源匮乏，急需抓紧时间进行补救。因此，绿色高效地进行污水处理成为一个问题。有机物处理中，Ti_4O_7 电极的析氧电势高，有利于阳极氧化，可广泛应用于电催化降解有机污染物和垃圾渗滤液、电催化处理苯酚废水、印染废水的处理、油田废水的处理、医院污水的处理上。不仅如此，它因为电势高且耐腐蚀，所以还可以作为高电势用来电解海水制氢气、电解水消毒和制造臭氧等。

9.2.6.4 其他方面

Ti_4O_7 独特的导电性以及稳定性，可以应用于阴极保护领域，目前常用的阴极保护材料，在使用过程消耗分解造成一定程度的损耗和环境污染，Ti_4O_7 可以避免这种情况。另外，由于其独特而优良的性质，Ti_4O_7 陶瓷材料在化工领域、电冶金领域、电镀领域都有重要的应用和发展前景，例如氯碱工业、电沉积锌、金属箔生产、氯酸盐的制造、金属回收、重铬酸的制备等。

9.3 钛酸锂

9.3.1 钛酸锂及钛酸锂电池简介

钛酸锂电池是一种用作锂离子电池负极材料——钛酸锂，可与锰酸锂、三元材料或磷酸铁锂等正极材料组成 2.4V 或 1.9V 的锂离子二次电池。此外，它还可以用作正极，与金属锂或锂合金负极组成 1.5V 的锂二次电池。钛酸锂具有高安全性、高稳定性、长寿命和绿色环保等特点。钛酸锂粉末及钛酸锂电池组如图 9-8 所示。

(a) (b)

图 9-8 白色钛酸锂粉末（a）及钛酸锂电池组（b）

可以预见：钛酸锂材料在近年，一定会成为新一代锂离子电池的负极材料而被广泛应用在新能源汽车、电动摩托车和要求高安全性、高稳定性和长周期的应用领域。

钛酸锂（LTO）材料在电池中作为负极材料使用，由于其自身特性的原因，材料与电解液之间容易发生相互作用并在充放循环反应过程中产生气体析出，因此普通的钛酸锂电池容易发生胀气，导致电芯鼓包，电性能也会大幅下降，极大地降低了钛酸锂电池的理论循环寿命。测试数据表明，普通的钛酸锂电池在经过 1500~2000 次左右的循环就会发生胀气的现象，导致无法正常使用，这也是制约钛酸锂电池大规模应用的一个重要原因。

钛酸锂（LTO）电池性能改进是单个材料的性能的提升以及各关键材料的有机整合的综合体现。针对快速充电与长使用寿命的要求，除负极材料以外，还要针对锂离子电池的其他关键原材料（包括正极材料、隔膜以及电解液），同时结合特殊的工程化工艺经验，最终形成了“不胀气”的钛酸锂 LpTO 电池产品，并首先实现了在电动公交客车上的批量应用。

测试数据表明，在 6C 充电，6C 放电，100%DOD 的条件下，钛酸锂 LpTO 单体电池的循环寿命超过 25000 次，剩余容量超过 80%，同时电芯产生的胀气现象不明显，不影响其寿命；而快速充电纯电动公交的实际应用情况也表明，在电池成组以后，电性能的表现也相当优异，可以保证纯电动公交客车的日常商业化运营。

尖晶石型 $Li_4Ti_5O_{12}$ 具有充放电过程中骨架结构几乎不发生变化的“零应变”特性，嵌锂电位高（1.55V vs. Li/Li^+）而不易引起金属锂析出、库仑效率高、锂离子扩散系数（为 $2>10^{-8}cm^2/s$）比碳负极高一个数量级等优良特性，具备了下一代锂离子蓄电池必需的充电次数更多、充电过程更快、更安全的特性。$Li_4Ti_5O_{12}$ 以其良好的循环性能、优异的安全性能、非常小的体积变化及低廉的成本而成为目前的研究热点，被美国能源部列为第二代锂离子动力电池负极材料。

9.3.2 钛酸锂的晶体结构与电化学特性

$Li_4Ti_5O_{12}$ 是一种白色晶体，在空气中能够稳定存在，它是一种金属锂和低电位过渡金属钛的复合氧化物，属于 AB_2X_4 系列，具有缺陷的尖晶石结构，是固溶体 $Li_{1+x}Ti_{2-x}O_4$（$0 \leqslant x \leqslant 1/3$）体系中的一员，立方体结构，空间群为 Fd3m，具有锂离子的三维扩散通道。其中，O^{2-} 位于 32e，构成 fcc 点阵，部分 Li^+ 位于四面体 8a 位置，剩余的 Li^+ 和 Ti^{4+} 以 1 : 5 的比例随机分布在八面体 16d 位置。因而，$Li_4Ti_5O_{12}$ 也可以表示为 $[Li]8a[Li_{1/3}Ti_{5/3}]16d[O_4]32e$，晶格常数 $a = 0.8364nm$。$Li_4Ti_5O_{12}$ 的晶体结构如图 9-9 所示。

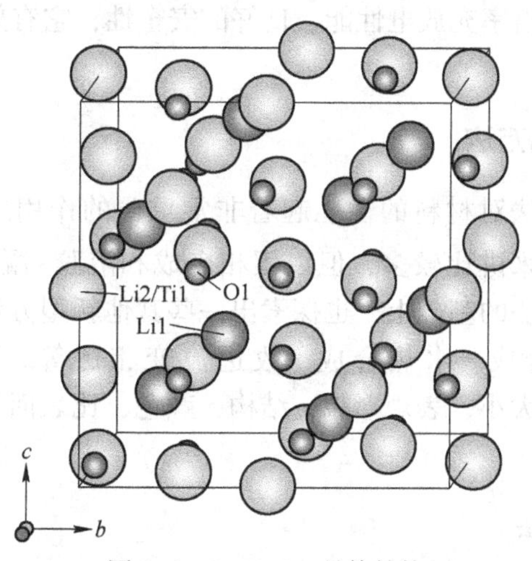

图 9-9 $Li_4Ti_5O_{12}$ 晶体结构

$Li_4Ti_5O_{12}$ 以优良的循环性能和极其稳定的结构而成为锂离子电池负极材料中受到广泛关注的一种材料。$[Li_{1/3}Ti_{5/3}]$ $16dO_4$ 与八面体上的 Li 还有 16c 空位共同组成三维网状通道，供 Li 离子迁移。当锂离子嵌入时，嵌入的锂离子和位于四面体 8a 位置的锂迁移到 16c 位置，最后所有 16c 位置都被 Li 所占据，形成蓝色的 $[Li_2]16c[Li_{1/3}Ti_{5/3}]16d[O_4]32e$。由于出现 Ti^{3+} 和 Ti^{4+} 的变价，$Li_4Ti_5O_{12}$ 的电子导电性较好，电导率约为 10.2S/cm^2。Li^+ 在充放电过程中，Li^+ 的嵌入和脱出对 $Li_4Ti_5O_{12}$ 的晶格结构的影响非常小，嵌入时晶胞参数 a 仅从 0.836nm 增加到 0.837nm，所以被称为"零应变"的电池材料。由于 $Li_4Ti_5O_{12}$ 具有这种超强的稳定性，电池经过几百次循环后容量损失非常小。

充放电曲线出现平台，是因为在充放电过程中存在相变过程。嵌入产物的 UV-vis 谱证明在嵌入的过程中存在相变，嵌入产物的 XRD 的高角衍射证明其中存在两种不同的相，它们的晶胞参数却很接近。

1mol $Li[Li_{1/3}Ti_{5/3}]O_4$ 最多只能嵌入 1mol 锂，理论比容量为 175mA · h/g，实际比容量为 150~160mA · h/g。$Li_4Ti_5O_{12}$ 在 1.2~3.1V 以 0.15mA/cm^2 的电流密度进行充放电，平均电压平台为 1.5V，有十分平坦的充放电平台，超过反应全程的 90%，这表明两相反应贯穿整个过程，充放电的电压接近。

$Li_4Ti_5O_{12}$ 作为锂离子电池负极材料可以与 $LiNiO_2$、$LiCoO_2$、$LiMn_2O_4$ 等正极材料（约 4V）组成开路电压为 2.4~2.5V 的电池，相对于其他负极材料，尖晶石型钛酸锂（$Li_4Ti_5O_{12}$）具有一些优势：价格低廉，制备容易，循环性能好，不与电解液反应，全充电状态下有良好的热稳定性、较小的吸湿性及很好的充放电平台。与碳负极材料相比，具有更好的电化学性能和安全性。$Li_4Ti_5O_{12}$ 可替代活性炭双层电容器的一个电极，发挥其相对高比容量的优势。由于 $Li_4Ti_5O_{12}$ 具有稳定的循环性能、大倍率充放电性能、良好的安全性，它有望成为车载锂离子动力电池负极材料。

9.3.3 钛酸锂的制备方法

$Li_4Ti_5O_{12}$ 制备方法对材料的性能起着非常重要的作用。目前，国内外制备 $Li_4Ti_5O_{12}$ 的方法相对来讲比较多，但以固相合成和溶胶-凝胶等传统方法为主，此外，在传统制备方法的基础上，也探索出一些其他新型方法，例如熔盐法、纤维辅助燃烧、微波合成、水热合成、改进流变相法等。不同方法对于合成 $Li_4Ti_5O_{12}$ 材料颗粒的大小，表观形貌，结构，颜色，比表面积以及电化学性能有很大差别。

9.3.3.1 高温固相法

高温固相合成法的优势主要是操作比较简便，易于工业化生产，但该方法合成温度高，烧结时间长，能量耗损较大，产物的粒径分布不易控制，生产效率比较低，粒径均匀性，一致性比较差。该合成方法一般需要按一定物质的量比（一般 Li：TiO_2=4：5），或者将 Li_2Co_3 或 LiOH · H_2O 和 TiO_2 在有机溶剂或水中分散均匀，然后在高温下除去溶剂，在空气氛围中 800~1100℃煅烧 8~24h，随炉冷却后可以获得具有尖晶石结构的 $Li_4Ti_5O_{12}$。采用高温固相法制备 $Li_4Ti_5O_{12}$ 的主要影响因素有以下方面：

A 混料方式的影响

文献研究表明，高能球磨不仅可以缩短反应时间，降低热处理温度，同时可以在一定程度上减少锂的损失，并且可以形成粒径更小，分布更窄的 $Li_4Ti_5O_{12}$ 颗粒，进而增加实验的可重复性。

B 原料的选择

反应原料的性能对高温固相法所制备的 $Li_4Ti_5O_{12}$ 的性能有很大影响。杨建文等用无定形二氧化钛和碳酸锂通过高温固相反应制备出性能良好的 $Li_4Ti_5O_{12}$，其产物无杂质相，结晶度好，为纯立方尖晶石相；电化学性能优良，具有较宽的充放电平台，循环性能稳定。

C 锂钛的摩尔比

$n(Li)/n(Ti)$ 反应物的摩尔对产物的组成具有非常大的影响。由于 Li_2O 是易挥发的碱金属氧化物，在高温合成过程中，材料的锂含量存在着不同程度的损失。这种锂配比的偏离，十分容易生成非计量比化合物，从而导致材料的性能较差。但锂盐又不能过量太多，这是因为在原材料配比中，少许过量的锂可以弥补高温烧结过程中锂盐的损失，如果锂过量太多，进入材料结构中后，则会造成超晶体结构的畸变，甚至降低了钛的价态，进而影响了锂离子脱嵌过程中与材料的相互作用力。一般依照制备方法的不同，锂盐应过量 3%~8%。

D 反应温度

当反应温度高于 1050℃时，将发生分解生成 h-Li_2TiO_4 和 $Li_2Ti_3O_7$，因此，$Li_4Ti_5O_{12}$ 制备温度一般控制在 1000℃以下。在低温状态下，合成反应的控制步骤为界面化学反应；高温状态下，合成反应的控制步骤为扩散。因此在低温下，$Li_4Ti_5O_{12}$ 的生成速率很慢，工业生产效率非常低下。而高温情况下，合成速率虽然比较快，但由于合成出的 $Li_4Ti_5O_{12}$ 呈硬烧结块状，很难粉碎，因此选取适当的煅烧温度非常必要。

9.3.3.2 溶胶凝胶法

溶胶-凝胶法制备一般采用草酸、酒石酸、丙烯酸、柠檬酸等作为螯合剂，这种在酸上的氧化反应，不仅可以保持粒子在纳米级范围内，而且使原料在原子级水平发生均匀混合。在较低合成温度下就可得到结晶良好的材料，烧结时间也比固相反应法短且成分好控制，适合制备多组分材料，也是制备纳米级 $Li_4Ti_5O_{12}$ 的主要方法。采用溶胶凝胶方法合成的材料具有明显的优越性，如合成温度低，合成时间短，产物粒度小、均一性好、比表面积大、分布相对比较窄等。实验研究中多采用溶胶凝胶方法合成 $Li_4Ti_5O_{12}$，并取得了很多有应用价值的成果。

溶胶-凝胶法制备钛酸钾常用钛酸四丁酯，钾源为醋酸钾或 LiOH、$LiNO_3$。Shen 等采用溶胶-凝胶法最先合成了纳米级 $Li_4Ti_5O_{12}$(100nm)，尝试了 400~800℃的烧结温度。有研究者对溶胶-凝胶法合成 $Li_4Ti_5O_{12}$ 的机理及溶液初始 pH 值、络合剂用量、烧结温度等条件对材料纯度的影响进行了研究。官云龙等通过实验也得到了制备钛酸钾的最佳工艺条件：pH=8，柠檬酸络合剂用量为 $n(L)/n(M^{n+})=2$，脱水温度为 70~80℃，烧结温度为 800℃，此法制备的钛酸钾粒度分布均匀且尺寸小，具有很好的高倍率充放电性能，5℃下充放电，比容量可达 100mA · h/g。

Hao Y. 等选用三乙醇胺(TEA)为螯合剂，分别取 $R=0.4$、0.5、0.6、0.7、0.8($R=n(TEA)/n(Li^+)$) 进行了讨论，发现凝胶时间随 R 值增大而加长，产物结晶尺寸则随之减小，首次放电容量随之增加。并得出：TEA/Ti 值影响了水解-凝胶过程，可通过 TEA 用量来控制 $Ti(OH)_4$ 的水解速度；TEA 可吸附于氧化物颗粒表面，阻止颗粒继续长大，可作为表面活性剂来制备分散性好的粉体；TEA 燃烧后的含碳残留物分解时可产生燃烧热，使晶核的形成在溶胶凝胶过程的较早阶段完成，因而得到的粉体颗粒尺寸分布窄，结构多孔疏松。

Y. H. Rho 等采用溶胶凝胶法制备了 $Li_4Ti_5O_{12}$ 电极薄膜。使用 PVP（聚乙烯吡咯烷酮）作为 Li^+ 和金属阴离子的聚合物黏结剂，母液按 $Li(OC_3H_7)$、$[(CH_3)_2CHO]_4Ti$、PVP、CH_3COOH、Li-C_3H_7OH 比例为 4∶5∶5∶100∶100 混合，得到 Li-Ti-O 溶胶，以金箔为基体，旋转式浸渍涂覆达一定厚度后，在 600~800℃下烧结 1h，重复 3 次左右形成 1μm 厚的膜层。采用此法制备的薄膜与集流体金箔结合紧密，薄膜表面完整且无裂痕，从而降低了电池电阻，循环伏安测试得到的氧化还原电位差仅为 0.05V。

Soren Sen 等使用有机溶液前驱体，可以在聚乙烯胶质晶体模板上合成出了具有三维有序大孔结构（three-dimensionally ordered macroporous，3DOM）的 $Li_4Ti_5O_{12}$；这种结构有效的增多了粒子之间的传导路径，使得 3DOM $Li_4Ti_5O_{12}$ 的高倍率充放电性能十分优良。将碳酸锂与钛酸四丁酯分别溶于乙醇中得到 A、B 两种溶液，在不断搅拌的条件下将溶有草酸的乙醇溶液加入到 A 和 B 的混合溶液中，后将混合溶液搅拌数小时得到白凝胶。将白凝胶先在 500℃下预烧 6h 后，再在 800℃下煅烧 20h 制得了 $Li_4Ti_5O_{12}$；其首次和第 35 次容量分别达到 171mA · h/g 和 150mA · h/g。

9.3.3.3 水热离子交换法

水热法也是制备电极材料较常见的湿法合成法，用于合成 $Li_4Ti_5O_{12}$ 的研究却少有人报道。Li 等采用 130~200℃的低温水热锂离子交换法，成功地以纳米管（线、棒、带）状钛酸为前驱体制备了形状可控、电化学性能优良的纳米管、线状 $Li_4Ti_5O_{12}$，即采用工业纯 TiO_2 在浓碱条件下声化水热反应 24~48h 制得纳米钛酸，再加入 LiOH 进行锂离子交换反应。对温度及 pH 值等离子交换条件和烧结温度、时间进行了对比研究，表明采用此法制备的材料比传统高温固相法制得的材料电荷转移阻抗及动力学数据都得到了改善。

9.3.3.4 熔盐法

熔盐法与高温固相法的不同在于，熔盐法是使用 LiCl 作为加热溶剂。通过控制 LiCl 的量及加热时间，可以很好地控制产物的粒度。Fu J. 等将 TiO_2、Li_2CO_3 和 LiCl 混合在一起，在不同的温度加热，而后将所得的产物在去离子水中浸泡以除去残留的 LiCl，在将其在 120℃ 下干燥 12h，得到了不同粒度的目标产物 $Li_4Ti_5O_{12}$。

9.3.3.5 其他方法

目前也有很多研究者，采用一系列复杂、精细的制备工艺获得了性能优异的钛酸锂电极材料，并进行了产品电池的测试。日本石原产业公司应用以湿法反应为基础的粉体合成技术，开发出了作为锂离子蓄电池材料的高性能钛酸锂，充放电比容量与理论比容量很接近，为 170mA·h/g，并显示出优异的粉体特性和涂料特性。

Yamawaki 等则认为虽然湿法制得的钛酸锂具有很好的结晶度，但是此方法需要的复杂工序、废水处理等都是经济效益问题；采用干法制备则流程简单，但由于锂和含锂化合物的蒸发损失，使 $n(Li)/n(Ti)$ 比难以控制，易生成副产物。在此专利中他们提供了一种有效地干法制备钛酸锂的生产工艺，通过选用高纯度锂盐（≥99.5%）、对原料的充分混合预处理及 0.5~4h 的低温预烧阶段等特殊烧结条件来抑制烧结过程中 Li 的挥发，从而有效控制产物的纯度。

9.3.4 钛酸锂的应用

9.3.4.1 锂离子电池中的应用

$Li_4Ti_5O_{12}$ 不能提供锂源，作为正极时只能与金属锂或锂合金组成电池；作为负极时，正极可选用多种材料，如 $LiCoO_2$、$LiMn_2O_4$ 等（4V）或 $LiNi_{0.5}Mn_{1.5}O_4$ 等（5V），电池电压为 2.2V 或 3.2V。

M. Masatoshi 等以 $LiCoO_2$ 为正极，对比了 $Li_4Ti_5O_{12}$ 和石墨作为负极材料在储能电池中的应用。$Li_4Ti_5O_{12}$-$LiCoO_2$ 系统，电解液为 EC+DEC+$LiPF_6$，具有 4000 次的循环寿命，结果好于石墨作负极的 2800 次。该系统虽然比能量小于石墨作负极的系统，由于负极为 $Li_4Ti_5O_{12}$ 作为储能用的大型电池可用铝箔做电极引线，且容器更轻，使得此类电池的比容量与石墨作负极的电池相差无几。对比 $LiCoO_2$-石墨和 $LiCoO_2$-$Li_4Ti_5O_{12}$ 电池作为电动汽车电源，后者的电化学性能较好。

有人以 $LiNiO_2$ 为正极，对比了 $Li_4Ti_5O_{12}$ 和石墨作为负极材料在储能电池中的循环性能。$Li_4Ti_5O_{12}$ 的库仑效率接近 100%，$LiNiO_2$ 的库仑效率为 98.5%，正、负极的库仑效率不对称，使电池循环容量衰减加快；石墨负极的库仑效率为 99%，与 $LiNiO_2$ 正极接近，它们组装成的电池循环容量衰减较慢。

P. P. Prosini 等以 $Li_4Ti_5O_{12}$ 为负极、$LiMnO_2$ 为正极，聚合物电解质为 40%的 PEG（聚乙二醇）、25%的 PEO（环氧乙烷）、20%的锂盐和 15%的 γ-Al_2O_3。通过交流阻抗分析，发现电极材料本身的内阻远大于电解质的内阻，随着温度升高，数值有所降低，但仍较大。以 C/24 充放电，材料的比容量较大。

D. Peramunage 等研究了以 $Li_4Ti_5O_{12}$ 为负极、$LiMnO_2$ 为正极的聚合物锂离子电池。将 Pc、EC、$LiPF_6$ 和聚丙烯腈混合后，于 140℃下干燥 30min，制成薄膜作为电解质。以 0.2C 充电、1C 放电循环 200 次，每次循环的比容量损失仅 0.1%。

9.3.4.2 不对称超级电容器中的应用

超级电容器根据结构及电极上发生反应的不同，可分为对称型和不对称型。纳米粒径的 $Li_4Ti_5O_{12}$ 符合不对称超级电容器电极的要求：循环寿命较长、容量大、电极电位较低（<-1V，vs. SHE）、能量密度高及合成电容器后循环过程中较稳定。研究人员对比了传统的碳-碳超级电容器、锂离子电池和碳-纳米钛酸锂超级电容器的性能。$Li_4Ti_5O_{12}$ 的应用，突破了以往超级电容器大多使用贵金属氧化物电极（如 RuO_2、IrO_2）和进口季铵盐类的限制，提高了不对称超级电容器的应用能力。

A. D. Pasquier 等以 $Li_4Ti_5O_{12}$ 代替传统的碳。碳超级电容器中的电极，发现碳电极在“电极-电解液”界面形成的双电层比电容为 40mA · h/g，$Li_4Ti_5O_{12}$ 电极形成的为 160mA · h/g。制成容量为 500F 的不对称平板超级电容器，能量密度为 10.4W · h/kg，功率密度为 793W/kg，存放 8d 后，自放电率为 40%。

A. D. Pasquire 等以 P 型掺杂离子聚合物-聚（氟代苯基噻吩）为正极，$Li_4Ti_5O_{12}$ 为负极，1mol/L $NEt_4CF_3SO_3$ 的乙腈溶液为电解液，制成不对称超级电容器，正、负极活性物质质量比为 1.0 : 3.9。小电流放电时能量密度为 7.4W · h/kg，功率密度为 560W/kg，可用电位范围为 1.50~2.75V，存放 30d 后，自放电率为 18%，但循环寿命短，正极材料难于制备。

L. Cheng 等使用 LiCl 作高温流体，在其中添加 TiO_2（LiCl 与 TiO_2 的物质的量比为 16 : 1），利用高温融盐法合成纳米粒径的 $Li_4Ti_5O_{12}$。产品的电化学性能优良，粒径为100nm，比容量为159mA · h/g，制成不对称超级电容器时，100C放电的比容量为3C放电时的60%。

9.4 钙钛矿太阳能电池材料

9.4.1 钙钛矿太阳能电池材料简介

钙钛矿太阳能电池一般是由掺杂氟的 SnO_2（FTO）导电玻璃、电子传输层（如 TiO_2、富勒烯衍生物等）、钙钛矿吸收层（如 $CH_3NH_3PbI_3$）、空穴传输层以及金属电极等部分组成，以 FTO/TiO_2/$CH_3NH_3PbI_3$/Spiro-OMeTAD/Au 结构的太阳能电池为例，其工作原理如图 9-10 所示。当钙钛矿层吸收太阳光被激发后，产生一对自由电子和空穴；被激发到钙钛矿导带的自由电子扩散到钙钛矿/TiO_2界面处，并注入到 TiO_2 的导带中；自由电子在 TiO_2 层中传输并到达 FTO 电极，然后流经外电路到达 Au 电极。在自由电子被激发到钙钛矿导带的同时，空穴也在钙钛矿价带产生并扩散到钙钛矿/空穴传输层界面，然后注入到 Spiro-OMeTAD 的价带中；空穴在空穴传输层中传输并到达 Au 电极，在此处与自由电子结合，完成一个回路。

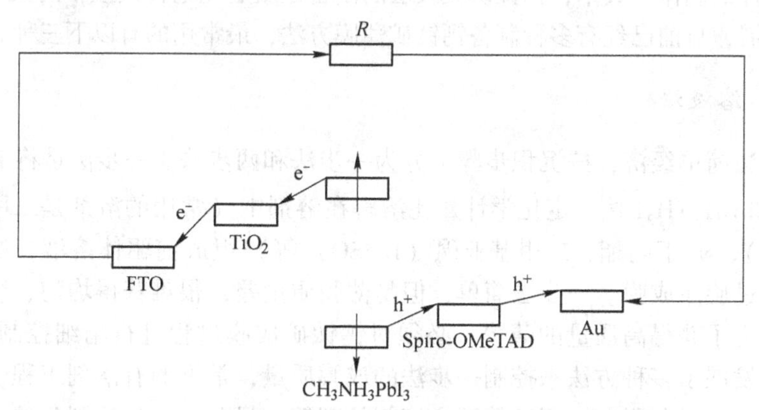

图 9-10 钙钛矿太阳能电池的工作原理示意图

钙钛矿太阳能电池材料主要包括钙钛矿吸光材料、空穴传输材料、电子传输材料等，其中电子传输材料含 TiO_2。

9.4.2 电子传输材料

电子传输材料起到透光并传输电子、阻挡空穴与电子复合的作用，对电子传输材料的要求是其能级与电极的导带位置匹配，并且具备高的电子迁移率和高的透光率。电子传输材料分为有机电子传输材料和无机电子传输材料。

钙钛矿太阳能电池中常用的电子传输材料是 TiO_2，一般在 FTO 或掺锡氧化铟（ITO）上制备一层致密的 TiO_2 层，其主要作用是减少电子传输中的势垒并且阻隔电极导带电子与钙钛矿价带上空穴的复合。TiO_2 层制备的方法较多，常用的有喷雾热解、旋涂、丝网印刷、原子层沉积等方法。Grtzel 等采用喷雾热解法制备致密 TiO_2 层，需要在 450℃下高温烧结。Snaith 等发展了多种能在低温下旋涂制备 TiO_2 层的方法，光电转换效率高达 15.6%。Grtzel 等采用 $TiCl_4$ 在 70℃下水解法制备致密 TiO_2 层，光电转换效率达 13.7%。采用原子层沉积制备的 TiO_2 层，其质量比喷雾热解和旋涂法制备的质量高。为了利于电子传输，可以采用电子迁移速率比 TiO_2 更高的 ZnO 作电子传输材料，并且 ZnO 可以采用低温制备，尤其适合柔性衬底。

9.4.3 钙钛矿太阳能电池器件制备工艺

以平面异质结 FTO/TiO_2/$CH_3NH_3PbI_3$/Spiro-OMeTAD/Au 为例，简述钙钛矿太阳能电池的制备工艺。FTO 基片经过刻蚀、清洗、表面处理之后，通过旋涂或喷雾热解在 FTO 上面制备一层致密的 TiO_2 层，然后制备钙钛矿吸收层，接下来在钙钛矿吸收层上旋涂一层 Spiro-OMeTAD 空穴传输层，最后在真空下蒸镀一层金电极完成整个器件的制作。其中，钙钛矿吸收层的制备是决定光电转换效率的关键。经过多年的发展，目前已经有多种制备钙钛矿薄膜方法，最常用的有以下三种。

9.4.3.1 溶液法

溶液法简单经济，按沉积步骤可分为一步法和两步法。一步法是将 PbI_2（或 $PbCl_2$）和 CH_3NH_3I 按一定化学计量比溶解在溶剂中（常用的溶剂是二甲基甲酰胺（DMF）、γ-丁内酯、二甲基亚砜（DMSO）等）组成前驱体溶液，然后滴在基底上通过旋涂成膜。一步法简单，但是薄膜质量差，很难获得均匀、覆盖度高的薄膜。为了获得高质量的薄膜，必须对钙钛矿成膜过程进行精细控制。为此，研究人员发展了多种方法来控制一步法的成膜质量，常见的有溶剂工程，制备过程引入氯源，采用甲苯、氯苯等不良溶剂处理等。目前，一步法制备的光电转换效率可达 16%。

为了克服一步法对钙钛矿薄膜形貌难以控制的缺点，Grtzel 等提出两步法制备钙钛矿薄膜。首先将 PbI_2 的饱和 DMF 溶液旋涂在多孔 TiO_2 层上，干燥后，再将 TiO_2/PbI_2 薄膜浸入 CH_3NH_3I 的异丙醇溶液中进行原位反应，干燥后得到 $CH_3NH_3PbI_3$ 薄膜。在这个过程中，PbI_2 晶体的尺寸被 TiO_2 纳米颗粒的空隙限制在 20nm 以内，提高了 PbI_2 与 CH_3NH_3I 反应的接触面积，使反应更充分；同时，反应产物的形貌受 PbI_2 前驱物的形貌影响而得到了控制。利用这种方法，能够很好地控制钙钛矿薄膜的形貌，制备出高质量的钙钛矿薄膜，光电转换效率达到 15%。

需要指出的是，这种将 PbI_2 薄膜浸泡在 CH_3NH_3I 溶液中形成钙钛矿薄膜的方法只适合于介孔结构，不太适合平面异质结构。为了在平面异质结器件上采用两步法制备钙钛矿薄膜，Huang 研究组报道了两步溶液扩散法制备钙钛矿薄膜。他们首先将 PbI_2 旋涂在 ITO/PEDOT：PSS 基底上，然后在 PbI_2 层上旋涂 $CH_3NH_3PbI_3$ 的异丙醇溶液，接下来进行热退火，在退火过程中，$CH_3NH_3PbI_3$ 扩散到 PbI_2 层中反应并形成钙钛矿。采用这种方法可以在低温下制备无针孔的钙钛矿薄膜，电池光电转换效率达到 15.4%。

溶液法制备钙钛矿薄膜，工艺简单，但是薄膜质量相对较差，薄膜缺陷多，容易出现针孔，使空穴传输层与电子传输层直接接触，导致电池开路电压和填充因子降低，从而影响电池光电转换效率。

9.4.3.2 共蒸发法

为了克服溶液法的缺点，Snaith 研究组利用双源气相共蒸发法，将 PbI_2 和 CH_3NH_3Cl 同时加热蒸发，使之在致密 TiO_2 基底上反应，得到了结构致密、均匀的高质量钙钛矿薄膜，制备的电池光电转换效率高达 15.4%。

采用共蒸发法制备的钙钛矿薄膜质量比溶液法好，薄膜缺陷少、结构致密、表面均一性好。但是该方法需要高真空，并且 PbI_2 蒸气有毒，需要严格控制以防泄漏，这不仅对设备的要求较高，而且对能量消耗大，极大地增加了电池制备的成本。

9.4.3.3 气相辅助溶液法

溶液法制备的钙钛矿薄膜会出现针孔以及表面覆盖不全的问题；共蒸发法制备的薄膜质量好，但成本高。针对这种情况，Yang 研究组报道了一种气相辅助溶液法制备钙钛矿薄膜。首先通过溶液法将 PbI_2 旋涂在 FTO/TiO_2 基底上，然后在 150℃、N_2 气氛下将 CH_3NH_3I 蒸气沉积到 PbI_2 薄膜上，通过原位反应生长出钙钛矿薄膜。气相辅助溶液法制备的钙钛矿薄膜比溶液法制备的钙钛矿薄膜质量好，薄膜表面平整、覆盖度高、晶粒尺寸大；并且整个制备过程对真空无特殊要求，比共蒸发法经济。

9.5 钒电池电解液

9.5.1 钒电池简介

钒电池全称为全钒氧化还原液流电池（vanadium redox battery，缩写为 VRB)，是一种活性物质呈循环流动液态的氧化还原电池。

作为当前储能的首选技术之一，全钒液流电池储能系统安全性高，在常温常压下运行时，电池系统产生的热量能够通过电解质溶液有效排出，再通过热交换排至系统之外；而且电解质溶液为不燃烧、不爆炸的水溶液，系统运行安全性高。

钒电池是一种基于金属钒元素的氧化还原电池储能系统，非常适用于大型静态储能，未来将被广泛应用于太阳能、风能发电储能设备、电站储能调峰以及电动汽车等领域，或成为未来电池发展的重要方向。而为了减少风电、光伏发电对电网的冲击，每台发电装置需配备一款功率相当于其功率10%～50%，且储能需求高于风电装机容量的20%以上的储能蓄电池。

正因为全钒液流电池储能系统拥有诸多优势，全钒液流电池技术未来在储能行业具备无可估量的发展潜力，甚至有可能将改变未来的能源格局。全球最大规模的5MW/10MWh全钒液流电池储能系统，其背后是大连化物所与大连融科储能技术发展有限公司长达10余年的自主创新研发与合作。全钒液流电池及其原理如图9-11所示。

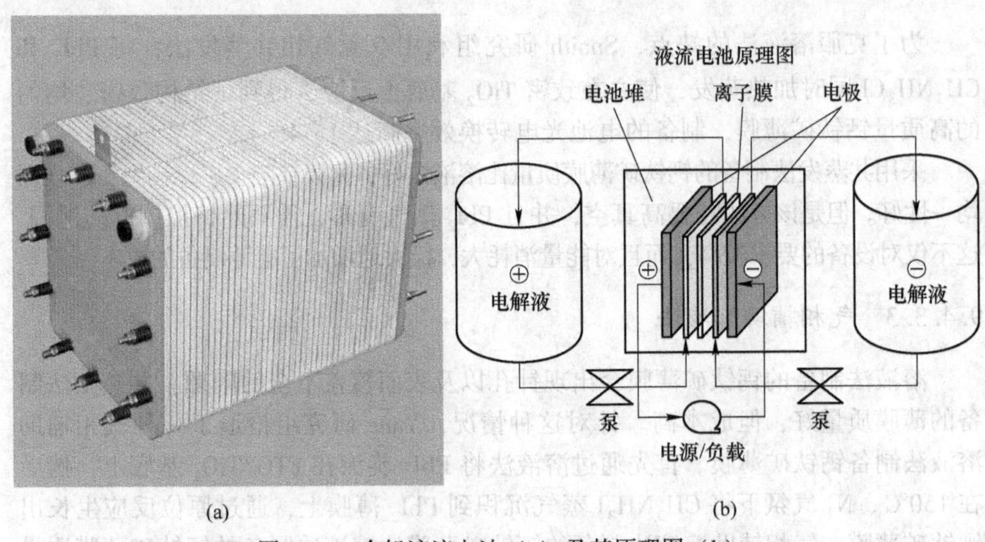

图9-11 全钒液流电池（a）及其原理图（b）

与其他化学电源相比，钒电池具有明显的优越性，主要优点9项，如下所述：

（1）功率大：通过增加单片电池的数量和电极面积，即可增加钒电池的功率，美国商业化示范运行的钒电池的功率已达6μW；

（2）容量大：通过任意增加电解液的体积，即可任意增加钒电池的电量，可达吉瓦时以上，通过提高电解液的浓度，即可成倍增加钒电池的电量；

（3）效率高：由于钒电池的电极催化活性高，且正、负极活性物质分别存储在正、负极电解液储槽中，避免了正、负极活性物质的自放电消耗，钒电池的充放电能量转换效率高达75%以上，远高于铅酸电池的45%；

（4）寿命长：由于钒电池的正、负极活性物质只分别存在于正、负极电解液中，充放电时无其他电池常有的物相变化，可深度放电而不损伤电池，电池使用寿命长，加拿大商业化示范运行时间最长的钒电池模块已正常运行超过9年，充放循环寿命超过18000次，远远高于固定型铅酸电池的1000次；

（5）响应速度快：钒电池堆里充满电解液可在瞬间启动，在运行过程中充放电状态切换只需要0.02s，响应速度1ms；

（6）可瞬间充电：通过更换电解液可实现钒电池瞬间充电；

（7）安全性高：钒电池无潜在的爆炸或着火危险，即使将正、负极电解液混合也无危险，只是电解液温度略有升高；

（8）成本低：除离子膜外，钒电池部件多为廉价的碳材料、工程塑料，材料来源丰富，易回收，不需要贵金属作电极催化剂，成本低；

（9）钒电池选址自由度大，可全自动封闭运行，无污染。

钒电池存在的技术问题主要有两个：第一，钒电池正极液中的五价钒在静置或温度高于45℃的情况下易析出五氧化二钒沉淀，析出的沉淀堵塞流道，包覆碳毡纤维，恶化电堆性能，直至电堆报废，而电堆在长时间运行过程中电解液温度很容易超过45℃；第二，石墨极板要被正极液刻蚀，如果用户操作得当，石墨板能使用两年，如果用户操作不当，一次充电就能让石墨板完全刻蚀，电堆只能报废。在正常使用情况下，每隔两个月就要由专业人士进行一次维护，这种高频次的维护费钱、费力。

从环保的角度来说，钒电池根本就不环保，配制电解液用到的原料、正极沉淀以及泄漏的正极液经风干后形成的薄层都有一样相同的东西。那就是五氧化二钒，它是一种有毒化学品。

钒电池涉及的关键材料有3种。主要由电解液、电极和隔膜三部分组成。其中，电解液是为钒电池提供正负极活性物质的核心材料，主要由正负极活性物质及支持电解质组成：

（1）钒电池电解液：电解液是将$VOSO_4$直接溶解于H_2SO_4中制得，但由于$VOSO_4$价格较高，人们开始把目光转向其他钒化合物V_2O_5、NH_4VO_3等。目前制备电解液的方法主要有两种：混合加热制备法和电解法。其中混合加热法适合于制取1mol/L电解液，电解法可制取3~5mol/L的电解液。

（2）钒电池隔膜：钒电池的隔膜必须抑制正负极电解液中不同价态的钒离子的交叉混合，而不阻碍氢离子通过隔膜传递电荷。这就要求选用具有良好导电性和较好选择透过性的离子交换膜，最好选用允许氢离子通过的阳离子交换膜。电池隔膜一般都以阳离子交换膜为主，也有用Nafion膜（Dupont）的，但后者价格较贵。对阳离子交换膜进行处理，提高亲水性、选择透过性和增长使用寿命，是提高钒电池效率的途径之一。全氟磺酸型离子交换膜是由杜邦公司率先研制成功的，并以Nafion为其商标，是目前性能最好的一种离子交换膜。

（3）钒电池电极材料：全钒液流电池要达到大容量的储能，必须实现若干个单电池的串联或者并联，这样除了端电极外，基本所有的电极都要求制成双极化电极。由于VO^{2+}的强氧化性及硫酸的强酸性，作为钒电池的电极材料必须具备耐强氧化和强酸性、电阻低、导电性能好、机械强度高，电化学活性好等特点。钒电池电极材料主要分为三类：金属类，如 Pb，Ti 等；炭素类，如石墨、碳布、碳毡等；复合材料类，如导电聚合物、高分子复合材料等。

9.5.2 钒电池电解液的制备方法

9.5.2.1 钒盐化学合成法

钒盐化学合成法是以 $VOSO_4$ 为原料，在适量的硫酸溶液中，然后经过预充电过程，得到 V（Ⅱ）和 V（Ⅴ）离子电解液。其间，通过加热或加入还原剂的方式将高价难溶钒化合物还原为低价易溶钒化合物，从而制得一定浓度的钒电解液。

为了降低钒电解液的制备成本，Skyllas-Kazacos 课题组放弃了直接使用 $VOSO_4$ 为原料制备，而改用廉价的 V_2O_5 或 NH_4VO_3 等钒化合物为原料制备，作了一些开创性的研究。他们详细研究了 V_2O_5、NH_4VO_3 等钒化合物的溶解过程，并向其硫酸溶液中通入 SO_2 或加入草酸等还原剂制备各种价态的钒电解液，该方法可以极大地降低钒电解液的制备成本。他们还通过控制 V_2O_3 和 V_2O_5 粉末的表面积和粒度，将 V_2O_3 和 V_2O_5 直接混合溶于硫酸中，利用它们之间的氧化还原反应制备了一定比例的 1~6mol/L 的 V（Ⅲ）/V（Ⅳ）混合电解液。该方法直接以 V_2O_3 为还原剂，避免了因使用其他类型还原剂而引入杂质。这种方法制备的电解液有望直接应用于钒电池。

彭声谦等从石煤中提取 V_2O_5，然后通过化学还原法利用 H_2SO_3 还原 V_2O_5 制备了 V（Ⅳ）电解液，使钒电解液的原料成本进一步降低。崔旭梅和陈孝娥等通过煅烧 V_2O_3 和 H_2SO_4 混合物再溶解的方法制得了 V（Ⅲ）和 V（Ⅳ）离子浓度之比正好为 1∶1 的电解液，极大地简化了后期操作，提高了制备电解液的效率。吴雄伟等以分析纯的 V_2O_5 为原料，利用 H_2O_2 还原的方法制备了 1.6~2.0mol/L 的钒电解液。该方法避免了使用有毒的原料，更加环保，但由于双氧水的还原性较弱，不能制备高浓度的钒电解液。

化学合成法制备钒电解液的方法简单、设备要求不高、速度快、可制备高浓度的钒电解液，缺点是操作较复杂、合成量少、制备周期长、加入的还原剂（V_2O_3 除外）不易除尽，难以提纯得到高纯度的钒电解液。在 Skyllas-Kazacos 课题组研究的基础上，人们通过不断地优化改进化学合成法制备钒电解液，取得了一些进展。但至今尚未报道最佳的、适合工业化的化学合成法。为了克服化学合成法生产规模小的主要缺点，人们开始采用电解法来持续且大规模地制备钒电解液。

9.5.2.2 钒氧化物化学还原法

钒氧化物化学还原法是以 V_2O_5 为原料，采用化学还原法制备钒电池电解液。化学还原法一般是先将 V_2O_5 粉末在浓 H_2SO_4 中活化溶解，然后再加入还原剂还原 V_2O_5 得到 V^{4+} 电解液。各种各样的还原剂用来还原 V_2O_5 制备钒电池电解液。杨亚东等采用化学还原法，以 V_2O_5 为原料，比较了草酸、抗坏血酸、酒石酸、柠檬酸、双氧水、甲酸、乙酸作为还原剂制备所得钒电池电解液的性能。结果发现草酸制得的电解液转化率及还原率较高，且其电化学活性明显优于其他还原剂，该反应在常温下能自发进行。且制备的电解液能够抑制析氧副反应的发生，具有良好的电极反应速率。

崔旭梅等以 V_2O_3 粉末和 V_2O_5 粉末为原料，在 H_2SO_4 溶液中，通过化学反应得到了用于钒电池的 V（Ⅲ）和 V（Ⅳ）各占一半的混合电解液。该制备方法具有操作简单、杂质含量少的特点，所得到的 V（Ⅲ）和 V（Ⅳ）各占一半的混合电解液可以当作初始电解液直接用于钒电池充放电循环，减少了使用 V（Ⅳ）电解液时的预充电过程。

9.5.2.3 电解法

电解法一般是以 V_2O_5 或偏钒酸盐（比如 NH_4VO_3）为原料，在有隔膜的电解池负极区加入含 V_2O_5 或偏钒酸盐的 H_2SO_4 溶液，正极区加入相同浓度的 H_2SO_4，在电解池两极加上适当的直流电，V_2O_5 或偏钒酸盐粉末与负极接触后在负极表面被还原，负极半电池发生的反应为：

$$V(V) + e \longrightarrow V(IV)$$

$$V(V) + 2e \longrightarrow V(III)$$

$$V(V) + 3e \longrightarrow V(II)$$

$$V(IV) + V(II) \longrightarrow V(III)$$

电解液中生成的 V（Ⅱ）和 V（Ⅲ）也可将 V_2O_5 或偏钒酸盐粉末还原而加速其溶解：

$$V(II) + 1/2V_2O_5 \longrightarrow V(III)/V(IV)$$

$$V(III) + 1/2V_2O_5 \longrightarrow V(IV)$$

也可以用 $VOSO_4$ 为原料电解制备电解液，但由于 $VOSO_4$ 价格昂贵，一般是结合化学合成法先把 V_2O_5 或偏钒酸盐原料还原为 $VOSO_4$，再进一步电解制备钒电解液。

Skyllas-Kazacos 课题组最早通过电解钒化合物的硫酸溶液制备了不同价态的钒电解液。他们评估了以 NH_4VO_3 为原料制备的电解液用于钒电池的可行性，然后电解 NH_4VO_3 硫酸溶液制备了 V（Ⅲ）和 V（Ⅳ）混合电解液，使原材料费用得到了进一步的降低。在此基础上，冯秀丽等用电解法制备了不同浓度的V（Ⅲ）/V（Ⅳ）电解液。

电解法能够持续制备大量高浓度的钒电解液，操作简单，易于工业化生产，但也存在速率慢、设备要求高、耗能高、成本高等缺点。总的来说，化学法与电解法各有优缺点，要根据具体情况择优选择。一般而言，化学法主要用于钒电池的实验室理论研究，而电解法则多用于钒电池的工业实际应用。

9.6 微波固相法制备 $Li_4Ti_5O_{12}$ 电池负极材料

9.6.1 锂离子电池的构成与优势

锂离子电池主要由五个部分组成，包括电池外壳、正极、负极、隔膜和电解液，如图 9-12 所示。

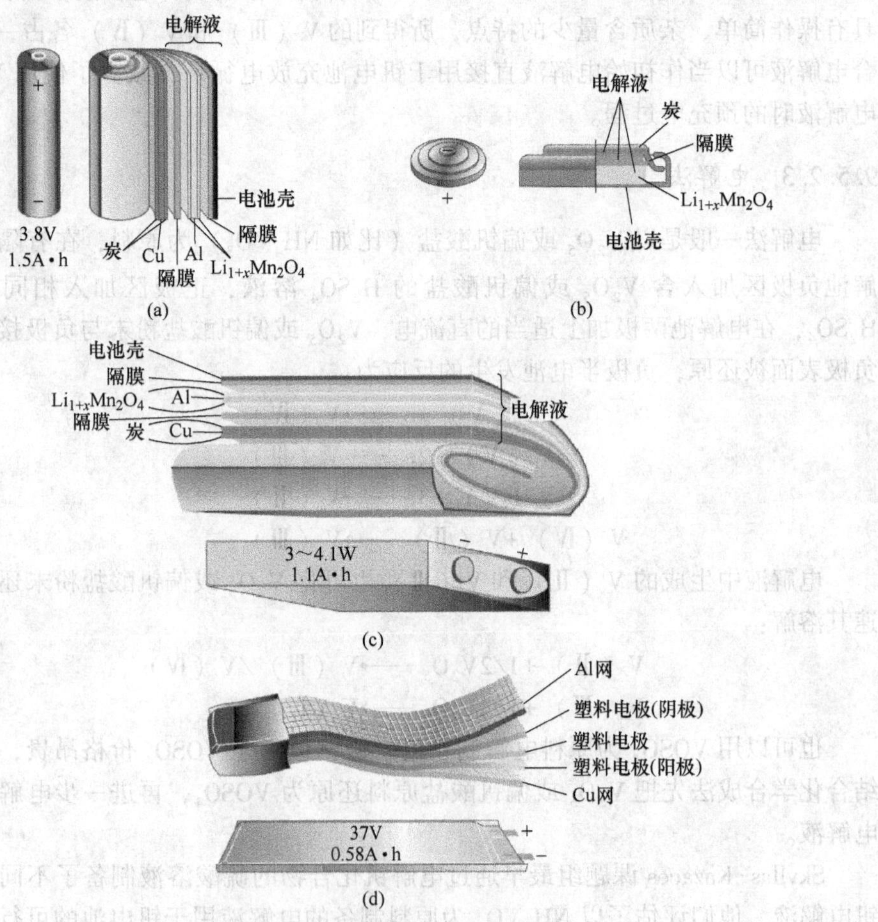

图 9-12 不同类型锂离子电池的结构示意图

（a）圆柱形电池；（b）纽扣电池；（c）棱柱形；（d）扁平形

9.6.1.1 电池外壳

电池外壳主要分为钢壳、铝壳、镀镍铁壳（圆柱电池使用）、铝塑膜（软包装）等类型。

9.6.1.2 正极材料

目前，锂离子电池正极材料主要包括层状结构的 $LiMO_2$（M：Co，Ni，Mn）、尖晶石结构的 $LiMn_2O_4$、三元材料 Li［Co，Ni，Mn］O_2 和橄榄石结构的 $LiMPO_4$（M：Fe，Co，Ni，Mn）。其中，$LiCoO_2$ 是已经商业化的电极材料，钴本身也是一种战略资源，这种材料的成本价格比较昂贵而且还存在安全隐患。与 $LiCoO_2$ 相比，层状结构的 Li[Co，Ni，Mn]O_2 三元复合材料中所用 Co 的含量减少，进而减少了材料对环境的污染并降低了其成本，此外，该材料具有放电电压高、倍率性能好、安全性能好和生产成本低等优点，因此，在锂离子动力电池领域具有较好的应用前景。$LiFePO_4$ 是目前研究最多的橄榄石结构的正极材料，它具有环境友好、价格低廉、循环稳定性好和安全性好等优点，但是其低导电率和缓慢的锂离子扩散速率制约了其实际应用。

9.6.1.3 电解液

目前锂离子电池主要采用的是液体电解质，它是一种离子导电体和电子绝缘体，主要作用是传递锂离子。对电池的能量密度、工作温度范围、循环性能及安全性能均有着非常重要的影响。电解液由锂盐和溶剂组成，常用的锂盐有 $LiPF_6$、$LiClO_4$、$LiBF_6$ 和 $LiCF_3SO_3$ 等，商业上的溶剂主要以碳酸酯类为主，包括碳酸乙烯酯（EC）、碳酸丙烯酯（PC）、碳酸二甲酯（DMC）和氯碳酸酯（CIMC）等。

9.6.1.4 隔膜

锂离子电池所用隔膜是一种经特殊成形的高分子薄膜，薄膜有微孔结构，它可以让锂离子在正负极之间快速传输，但是可以阻止电子的通过，从而避免电池发生短路。隔膜的性能与其孔隙率、孔径大小、孔径分布、透气性、热稳定性和力学性能有关。常用的隔膜为美国 Celgard 公司生产的有机高分子膜。

9.6.1.5 负极材料

锂离子电池负极材料的性能对整个电池起着关键性的作用。已经商业化的锂离子电池是以碳基材料（典型的是石墨）作为其负极材料，这种负极材料主要的优点在于成本低、资源丰富和优良的动力学。然而，体积膨胀粉化和安全问题极大地限制了其在大型动力电池上的应用。因此，研究和开发新的下一代负极材料显得尤为重要。

相对于传统的 Ni-Cd、Ni-MH 二次电池来说，锂离子电池具有非常显著的优势，主要表现在以下几个方面：

(1) 工作电压高。通常，单体锂离子电池的电压为 3.6V，大约是 Ni-Cd、Ni-MH 电池的 3 倍。

(2) 能量密度大。锂离子电池具有容量大、质量轻和体积小等特点，因此，锂离子电池具有较高的质量比能量和体积比能量，几乎是 Ni-Cd、Ni-MH 电池的 2~4 倍。对于笔记本电脑、照相机和手机等便携式电子设备的轻量化和小型化有着非常重大的意义。

(3) 使用寿命长，安全性能好。采用碳负极，可以有效地减少锂在负极表面的沉积，有效地避免电池因为锂枝晶发生短路而损坏。在充放电过程中，锂离子的脱出和嵌入具有很好的可逆性，在很大程度上延长了使用寿命。另外，锂离子电池具有抗短路、抗过充过放和抗冲击等特点，因此，锂离子电池的安全性能得到了很好的保证。

(4) 无环境污染，无记忆效应。锂离子电池材料中不含镉、铅、汞等有害物质，是一种清洁的“绿色”化学能源。可以随时充放电，而不用像 Ni-Cd 等电池必须完全放电之后才可以充电，否则电池的容量就会损失。

(5) 自放电率低。在锂离子电池首次放电过程中，在碳材料表面形成固体电解质钝化膜（SEI 膜），这种膜可以允许离子自由的通过，不允许电子通过，可以有效防止自放电的发生。

(6) 工作温度范围宽。锂离子电池具有非常好的高低温放电性能，可以在 -20~55℃范围内工作。

当然，锂离子电池也存在一些不足之处：

(1) 成本高。目前商业化锂离子电池常用的正极材料为 $LiCoO_2$，其价格比较昂贵，其中锂资源的匮乏是其中一个重要原因。

(2) 安全问题需进一步解决。过充放电保护在锂离子电池过充或滥用的情况下也可能发生安全性的问题，因此，必须用集成电路来保护锂离子电池的安全性，这种方法虽然有效，但是，在很大程度上增大了电池的体积和成本。

同其优点相比，锂离子电池的这些缺点丝毫不会影响其实际应用，特别是在高科技和高附加值的产品中。相信随着新型电极材料的开发，科学技术的不断发展，生产工艺的不断完善，这些缺点都将逐步得以弥补和克服，从而使锂离子电池在更广泛的领域得到应用。锂离子电池与镍镉电池、镍氢电池主要的性能对比见表 9-2。

表 9-2 二次电池的特性对比

项 目	镍镉电池	镍氢电池	锂离子电池
工作电压/V	1.2	1.2	3.6
质量比能量/W·h·kg^{-1}	50	65	100~140
体积比能量/W·h·L^{-1}	150	200	250~300
循环寿命/次	300~600	300~700	500~1000
自放电率/%·$月^{-1}$	25~30	30~50	6~9
电池容量	低	中	高
高温性能	一般	差	优
低温性能	优	优	较差
使用温度范围/℃	-20~65	-20~50	-20~50
优点	高功率、快充放电、成本低	高功率、高比能、污染小	高电压、高比能、自放电小、污染小、无记忆效应
缺点	有记忆效应、Cd 有污染、自放电率大	成本高，有记忆效应、自放电率大	成本高

目前，锂离子电池负极材料主要包括：碳基材料、合金类材料、金属氧化物系列等。钛基氧化物是一类嵌入式反应机制的金属氧化物，包括有 TiO_2 和 $Li_4Ti_5O_{12}$ 等。主要特点是：锂离子可以在金属氧化物结构中可逆地嵌入或者脱出，而不会引起结构有太大的变化。所以这类材料被认为是当前最具有实际应用前景的下一代锂电池负极材料。

9.6.2 $Li_4Ti_5O_{12}$ 负极材料的性能

$Li_4Ti_5O_{12}$ 是一种白色晶体，在空气中可以稳定存在，其理论比容量为 175mA·h/g，具有良好的锂离子脱嵌可逆性，在循环过程中材料的结构变化很小，工作电压在 3.0~1.0V 之间，可以有效避免金属锂树枝晶的产生，从而确保了电池在使用过程中的安全性。

$Li_4Ti_5O_{12}$ 具有尖晶石结构，为面心立方（空间群 Fd3m），一部分锂离子位于四面体 8a 位置，其余的锂离子和钛位于八面体 16d 位置，而 O^{2-} 离子构成 FCC 点阵，位于 32e 位置。所以 $Li_4Ti_5O_{12}$ 也可以表示为 $[Li]_{8a}[Li_{1/3}Ti_{5/3}]_{16d}[O_4]_{32e}$。在放电过程中，外来的 Li 离子嵌入到 $Li_4Ti_5O_{12}$ 的晶格中，这时嵌入的锂和四面体 8a 位置的锂经过迁移占据了 16c 位置，形成岩盐结构的 $[Li_2]_{16c}[Li_{1/3}Ti_{5/3}]_{16d}[O_4]_{32e}$。也就是说在嵌锂的过程中 $Li_4Ti_5O_{12}$ 变为 $Li_7Ti_5O_{12}$。这一结构的转变过程其晶胞参数只是从 0.83595nm 变化到 0.83538nm，体积变化只有 0.2%，对于材料的结构几乎没有影响，因此 $Li_4Ti_5O_{12}$ 也被称为“零应变”材料。除此之外，$Li_4Ti_5O_{12}$ 的电压平台比较高，大约为 1.5V（vs. Li/Li^+），可以有效地避免形成锂枝晶而引起电池短路，从而有利于电池的安全性操作。另外，$Li_4Ti_5O_{12}$ 具有成本低和环境友好等特性，是公认的最具有应用前景的负极材料。

由于 $Li_4Ti_5O_{12}$ 空 Ti3d 态的频带能量为 2eV，所以 $Li_4Ti_5O_{12}$ 材料具有绝缘性，从而严重地阻碍了其高倍率性能。$Li_4Ti_5O_{12}$ 的锂离子嵌入反应包含以下三个过程：（1）溶解的锂离子从电解质溶液中扩散出来；（2）在 $Li_4Ti_5O_{12}$ 和电解液的界面发生电荷转移反应；（3）锂离子扩散到块状 $Li_4Ti_5O_{12}$ 中。一般来说，有两种典型的方法来提高倍率性能：一种方法设计纳米级的 $Li_4Ti_5O_{12}$ 材料，以减小锂离子在固相中的扩散距离，另一种是通过表面改性或离子掺杂来增强离子扩散和电子传导率，从而加快电荷转移反应。

首先，设计和制备纳米化 $Li_4Ti_5O_{12}$ 材料，作为提高其电化学性能的重要方法，得到了广泛的研究。Xia 等采用 LiCl 作为熔盐，TiO_2 和 Li_2CO_3 作为反应物，成功地制备出高结晶性的纳米 $Li_4Ti_5O_{12}$ 材料，颗粒尺寸范围比较窄，大约 100nm 左右。对影响因素的研究结果表明，熔盐数量和退火时间是影响 $Li_4Ti_5O_{12}$ 颗粒尺寸的两个重要因素。Xia 等成功地制备出片状的多孔结构的 $Li_4Ti_5O_{12}$ 纳米晶体。在这种晶体里，相互连通的多孔网络由尺寸在 20～50nm 范围内的晶粒堆积而成。纳米粒子提供了较短的锂离子扩散路径，多孔结构有利于电解液的渗透。因此，电极具有非常优秀的倍率性能，在 10C 和 100C 的电流密度下，还可以保持 140mA · h/g 和 70mA · h/g 的比容量。

为了克服 $Li_4Ti_5O_{12}$ 材料电子导电性低的缺陷，采用碳表面包覆或者改性离子掺杂也是一种有效的方法。2007 年，Xia 等首次采用化学气相沉积法引入碳涂层，可以使得活性 $Li_4Ti_5O_{12}$ 粒子能够被均匀而连续分布的碳纤维层所覆盖。王等以聚苯胺（PANI）包覆的 TiO_2 和 CH_3COOLi 为前躯体，制备了碳包覆的 $Li_4Ti_5O_{12}$ 纳米颗粒，其颗粒尺寸为 50～70nm，表面由导电 Ti（Ⅲ）和碳双层修饰，表现出很好的电化学性能。邓等人以四种常用的有机化合物或聚合物作为碳源，如聚丙烯酸酯（PAA）、柠檬酸（CA）、马来酸（MA）和聚乙烯醇（PVA），采用一步固相反应法制备出 $Li_4Ti_5O_{12}/C$ 复合材料。这种 $Li_4Ti_5O_{12}/C$ 复合材料在 0.2C 下的最高放电比容量为 168.6mA · h/g，10C 时的放电比容量为 132.7mA · h/g。

离子的掺杂可以部分进入 $Li_4Ti_5O_{12}$ 基体的晶格结构中，预见掺杂会对 $Li_4Ti_5O_{12}$ 的形貌和颗粒尺寸有影响。例如，Zr^{4+} 的掺杂可以将颗粒尺寸减小到 100nm 以下，有效地减缓颗粒的团聚，提高材料的倍率性能。最佳的组分为 $Li_4Ti_{4.9}Zr_{0.1}O_{12}$，在 5C 和 10C 下，放电比容量分别为 143mA · h/g 和 132mA · h/g。Capsoni 等对 Cr 和 Ni 掺杂 $Li_4Ti_5O_{12}$ 进行了深入的研究，阐述了阳离子掺杂存在的相关问题。其中 Cr^{3+} 插入到 $Li_4Ti_5O_{12}$ 基体八面体的 16d 位，晶格参数从

0.83573nm降到0.83548nm，掺杂的Cr在结构中的不均匀分布会导致轴向扭曲。因此，Cr的取代在很大程度上会影响尖晶石立方结构，与Ni掺杂有很大的区别。考虑到导电性的问题，相对于未掺杂的样品来说，只有Cr掺杂会提高电导率，而Ni则不会。因为部分Ni3d键使得电子不容易被激发。

9.6.3 $Li_4Ti_5O_{12}$纳米晶的制备及电化学性能

由于反应分子间微波域的相互作用，所以微波辐射法可以提供更快的固相反应。尤其是目前的微波系统，有利于实现对反应时间和连续升温过程中温度的精确控制，因此，这种方法有利于实现反应条件的高效优化和大规模的连续高效生产。胡先罗等采用微波水热密闭体系，利用微波辐射和水热效应，制备出尺寸可调、形貌可控的胶体$\alpha-Fe_2O_3$和ZnO纳米晶。可以说微波辐射法的独特之处在于它可以提供一个均匀的反应环境，为大规模快速生产高质量的纳米材料提供可能。相对于采用传统加热方式的固相法来说，微波辐射法具有很大的优势和实际应用价值。目前，有研究者采用家用型微波炉，通过固相反应制备$Li_4Ti_5O_{12}$，或者采用液相微波密闭体系制备纳米结构$Li_4Ti_5O_{12}$。然而，以经济实用的商业化TiO_2为原料，采用微波辐射法控制合成高质量$Li_4Ti_5O_{12}$纳米晶仍然是一个很大的挑战。

华中科技大学乔芸等采用快速微波诱导固相法成功地制备出$Li_4Ti_5O_{12}$纳米晶。微波辐射的时间和温度可以通过程序进行准确控制。微波的功率可以根据所设置参数自动调节，反应温度可以通过自动的温控系统进行连续地监测和调节。因此，采用这种方法所制备出来的$Li_4Ti_5O_{12}$纳米晶具有很好的电化学性能，其倍率性能和可逆容量均得到了很大的提高，经过500次充放电循环之后，材料的容量还能保持在160mA·h/g左右。更重要的是，采用微波固相法制备出的这种$Li_4Ti_5O_{12}$纳米晶在常压下只需要半个小时的反应时间，且不需要采用任何模版、催化剂或者有机表面活性剂。因此，这种方法为$Li_4Ti_5O_{12}$纳米材料的大规模生产应用提供了很好的参考意义。

由于锂在高温下会挥发，为了弥补锂的挥发，根据$Li_4Ti_5O_{12}$化学式中Li/Ti的化学计量比，调节锂和钛的配比为4.2∶5。制备方法如下：称取原料Li_2CO_3和TiO_2（商业化的P25），加入到玛瑙球磨罐中，以丙酮为分散剂，其加入量以刚好淹没材料为准。将装有原料的玛瑙罐固定在行星式球磨机上，设定转速为180r/min，球磨12h。球磨结束以后，将混合均匀的浆料放到60℃烘箱中烘干，收集前驱体粉末备用。将制备的前驱体粉末分为两部分。一部分采用固相微波系统（HSMiLab-M/As，SYNOTHERM）在600℃、700℃、800℃、900℃下处理30min，处理以后的样品分别标记为LT-M6(600℃)、LT-M7(700℃)、LT-M6(800℃)、LT-M9(900℃)。处理步骤如下：将原料放到氧化铝坩埚中（30mm×

50mm×40mm)，然后将坩埚放入到铺满 SiC 片的匣钵中（150mm×180mm×160mm）。SiC 片是一种热源接收器，因为它具有非常良好的吸波性能。然后将匣钵放入微波反应系统进行热处理。内部反应系统的结构如图 9-13 所示，主要由匣钵，SiC 片和坩埚所组成。为了与传统的固相法进行对比，将另外一部分前驱体粉末放置于刚玉坩埚中，采用传统的马弗炉在 800℃条件下热处理 12h，所得样品标记为 LT-S8。

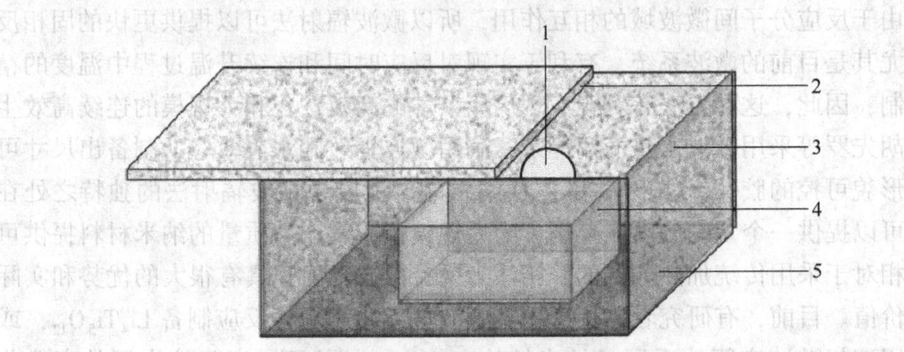

图 9-13 微波反应装置示意图

1—红外温度传感器接口；2—匣钵盖子；3—匣钵；4—坩埚；5—SiC 片

采用 XRD 手段对 $Li_4Ti_5O_{12}$ 纳米晶进行结构分析，通过 Raman 光谱对样品的晶相和结构进一步分析，通过 SEM 观察分析 $Li_4Ti_5O_{12}$ 纳米晶的形貌，采用 TEM 和 HRTEM 进一步分析和研究微波固相法所制备样品 LT-M8 的微观结构。采用 2032 型纽扣电池来评估材料的电化学性能，对比考察分析不同的热处理方式对最终得到的 $Li_4Ti_5O_{12}$ 纳米材料电化学性能的影响。

综上，采用快速微波固相法成功地制备了高质量的尖晶石 $Li_4Ti_5O_{12}$ 纳米晶，其颗粒尺寸范围分布比较窄（100~350nm），平均颗粒尺寸为 180nm。为了对比这种新的制备方法在合成锂电池负极材料 $Li_4Ti_5O_{12}$ 纳米材料中的优势，实验也采用了传统的固相法合成了 $Li_4Ti_5O_{12}$ 纳米材料。研究结果表明，采用微波固相法所合成的 $Li_4Ti_5O_{12}$ 纳米材料具有较小的颗粒尺寸，较窄的颗粒尺寸分布，具有非常好的电化学储锂性能，在长期充放电循环条件下仍具有很好的循环性能，同时，样品也具有非常好的倍率性能，在高倍率充放电条件下，样品也具有很好的比容量。在 1C 下充放电循环 500 圈后，仍然可以保持高达约 160mA · h/g 的比容量。微波固相法具有环境友好和价格低廉等优点，采用这种方法可以快速制备 $Li_4Ti_5O_{12}$ 纳米晶，具有非常好的应用前景，同时也可以将这种方法扩展到制备其他的高性能锂离子电池材料中。

10 SCR 脱硝催化剂

10.1 脱硝催化剂概述

纳米催化剂载体的本质是纳米材料，又称脱硝催化剂二氧化钛载体，是化工催化用纳米材料的一种，是根据二氧化钛粒径尺寸大小来定义的，从尺寸大小来说，通常产生物理化学性质显著变化的细小微粒的尺寸在100nm以下，其外观为白色疏松粉末，具有抗紫外线、抗菌、自洁净、抗老化功效，纳米二氧化钛的可应用领域特别广泛，比如纳米二氧化钛可用于化妆品、功能纤维、塑料、油墨、涂料、油漆、精细陶瓷等领域，还可用于污水处理、空气净化等产品中，锐钛型纳米二氧化钛因比表面积大，在光催化、太阳能电池、环境净化、催化剂载体、锂电池以及气体传感器等方面得到广泛的应用。除此之外，纳米二氧化钛还可广泛应用于军事领域。

纳米二氧化钛主要有两种结晶形态：锐钛型（Anatase）和金红石型（Rutile）。金红石型二氧化钛比锐钛型二氧化钛稳定而致密，有较高的硬度、密度、介电常数及折射率，其遮盖力和着色力也较高。而锐钛型二氧化钛在可见光短波部分的反射率比金红石型二氧化钛高，带蓝色色调，并且对紫外线的吸收能力比金红石型低，光催化活性比金红石型高。在固定条件下，锐钛型二氧化钛可转化为金红石型二氧化钛。

纳米二氧化钛应用领域：纳米 TiO_2 具有十分宝贵的光学性质，在汽车工业及诸多领域都显示出美好的发展前景。纳米 TiO_2 还具有很高的化学稳定性、热稳定性、无毒性、超亲水性、非迁移性，且完全可以与食品接触，所以被广泛应用于抗紫外材料、催化剂载体、纺织、光催化触媒、自洁玻璃、防晒霜、涂料、油墨、食品包装材料、造纸工业、航天工业、锂电池。

纳米二氧化钛产品性能：锐钛型纳米二氧化钛外观为白色疏松粉末。具有很好的光催化效果，能分解在空气中的有害气体和部分无机化合物，并抑制细菌生长和病毒的活性，实现空气净化、杀菌、除臭、防霉。纳米二氧化钛具有抗菌，自洁净化净化功效，还可以大幅提高产品黏结力。无毒无害，与其他原料有极好的相容性。粒径均匀，比表面积大，分散性好。纳米材料具有很强的光催化和优异的透明性，广泛应用于光触媒及空气产品。

纳米二氧化钛载体粉是脱硝催化剂的主要成分，呈锐钛型，分子式 TiO_2，占催化剂重量的 80%~90%，随着脱硝催化剂需求的快速增长，纳米 TiO_2 的市场需求也会快速增加。SCR 脱硝催化剂中，TiO_2 成本占比 40%~50%，主要活性成分五氧化二钒，另外有助催化剂氧化钨或者氧化钼等。

纳米二氧化钛载体是 SCR 脱硝催化剂的载体材料，主要适用于产生氮氧化物及二噁英的燃煤、燃油、垃圾焚烧电厂和化工、炼油、炼焦、玻璃制造厂烟气治理以及汽车、轮船尾气处理所需脱硝催化剂的制造。

现阶段对氮氧化合物的污染控制技术中主要分为两类：炉内控制技术和炉外氮氧化合物控制技术。由于炉内燃烧控制技术最多可提供 50%~60%的脱硝率，不能满足日益严格的氮氧化合物排放标准，因此，目前国内外火电厂大都采用炉外燃烧后控制技术，其主流技术采用选择性催化还原法（SCR）。选择性催化还原法（SCR）是脱硝效率最高，最为成熟的脱硝技术，是目前国内外电站脱硝的主流技术。SCR 技术是在催化剂的作用下，以 NH_3、尿素作为还原剂选择性的与氮氧化合物反应生成氮气和水，而不是被氧所氧化。

SCR 系统中重要组成部分是催化剂，当前流行的成熟催化剂有蜂窝式和平板式。蜂窝式催化剂一般是把载体和活性成分混合物整体挤压成形。其特点是比面积大，相同参数情况下，催化剂体积小，重量轻，适用范围广，内外介质均匀，市场占有率高。平板式催化剂一般是以不锈钢金属网格为基材负载上含有活性成分的载体压制而成。其特点是比面积小，相同参数情况下，催化剂体积较大，防堵灰能力较强，生产周期快，主要问题是上下两个催化剂篮子之间的缝隙容易积灰，而且不容易清除，切割后裸露的金属网容易发生腐蚀现象。由于板式催化剂为非均质催化剂，其表面遭到灰分等的破坏磨损后就不能维持原有的催化性能，催化剂再生几乎不可能。SCR 脱硝催化剂载体及其脱硝原理如图 10-1 所示。

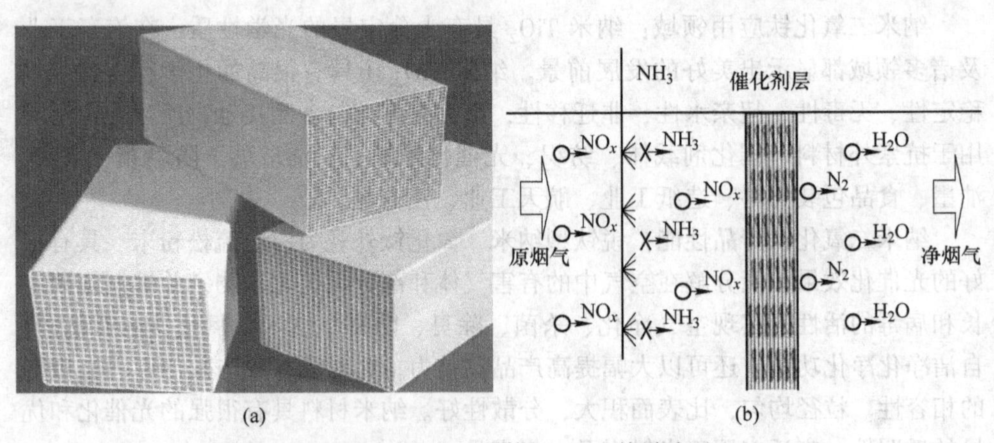

图 10-1 SCR 脱硝催化剂载体（a）及其脱硝原理（b）

国内外目前广泛使用的SCR催化剂主要是V/W/Ti类催化剂，在失效催化剂中会含有钒等重金属污染，其剧毒废弃催化剂的处理已成为亟待解决的问题。

SCR系统中最关键的部件是催化剂，其成本通常占脱硝装置总投资的30%~50%。该催化剂以TiO_2为载体，负载有效催化成分V_2O_5-WO_3（MoO_3）等金属氧化物，其中TiO_2粉体占催化剂干基重量的80%以上，是主要的SCR催化剂生产原料。

按照加工成形与物理外观划分，SCR脱硝催化剂主要分为蜂窝式、板式及波纹式3种。其中，蜂窝式市场占比最高，它是以Ti-W-V为主要活性材料，与TiO_2（纳米级）等载体物料充分混合，经模具挤压成形后煅烧而成，具有单位体积催化剂活性高、达到相同脱硝效率所用的催化剂体积较小的特点。

10.2　纳米二氧化钛载体的成分

脱硝纳米TiO_2的核心技术是特殊的材料配方、反应过程的设置和控制，以及独特的生产工艺。因此，纳米二氧化钛载体项目拥有较高的技术壁垒，国内企业普遍采取的技术方案是以钛白厂家的偏钛酸为原料，以类似纳米钛白的生产为工艺。

偏钛酸原材料前处理简单，减少了设备，降低了成本，除硫的方式与其他厂家不同，该方案的技术除硫方式可以将性能提高5%~10%，同时降低了对设备的要求，针对部分厂家要求的加硅的产品，该方案的技术可采用很低廉硅原料，而其他厂家一般加有机硅，成本高。部分厂家要求的加Ba的产品，该方案技术可采用更为简单的添加方式且原材料更环保。

纳米二氧化钛载体产品的生产首先是从传统的水解法制备钛白粉的中间产品——偏钛酸开始，污染少。钛白粉制备过程中，主要的污染来自于从钛铁矿到偏钛酸的中间各个流程，而该技术从偏钛酸开始制备纳米级TiO_2，无固体废物污染，仅少量含量很低的酸性废水，可用液碱中和合格，在焙烧的流程有少量粉尘污染，通过除尘设备，可将污染降到最低。

采用硫酸法制得的偏钛酸为原料，通过洗涤、处理、煅烧工艺，就制得该纳米二氧化钛载体。工艺流程简单，添加剂少，降低了成本，更提高了纳米二氧化钛载体的性能（用本工艺生产的纳米二氧化钛载体制得的脱硝催化剂的脱硝性能提高，二氧化硫氧化率降低）。

国内典型的脱硝催化剂用纳米二氧化钛载体产品的技术参数如表10-1所示。SCR脱硝催化剂的载体材料，主要适用于产生氮氧化物及二噁英的燃煤、燃油、垃圾焚烧电厂和化工、炼油、炼焦、玻璃制造厂烟气治理以及汽车、轮船尾气处理所需脱硝催化剂的制造。优点是比表面积大、催化活性高、化学性质稳定、耐硫好、使用寿命长。

表 10-1 纳米二氧化钛载体主要技术参数

项 目	单位	规格（01）	规格（02）
BET 法比表面积	m^2/g	90±10	90±10
TiO_2 粒径	nm	10~25	10~25
团聚体粒径 D_{50}	μm	0.8~1.2	0.8~1.2
金红石含量	%	≤0.5	≤0.5
pH 值（10%水悬浮液）		1.2~3.0	1.2~3.0
灼烧失重	%	≤5.0	≤5.0
TiO_2	%	≥90	≥90
SO_4^{2-}	%	1.5~3.5	≤1.5
P_2O_5	ppm	≤4000	≤4000
Fe	ppm	≤70	≤70
K_2O	ppm	≤100	≤100
Na_2O	ppm	≤100	≤100
水分	%	≤3	≤3

10.3 纳米催化剂载体的制备原理

纳米催化剂载体实际上就是纳米级 TiO_2 材料，或称脱硝催化二氧化钛载体。工业上多用硫酸法钛白生产过程中中间产品——偏钛酸为原料，采用不同的技术制备而成。目前，制备纳米 TiO_2 的方法很多，基本上可归纳为物理法和化学法。物理法又称为机械粉碎法，对粉碎设备要求很高；化学法又可分为气相法、液相法和固相法。

液相法是选择可溶于水或有机溶剂的金属盐类，使其溶解，并以离子或分子状态混合均匀，再选择一种合适的沉淀剂或采用蒸法、结晶、升华、水解等过程，将金属离子均匀沉积或结晶出来，再经脱水或热分解制得粉体。它又可分为胶溶法、溶胶-凝胶法和沉积法。其中，沉积法又可分为直接沉积法和均匀沉积法。

胶溶法：以硫酸氧钛为原料，加酸使其形成溶胶，经表面活性剂处理，得到浆状胶粒，热处理得到纳米 TiO_2 粒子。

溶胶-凝胶法（简称 S-G 法）：是以有机或无机盐为原料，在有机介质中进行水解、缩聚反应，使溶液经溶胶-凝胶化过程得到凝胶，凝胶经加热（或冷冻）干燥、煅烧得到产品。该法得到的粉末均匀，分散性好，纯度高，煅烧温度低，反应易控制，副反应少，工艺操作简单，但原料成本较高。

煅烧是水合二氧化钛转变成纳米二氧化钛的过程，这一步操作过程的要求是:（1）通过脱水脱硫使物料达到中性;（2）最好使希望的晶型得到100%的转化;（3）粒子成长大小均匀整齐，对颜料级钛白粉要求在0.2~0.3μm之间，纳米钛白则要求在几十纳米之间;（4）粒子的形状最好近似球型;（5）要求煅烧后生成的二氧化钛没有晶格缺陷，物理化学性质稳定。

水合二氧化钛的煅烧是一个强烈的吸热反应，工业上一般在回转窑内进行，采用直接内加热，其化学反应式如下:

$$TiO_2 \cdot xSO_3 \cdot yH_2O \xrightarrow{\triangle} TiO_2 + xSO_3 \uparrow + yH_2O \uparrow$$

但是水合二氧化钛的煅烧绝非是上述反应中的加热脱水和脱硫的过程，它还涉及 TiO_2 粒子的成长、聚集和晶型转化等过程，因此随着煅烧温度的提高，二氧化钛的各种物性也随之发生变化。

一般水合二氧化钛在150~300℃之间是脱去游离水和结晶水的过程，650℃左右为脱硫过程，700~950℃期间开始锐钛型向金红石型转化，在碱金属催化剂(盐处理剂）的存在下，转化温度可降低，转化速率可加快。

在煅烧过程中二氧化钛的相对密度，随着晶型结构的改变而变化，从600℃的3.92（锐钛型）到1000~1200℃金红石型的4.25，加入促进剂后金红石型的转化温度可降低至850~900℃。

在煅烧过程中二氧化钛的粒径也不断发生变化，水合二氧化钛通常是0.6~0.7μm的微晶胶体的聚集体，它们是由3~10μm的微晶组成，在煅烧时不断增大，至750℃时这些微晶体一般都长大到0.2~0.4μm，同时粒子的表面积减少到1/20~1/10，在转化成一定晶型后这些颜料粒子的大小基本上不发生太大的变化，但是继续升高温度长时间的煅烧，粒子会进一步聚集在一起成为大颗粒。

要生成纳米二氧化钛，必须要严格控制粒子的大小，也就需要控制各种煅烧参数，并加入合适的添加剂。

沉淀法：工业上通常采用偏钛酸为原料，加入硫酸进行沉淀的方法生产纳米 TiO_2。以 H_2TiO_3 为原料制备纳米 TiO_2 的主要技术有直接沉淀法和均匀沉淀法。

(1）直接沉淀法，又称液相水解法或液相中和法，将 H_2TiO_3 加入硫酸形成 $TiOSO_4$ 水溶液，再加碱中和水解，生成 $TiO(OH)_2$ 白色沉淀，经分离、煅烧后生成纳米 TiO_2。其主要反应式为:

$$H_2TiO_3 + H_2SO_4 \xlongequal{} TiOSO_4 + 2H_2O$$

$$TiOSO_4 + 2OH^- \xlongequal{} TiO(OH)_2 + SO_4^{2-}$$

$$TiO(OH)_2 \xlongequal{} TiO_2 + H_2O$$

将 H_2TiO_3 加入碱液中，反应生成正钛酸钠，正钛酸钠与水反应，水解生成正钛酸和氢氧化钠，其反应式如下:

$$H_2TiO_3 + 4NaOH \xlongequal{} Na_4TiO_4 + 3H_2O$$

$$Na_4TiO + 4H_2O \xlongequal{} H_2TiO_4 + 4NaOH$$

某典型参数的方法为：正钛酸用二次去离子水反复漂洗后，溶于浓硫酸中，生成 $TiOSO_4$，然后将含有 0.2%氧化锌、0.2%氧化镁等多种金属氧化物的晶型转化剂作为晶种，保持温度在 70～100℃下水解 3h。水解后生成的纳米 TiO_2 溶液用氢氧化钾（pH=12）凝聚，凝聚后的凝胶用去离子水洗净 SO_4^{2-}，再用盐酸胶溶，在氯离子的作用下，使纳米 TiO_2 的晶型转换更加完全。胶体溶液在 110℃下加热熟化，浆状纳米 TiO_2 前驱体经煅烧，使其脱水、脱硫，形成纳米 TiO_2。

该法操作简单易行，产品成本较低，对设备、技术要求不太苛刻，但沉淀洗涤困难，产品中易引入杂质，而且粒子分布较宽。

(2) 均匀沉淀法的原理是 H_2TiO_3 与硫酸反应生成 $TiOSO_4$ 溶液，再加碱中和水解生成水合二氧化钛 $TiO(OH)_2$。为了克服沉淀过程的不平衡，控制溶液中的沉淀剂浓度，使之缓慢地增加，一般选用尿素作为沉淀生成剂。反应过程中，随温度逐渐升高，尿素会发生分解，缓慢生成沉淀剂 NH_4OH，通过对反应加热温度和尿素浓度的控制，使尿素分解速度降得很低，均匀地释放构晶离子，通过控制构晶离子的过饱和度，较好地控制了粒子的成核与生长，得到粒度可控、分布均匀的纳米 TiO_2 粉体。相关化学反应方程式为：

反应液的制备： $H_2TiO_3+H_2SO_4 = TiOSO_4+2H_2O$

尿素的分解： $(NH_2)_2CO+3H_2O = 2NH_4OH+CO_2\uparrow$

沉淀的生成： $TiOSO_4+2NH_4OH = TiO(OH)_2\downarrow+(NH_4)_2SO_4$

煅烧处理： $TiO(OH)_2 = TiO_2+H_2O\uparrow$

纳米 TiO_2 粉体的晶粒大小和水解反应的水解率，主要决定于与尿素的水解生成构晶离子的速率，而该速率又与反应物浓度、反应液的初始酸度、反应温度等因素有关。

均匀沉淀法得到的产品颗粒均匀、致密，便于过滤洗涤，是目前工业化看好的一种方法。

工业生产方法通常为：将 H_2TiO_3 加入硫酸溶解为 $TiOSO_4$，在搅拌下加入氨水，进行中和至 pH=2～3，有效酸含量为 18～21g/L，中和温度需大于 70℃，在这样的反应条件下，缓慢生成蓝色的氢氧化亚钛沉淀，使整个浆料呈蓝色，经中和、水解生成纳米 TiO_2 的前驱体。前驱体在搅拌状态下进行胶溶和加热熟化，温度保持在 80℃左右，保温 20～30min，使胶粒微晶化，生成具有一定电荷的 TiO^{2+} 和 Ti^{4+}，吸附在前驱体表面，使其带有正电荷而不溶于稀酸，并提高其活性。

工艺条件是影响产品质量的关键因素，某典型的工艺条件为：反应温度小于 125℃，反应时间 120min，氨水与硫酸氧钛的配比为（2.0～1.0）：1（摩尔比）；反应前从 60℃到反应最高温度升温时间不超过 22min，升温阶段的供热强度不小于 60.0kJ/(min · L)，冷却阶段（降到 30℃）降温时间不大于 30min，换热强度不小于 27.0kJ/(min · L)。

某工厂制备脱硝催化剂载体的核心技术是，采用干净的偏钛酸为原料，加入解聚剂，去掉多数硫酸根离子，获得纳米二氧化钛前驱体，再加入添加剂 WO_3 等，脱水后干燥、煅烧，即可获得环保纳米催化剂载体。

生产的纳米二氧化钛载体用于制作脱销催化剂。一般催化剂中的各种成分的含量是以质量比进行计算的，催化剂中载体 TiO_2 的含量一般在 85wt%左右，活性成分 V_2O_5 与黏合剂占 10wt%~15wt%左右，其他组分如 WO_3 占 3wt%~10wt%。催化剂的结构、功能与成分如表 10-2 所示。

表 10-2 催化剂的结构、功能与成分

项　目	功　能	成　分
基材	催化剂形状的骨架	钢材、陶瓷
载体	活性金属的分散和保持	TiO_2
活性金属	催化剂活性作用	V_2O_5、WO_3、MoO_3

10.4 SCR 脱硝催化剂的加工成形

以 NH_3 为还原剂的钛基催化剂，生产方法是首先通过浸渍法制备以 TiO_2 为载体、V_2O_5 和 WO_3 金属氧化物为活性成分的 SCR 催化剂，再将催化剂制成片状或颗粒状，同时进行催化剂成形，生产过程中必须注意包括催化剂中各种添加剂的成分、制备流程、干燥烧结温度等对催化剂性能的影响。具体过程是，采用偏钛酸为原料，经再洗脱除少量的硫（洗涤水用碳酸钡处理后压榨除去硫，在生产线循环使用），预处理，脱水后固含量大于 50%，转窑煅烧，粉碎后得到催化钛白的主要原料脱硝催化载体二氧化钛，与其他原料先经混炼机混炼，真空挤出机挤出后，干燥机烘干，再经焙烧窑煅烧，通过切割、成形即可获得蜂窝状或平板状的模块化成品——环保催化剂。大致工艺如图 10-2 所示。

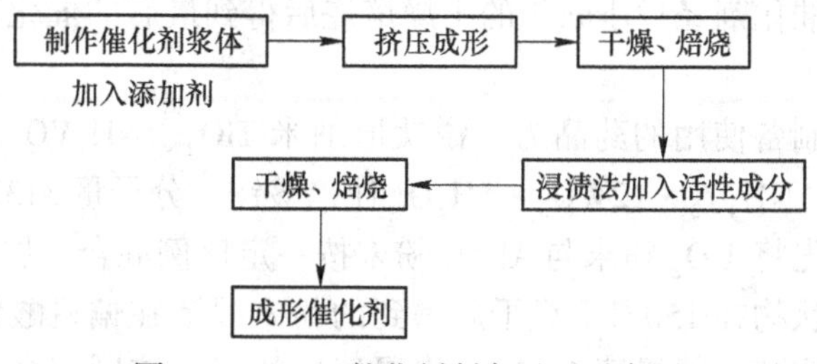

图 10-2 SCR 催化剂制备过程示意图

具有典型参数的工艺过程如下所述。

10.4.1 制作催化剂浆体

将锐钛型纳米钛白（TiO_2）、草酸（或其他竞争吸附剂）、黏合剂等添加剂按一定比例在水溶液中混合，并在 50~80℃范围内搅拌 3~5h，制得催化剂浆体，一般的黏合剂是无水硅酸或三氧化二铝，也可以二者联合使用作为黏合剂，一般黏合剂的量占催化剂质量的 10%。其他添加剂如增塑剂、解胶剂、润滑剂等，此外还有保水剂、螯合剂、静电防止剂、保护胶体剂和表面活性剂等，这些添加剂都是为了催化剂成形并具有更好的物理性质而选择添加的。

10.4.2 挤压成形

利用压片机和催化剂成形颗粒机，将催化剂浆体制备成片状和颗粒状催化剂。

10.4.3 干燥、焙烧

干燥一般是在 100℃以上干燥 2~10h，将成形的催化剂中的水分去除，在 500~650℃范围内焙烧 4~8h，使催化剂定型。其中干燥和焙烧温度、时间是催化剂成形的关键，需要通过试验研究确定最优参数。

10.4.4 浸渍法加入活性成分

将焙烧后的成形催化剂载体浸渍在 NH_4VO_3（偏钒酸铵）和 $5(NH_4)_2 \cdot 12WO_3 \cdot 5H_2O$（仲钨酸铵）溶液中，$NH_4VO_3$ 和 $5(NH_4)_2 \cdot 12WO_3 \cdot 5H_2O$ 按试验要求控制其含量，在制备活性溶液的过程中需要加热搅拌，因为该两种盐都需要在热水中溶解，直到所有固体都溶解后再将催化剂载体浸渍在该溶液中，浸渍的时间一般是 1~2h。

10.4.5 再次干燥、焙烧

将浸渍后的催化剂经过步骤 3 的干燥焙烧后得到最后的催化剂，期间同样需要确定最优参数。

SCR 催化剂制备使用的药品为：锐钛形纳米 TiO_2、NH_4VO_3（偏钒酸铵，分子量 116.98）、$5(NH_4)_2 \cdot 12WO_3 \cdot 5H_2O$（仲钨酸铵，分子量 3132.2）、磷酸、草酸、黏合剂。首先将 TiO_2 粉末与 Al_2O_3 粉末按一定比例混合，加水、加热搅拌成浆状；然后将浆状物在 150℃下烘干后得到的粉末浸渍在偏钒酸铵和仲钨酸铵按比例混合的活性溶液中，浸渍 1~2h；将浸渍后的载体连同剩余的活性溶液一起在 150℃下烘干，最后压成片状或挤出成颗粒状成形催化剂。

一般催化剂中的各种成分的含量是以质量比进行计算的，催化剂中载体 TiO_2

的含量一般在 80wt%，活性成分 V_2O_5 与黏合剂占 10wt%左右，其他组分如 WO_3 占 6wt%～10wt%。代表性样品 1 是制备的载体 TiO_2 含量为 80wt%、V_2O_5 为 10wt%、黏合剂为 3wt%、WO_3 为 7wt%的 SCR 片状催化剂；代表性样品 2 是制备的载体 TiO_2 含量为 80wt%、V_2O_5 为 10wt%、黏合剂为 2wt%、WO_3 为 8wt%的 SCR 颗粒状催化剂。

10.4.6 获得成品催化剂

催化剂的制备过程和关键工序如图 10-3 所示。

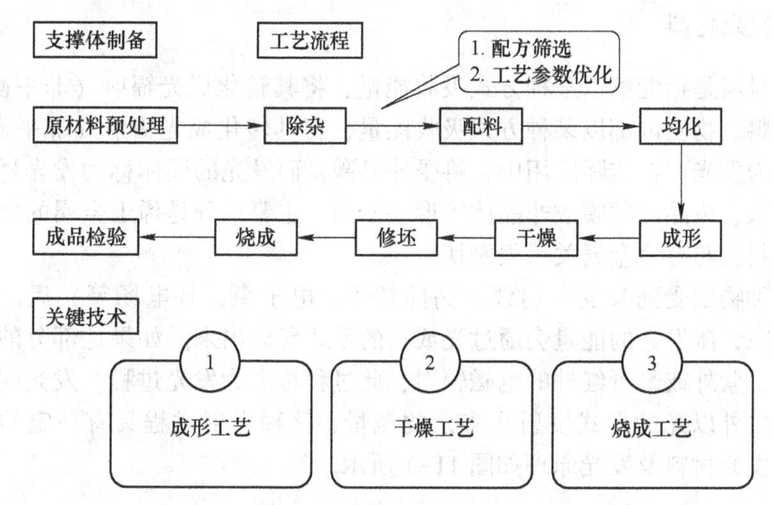

图 10-3 催化剂的制备过程和关键工序示意图

催化剂的压制、成形实物图如图 10-4 所示。

图 10-4 催化剂的挤压成形过程示意图

11 钒钛光学材料

11.1 发光材料及光催化剂概述

11.1.1 发光材料

发光材料是指能够以某种方式吸收能量，将其转化成光辐射（非平衡辐射）的物质材料。物质内部以某种方式吸收能量，将其转化成光辐射（非平衡辐射）的过程称为发光。在实际应用中，将受外界激发而发光的固体称为发光材料。它们可以粉末、单晶、薄膜或非晶体等形态使用，主要组分是稀土金属的化合物和半导体材料，与有色金属关系很密切。

当某种物质受到激发（射线、高能粒子、电子束、外电场等）后，物质将处于激发态，激发态的能量会通过光或热的形式释放出来。如果这部分的能量是位于可见、紫外或是近红外的电磁辐射，此过程称之为发光过程。发光就是物质在热辐射之外以光的形式发射出多余的能量，这种发射过程具有一定的持续时间。常见发光材料及发光原理如图 11-1 所示。

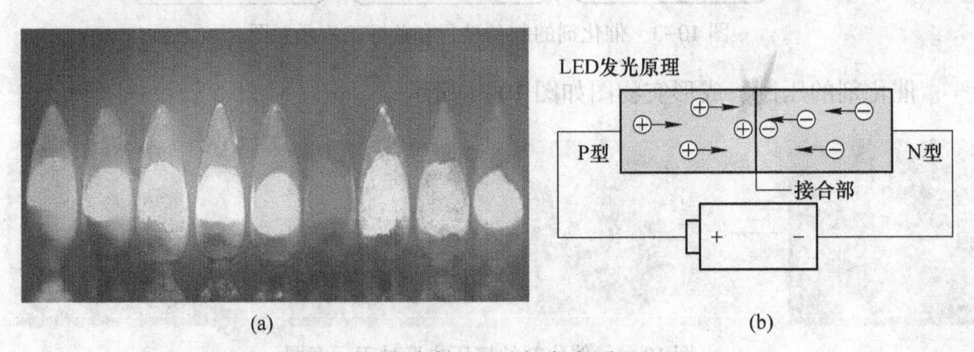

图 11-1 发光粉（a）与发光原理（b）

发光材料的发光方式是多种多样的，主要类型有：光致发光、阴极射线发光、电致发光、热释发光、光释发光、辐射发光等。

常见的高纯稀土氧化物 Y_2O_3、Eu_2O_3、Gd_2O_3、La_2O_3、Tb_4O_7 等制成的各种荧光体，广泛应用于彩色电视机、彩色和黑白大屏幕投影电视、航空显示器、X射线增感屏，以及用于制作超短余辉材料、各种灯用荧光粉等。

半导体发光材料有 ZnS、CdS、ZnSe 和 GaP、$GaAs_{1-x}P_x$、GaAlAs、GaN 等。

主要用于制造各色大中型数字符号、图案显示器、数字显示钟、X射线图像增强屏和长寿命各色发光二极管、数码管等。可见光发光二极管，因显示响应速度快而广泛应用于仪表、计算机，年产量成倍增长，不断取代其他显示器件。

无机荧光材料的代表为稀土离子发光及稀土荧光材料，其优点是吸收能力强，转换率高，稀土配合物中心离子的窄带发射有利于全色显示，且物理化学性质稳定。由于稀土离子具有丰富的能级和4f电子跃迁特性，使稀土成为发光宝库，为高科技领域特别是信息通讯领域提供了性能优越的发光材料。至21世纪初，常见的无机荧光材料是以碱土金属的硫化物（如ZnS、CaS）铝酸盐（$SrAl_2O_4$、$CaAl_2O_4$、$BaAl_2O_4$）等作为发光基质，以稀土镧系元素（铕（Eu）、钐（Sm）、铒（Er）、钕（Nd）等）作为激活剂和助激活剂。

无机荧光体的传统制备方法是高温固相法，但随着新技术的快速更新，发光材料性能指标的提高需要克服经典合成方法所固有的缺陷，一些新的方法应运而生，如燃烧法、溶胶-凝胶法、水热沉淀法、微波法等。

在应用方面应用：光致发光粉是制作发光油墨、发光涂料、发光塑料、发光印花浆的理想材料。发光油墨不但适用于网印各种发光效果的图案文字，如标牌、玩具、字画、玻璃画、不干胶等，而且因其具有透明度高、成膜性好、涂层薄等特点，可在各类浮雕、圆雕（佛像、瓷像、石膏像、唐三彩）、高分子画、灯饰等工艺品上喷涂或网印，在不影响其原有的饰彩或线条的前提下大大提高其附加值。发光油墨的颜色有透明、红、蓝、绿、黄等。

11.1.2 光催化剂

通俗意义上讲触媒就是催化剂的意思，光触媒顾名思义就是光催化剂。催化剂是改变化学反应速率的化学物质，其本身并不参与反应。光催化剂就是在光子的激发下能够起到催化作用的化学物质的统称。光催化剂进行环境洁净的原理如图11-2所示。

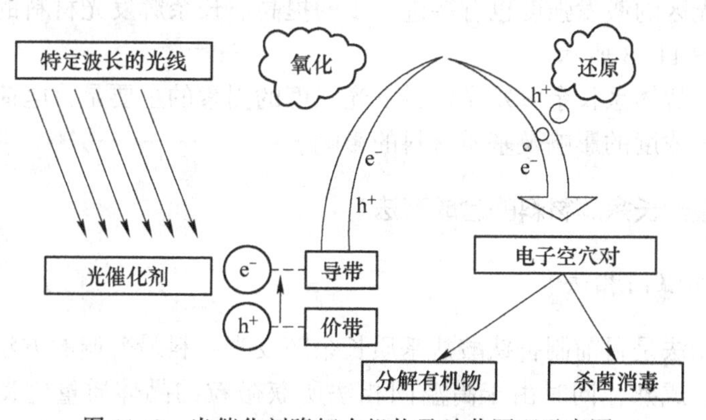

图11-2 光催化剂降解有机物及杀菌原理示意图

能作为光触媒的材料众多，包括二氧化钛（TiO_2）、氧化锌（ZnO）、氧化锡（SnO_2）、二氧化锆（ZrO_2）、硫化镉（CdS）等多种氧化物硫化物半导体，其中二氧化钛（Titanium Dioxide）因其氧化能力强，化学性质稳定无毒，成为世界上最当红的纳米光触媒材料。

纳米光催化剂是污染物的克星，其作用机理是：纳米光催化剂在特定波长的光的照射下受激生成“电子-空穴”对（一种高能粒子），这种“电子-空穴”对和周围的水、氧气发生作用后，就具有了极强的氧化-还原能力，能将空气中甲醛、苯等污染物直接分解成无害无味的物质，以及破坏细菌的细胞壁，杀灭细菌并分解其丝网菌体，从而达到了消除空气污染的目的。

光催化原理是基于光催化剂在紫外线照射下具有的氧化还原能力而净化污染物。光催化技术作为一种高效、安全的环境友好型环境净化技术，对室内空气质量的改善已得到国际学术界的认可。

与钒钛相关的光学材料主要有纳米 TiO_2、钒酸盐、钒钛黑瓷、钛酸锶、钛酸铋、钛酸钙等。

11.2 钛酸盐体系长余辉发光材料

11.2.1 钛酸盐发光材料简介

钛酸盐产品种类繁多，按其组成可分为碱金属钛酸盐、碱土金属钛酸盐、稀土金属钛酸盐等，钛酸盐基质长余辉发光材料具有稳定的物化性能，是一类新型的储能和环保型材料。Pr^{3+} 掺杂的钛酸盐基质红色长余辉发光材料因其稳定的物理化学性能而引起科研人员的极大关注，其发射波长为 Pr^{3+} 的特征波长，位于 614nm 左右。大多数的研究还是采用传统的高温固相法。以 $CaTiO_3$：Pr^{3+} 为代表的碱土钛酸盐红色长余辉发光材料，不仅稳定性好，而且发光颜色也纯正。这一体系目前存在的最大缺点就是发光亮度还不够，且余辉时间还不能达到实际应用要求，可见光区的激发强度也有待进一步的提高。长余辉发光材料的日常应用及发光原理如图 11-3 所示。

影响钛酸盐体系长余辉发光材料发光强度的因素的主要是：电荷补偿剂的影响、掺杂离子浓度的影响及基质材料的影响。

11.2.2 钛酸盐长余辉材料的合成方法

11.2.2.1 高温固相法

高温固相法是目前制备钛酸盐基质长余辉发光材料最普遍的方法，该方法生产工艺简单、成熟，同时由于高温固相法所获微粒的晶体质量优良、表面缺陷少、发光效率高，至今在开发新型彩色 PDP 用荧光粉研究中仍然被采用。早期

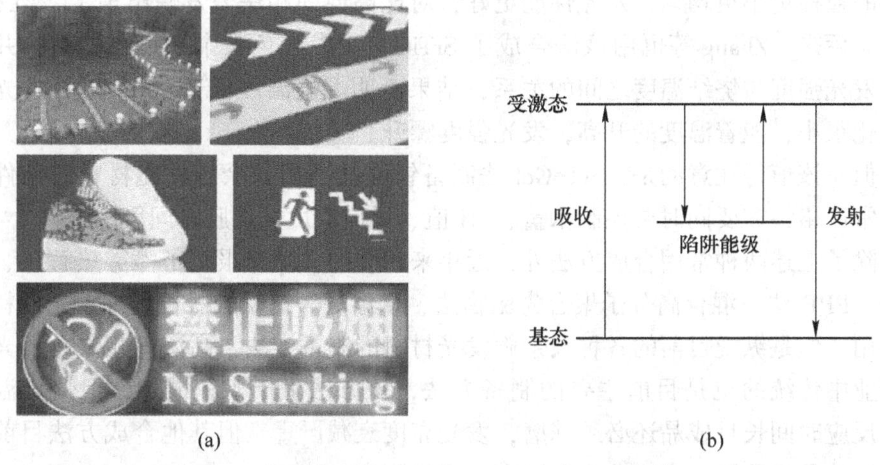

(a) (b)

图 11-3 长余辉发光材料的应用（a）及发光原理（b）

研究的 Sm^{3+}、Pr^{3+}激活的 $BaTiO_3$ 和 Cr^{3+}激活的 $CaTiO_3$ 都是采用高温固相法制备而得，目前研究最多的是 Pr^{3+}激活 $SrTiO_3$ 或 $CaTiO_3$ 也大都采用此法合成。Diallo 利用高温固相法成功的制备了 $CaTiO_3$：Pr^{3+}红色长余辉发光材料，测试结果表明样品的激发峰除位于 377nm 处的主峰外在 333nm 处还有一弱峰，它们分别归属于 Pr^{3+}的 4f-5d 带间跃迁和 $O^{2-}(2p)$-$Ti^{4+}(3d)$电荷迁移跃迁。

Zhang 等用高温固相法合成了稀土氧化物 Ln_2O_3（Ln=La，Lu，Gd）共掺杂的 $CaTiO_3$：Pr^{3+}材料，研究结果表明掺杂离子的半径大小对发光性质具有较大的影响，同时他们还发现稀土离子不仅可以占据基质中的 Ca^{2+}格位而且也可占据 Ti^{4+}格位。

高温固相法作为目前主要的制备长余辉发光材料的一种方法，虽然存在着工艺流程简单、操作方便、成本低的特点，但它对材料的合成温度要求高、保温时间长，对设备要求高，煅烧后的产品还要经过粉碎，这将破坏发光体的晶型，从而使材料的发光亮度降低。

11.2.2.2 溶胶-凝胶法

溶胶-凝胶（Sol-Gel）法作为一种湿化学法用于制备稀土发光材料是在近 20 年才兴起的。该法相较于高温固相法可在较低的温度下合成产品，且产品粒径小、均匀度较好。S. Okamoto 等利用 Sol-Gel 法研究了共掺 Al^{3+}的 $SrTiO_3$：Pr^{3+}红色发光效率的增强机制，并得到在 Al 离子掺杂 23mol%时样品具有最佳的发光性能，同时相较于未掺杂样品其发光强度提高约 200 倍。

Yin 等用 Sol-Gel 法，采用柠檬酸作螯合剂合成 $CaTiO_3$：Pr^{3+}，Al^{3+}，并比较了磁力搅拌和超声分散对发光性质的影响，同时发现因柠檬酸的分散作用，使得样品的粒径更小更均匀，发光性能更好，对比高温固相法激发峰出现了“红移”现象。后来，Zhang 等也用该法合成了 $SrTiO_3$：Pr^{3+} 红色长余辉发光材料，并探讨了发光强度与烧结温度之间的关系，结果表明煅烧温度低于 900℃时，发光强度变化很小，随着温度的升高，发光强度骤升。

但应该值得注意的是，Sol-Gel 法制备钛酸盐基质长余辉发光材料的条件要求非常严格，需要同时要控制水量、pH 值、反应温度、成胶时间等。

除了上述两种常用合成方法外，近年来相关的文献又报道了喷雾热解法、燃烧法、PBR 法、混合高分子聚合先驱物法、悬浮法等在钛酸盐长余辉发光材料中的应用。但是纵观目前的各种长余辉发光材料的制备方法，高温固相法是发光材料行业中传统的也是目前主要的制备方法，该方法生产工艺成熟，但焙烧温度高，反应时间长且成品还必须球磨，发光亮度衰减严重。但其他合成方法目前还处于试验研究阶段，离工业生产还有一定的距离。

11.3 钒酸盐稀土发光材料

11.3.1 稀土钒酸盐发光材料简介

稀土钒酸盐体系发光材料（如钒酸铋）是最早应用于显示和照明领域的稀土发光材料。以稀土钒酸盐为基质的发光材料物理化学性质稳定，其基质能将能量有效地传递给激活剂离子，因此具有较高的发光效率以及发光强度，已成为最早应用于 CRT 显示器的稀土发光材料。

发光材料行业中习惯于采用高温固相反应合成无机发光材料。这种方法简单易行，可以保证合成的发光材料具备良好的晶体结构，也能够实现对激活剂离子进入晶格后的价态控制。钒酸盐体系发光材料最早也多采用高温固相反应合成，目前工业生产中基本上仍沿用此类方法。这种方法首先将五氧化二钒（或含钒盐类如偏钒酸铵等）、高纯稀土氧化物和少量作为助熔剂的低熔点化合物按一定的化学计量比混合，充分研磨以达到组分均匀，之后在 0~900℃保温预处理数小时后，再升温到 1000~1400℃焙烧 6~12h。

稀土钒酸盐发光材料可广泛应用于显示、光信息传递、太阳能光电转换、X 射线影像、激光、闪烁体等领域，是 21 世纪含 CRT、LED 和各种平板显示器的信息显示，人类医疗健康，照明光源，粒子探测和记录，光电子器件及农业，军事等领域中的支撑材料。稀土钒酸盐发光材料可作为阴极射线发光材料使用，稀土钒酸盐体系荧光粉还可在高压汞灯中应用，在 X 射线增感屏上应用。随着应用领域的迅猛发展，以传统稀土钒酸盐体系为机制的性能优良的发光材料将以新型发光粉末、薄膜、晶体等形式在新型显示、照明及特种应用模式等领域得到进一步发展。

11.3.2 新型稀土钒酸盐体系发光材料制备方法

新一代照明和显示器件的发展，对发光材料的性能不断提出更高的要求。而目前行业通用的传统的发光材料粉体的制备方法存在很大弊端，生产出的产品往往晶粒尺寸偏大、经破碎制粉后粒度分布宽，难以获得具备理想的二次性能的发光粉体。为获得性能优异的荧光粉，业内人士在制备方法及制备工艺技术上不断探索、改进，取得了很多有价值的进展。针对不同基质的发光材料，相应地拓展出水解胶体反应法、微乳法、水热合成法、络合制备法、微波快速反应制备法等新型合成方法。

11.3.2.1 水热合成法

对于制备纳米粉体发光材料，水热法称得上简单易行。M. Hasse 等在一定化学计量比的 $Y(NO_3)_3$ 和 $Eu(NO_3)_3$ 混合水溶液中，滴加 Na_3VO_4 水溶液，产生白色沉淀，调节 pH 值到 4.8，得到白色悬浊液；在高压釜中 200℃ 水热 1h，快速冷却。离心分离后去除上清液，得到产物固体，用稀酸和去离子水多次洗涤，除去过量反应物，得到 YVO_4：Eu 白色粉末样品，电镜观察，样品颗粒近似球形，粒径在 10~30nm。经光谱分析发现制备的纳米级发光粉的紫外激发光谱与微米级样品相比发生蓝移，发射光谱基本没有改变；激活剂猝灭浓度与微米级 YVO_4：Eu 相同，为 5%。

Jia C J 等认为，EDTA 的加入可以促进四方相结构的 $LaVO_4$ 的生成。他们在上述方法的基础上进行改进，首先在含有 $La(NO_3)_3$ 和 $Eu(NO_3)_3$ 的水溶液中加入 EDTA 溶液，然后一边搅拌一边加入 Na_3VO_4 的水溶液，用 NaOH 水溶液逐滴滴入，调节混合液体 pH 值到 10，然后经过充分搅拌得到清澈透明的溶液。置入高压釜中，180℃ 水热 24h，自然冷却，离心分离出白色粉末状样品，充分洗涤、干燥后，检测样品结构为四方相 $LaVO_4$：Eu。

11.3.2.2 微乳液法

微乳液法是一种在微乳液的乳滴中通过化学反应生成固体纳米材料的方法，反应中利用微乳液中的微小的液滴容积来控制纳米颗粒粒径的增长。Sun L 等利用十六烷基三甲基溴化铵的水、油兼溶性，将其分别溶解于水和庚烷作为水相和油相；采用微乳液法制备出白色粉末状纳米级 YVO_4。当微乳液的 pH 值分别为 7、8、9、10 时，他们制备出的纳米级 YVO_4 颗粒的粒径分别为 8.9nm、11.1nm、13.9nm 以及 47.2nm。可见用这种方法制备纳米材料，微乳液的 pH 值对产物的粒径大小影响较大。

11.3.2.3 室温固相反应法

Erdei S 等报道了一种粒径小于 100nm 的 YVO_4：Eu 超微粉体的水解胶体反应制备方法。具体过程是，首先在一定化学计量比的 Y_2O_3、Eu_2O_3、V_2O_5 粉末中加入适量的去离子水，然后在球磨机中以 120r/min 的转速室温球磨，经过不同的絮凝过程，使反应物部分离子化，形成含有 Y^{3+} 和 VO_4^{3-} 的亚稳状态的胶体。将所形成的胶体水解，使胶体中的离子之间发生化学反应，制成 YVO_4：Eu 超微粉体样品。水解胶体反应法与溶胶-凝胶法相比，其所制备的粒径小于 100nm 的发光粉体产物的结晶性更好，因此具备更好的发光性能。

11.3.2.4 柠檬酸络合制备法

Huignard A 等用柠檬酸钠水溶液络合制备出球形的、颗粒均匀的 YVO_4：Eu 纳米粉末颗粒，粒径约 10nm。首先将柠檬酸钠水溶液滴加到一定化学计量比的（Y，Eu）$(NO_3)_3$ 水溶液中，生成稀土柠檬酸盐白色沉淀，然后逐滴加入 7.5mL 0.1mol/L 的 Na_3VO_4 溶液，直至白色沉淀溶解消失，调节其 pH 值到 8.4，将生成的无色透明的液体 60℃恒温老化 30min，自然冷却至室温。用半透膜滤掉多余的离子，得到稳定的 YVO_4：Eu 凝胶。经检测发现胶体中 Y^{3+} 与柠檬酸离子之间存一种二重配位方式和一种三重配位方式。分析认为柠檬酸离子在 YVO_4：Eu 纳米颗粒形成的过程中，起到两方面的作用，一个方面通过静电作用（—COO—）及空间位阻效应来控制产物胶体稳定存在；另一方面与稀土离子 Y^{3+} 及 Eu^{3+} 之间发生配位反应以抑制产物粒子长大。用此方法合成的 YVO_4：Eu 纳米发光体的激活剂猝灭浓度达到 20%。

11.3.2.5 微波法

Xu H Y 等在微波辐射下快速合成粒径可控的 YVO_4 粉体，化学反应式如下：

$$Y^{3+}+3OH^- \longrightarrow Y(OH)_3$$

$$VO^{3-}+3OH^- \longrightarrow VO_4^{3-}+3H^+$$

$$Y(OH)_3+VO_4^{3-} \longrightarrow YVO_4+3OH^-$$

首先，将一定浓度的 $Y(NO_3)_3$ 水溶液与 Na_3VO_4 水溶液充分混合，用醋酸和氨水将 pH 值分别调节为 4、6、7、8、11，在将这些混合溶液置于微波炉中，溶液在微波辐射下迅速反应 10min 后，得到 YVO_4 沉淀，经过滤、洗涤、干燥得到所需要样品。测试产物的粒度，结果表明控制 pH 值的大小可以控制所合成 YVO_4 产物的粒径大小。

11.3.2.6 Pechini 胶体法制备发光薄膜

Pechini 胶体法是一种制备复合氧化物发光材料的传统方法，但利用该法制备发光膜的却少有报道。Yu M 等首次利用这种方法制备出 YVO_4：Eu^{3+}，YVO_4：Dy^{3+}，YVO_4：Sm^{3+}及 YVO_4：Er^{3+}的发光薄膜，制备过程如下：先在一定化学计量比的稀土氧化物和 NH_4VO_3 固体粉末中加入稀硝酸，加热、充分搅拌溶解制成透明溶液；再加入柠檬酸含量与金属离子之间的比例为 1：2 的柠檬酸醇水溶液；用适量的 PEG10000 作交联剂；以上三者混合液体充分搅拌加热 1h，得到溶胶。用清洁的硅片以 0.2cm/s 的速度提拉溶胶，所得胶膜在 100℃ 恒温干燥 1h 得到干凝胶膜坯，以不同的温度分别进行焙烧获得宽度为 5～60μm 不等的发光薄膜样品。这种薄膜样品由平均粒径 90nm 的纳米颗粒组成，均具备良好的发光性能。

11.4 TiO_2 光催化剂

11.4.1 纳米 TiO_2 简介

纳米 TiO_2 作为光催化剂在废水废气净化、抗菌环保等领域有着广泛的应用。TiO_2 纳米材料除了具有纳米粒子特有的表面效应、体积效应、量子尺寸效应和宏观量子隧道效应之外，还拥有较高的光催化活性、优异的光电性能和氧化分解性等。

纳米 TiO_2 有 3 种晶体结构，即锐钛矿、金红石及板钛矿。它们组成结构的基本单位是［TiO_6］$^{8-}$八面体，锐钛矿结构由［TiO_6］$^{8-}$八面体通过共边组成，而金红石和板钛矿结构则由［TiO_6］$^{8-}$八面体共顶点且共边组成。纳米 TiO_2 是一种宽禁带半导体，其价带上的电子受到大于其禁带宽度能量的光照射时，会被激发跃迁到导带上，并在价带上留下相应的空穴。产生的电子-空穴对一般有皮秒级的寿命，足以使光生电子和光生空穴对经由禁带向来自溶液或气相的吸附在半导体表面的物质转移电荷。透明纳米 TiO_2 浆料及其应用领域如图 11-4 所示。

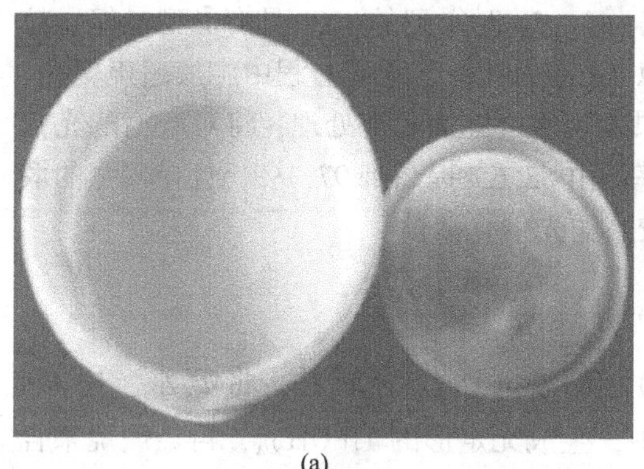

(a)

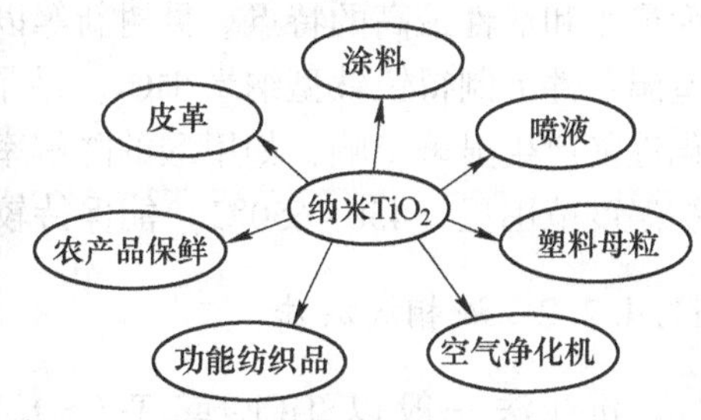

(b)

图 11-4 透明纳米 TiO_2 浆料（a）及其应用领域（b）

基于纳米 TiO_2 良好的光催化活性，其在污染物处理、抗菌净化等领域得到了广泛应用。将纳米 TiO_2 配制成光催化涂料，涂在公路两侧、建筑物表面，利用太阳光可对城市起到清洁作用，雨水可随时把氧化分解的污垢冲掉，起到自清洁作用。以工业级普通 TiO_2 和 $AgNO_3$ 为原料，可以制备出 TiO_2/Ag 纳米复合抗菌材料。

11.4.2 TiO_2 光催化剂的制备方法

纳米 TiO_2 的制备方法一般分为气相法和液相法，气相法主要包括气体冷凝法、溅射法、活性氢-熔融金属反应法、流动液面上真空蒸发法、混合等离子法和通电加热蒸发法等。由于气相法制备纳米 TiO_2 能耗大、成本高、设备复杂，使其研究受到了一定的影响，在此不做详述；液相法主要包括水解法、沉淀法、溶胶-凝胶法、水热法、微乳液法等制备技术。由于液相法能耗小、设备简单、成本低，是实验室和工业上广泛使用的制备方法，因而引起了广泛的兴趣和关注。

11.4.2.1 液相水解法

水解法首先是利用 $TiCl_4$、$Ti(SO_4)_2$ 等无机钛盐水解生成羟基氧钛，再经煅烧得到纳米 TiO_2 光催化材料。但是该法的缺点是煅烧容易引起纳米粒子间的二次团聚，影响产品的分散性。张青红等以 $TiCl_4$ 为原料，通过向 $TiCl_4$ 溶液中加入 $(NH_4)_2SO_4$ 控制水解并用 $NH_3 \cdot H_2O$ 调节溶液的 pH 值，制备出粒度均匀的锐钛相纳米氧化钛粉末。该工艺的特点是室温下真空干燥，可得到粒度约为 5nm 的锐钛矿相；煅烧至 400℃，平均粒度为 7nm，比利用钛醇盐作前驱体的溶胶-凝胶法和直接沉淀法得到的粉体粒度小。

Addamo M 等以 $TiCl_4$ 为前驱物，在温和的条件下水解 $TiCl_4$ 制备纳米 TiO_2。研究结果表明当 $TiCl_4$ 和 H_2O 的体积比为 1∶50 时得到的 TiO_2 具有晶型最好、粒度最小和活性最高的特点。吴树新等以 $TiCl_4$ 为钛源，水解过程中施加超声辐照，室温条件下制得锐钛型纳米 TiO_2。结果发现通过施加超声处理，将对产物的光催化性能产生显著影响，如甲酸的降解率可由 68.6%提高到 97.1%，且在较宽的煅烧温度范围里（450~650℃）能保持较高的光催化活性。

11.4.2.2 液相沉淀法

沉淀法一般以 $TiCl_4$ 或 $Ti(SO_4)_2$ 等无机钛盐为原料，将氨水、尿素、$(NH_3)_2CO_3$ 或 NaOH 加入到钛盐溶液中，生成无定形的 $Ti(OH)_4$，再经煅烧来合成不同晶型的纳米 TiO_2。由于引入的 SO_4^{2-} 或 Cl^- 必须反复洗涤才能除去，且中间产物必须煅烧才能得到不同晶型的 TiO_2。因而此法存在工艺流程长、产品损失大、粉体不纯等缺点，适用于制备纯度要求不高的纳米 TiO_2。赵敬哲等利用 $Ti(SO_4)_2$ 和氨水在一定温度下搅拌反应，当体系的终点 pH 值在 8~9 之间时，洗涤沉淀，并将洗涤后的沉淀重新分散于 2mol/L HNO_3 溶液中，在 80℃回流 2h 后将胶溶化的沉淀离心干燥，得到了金红石型纳米 TiO_2。

高桂兰等以硫酸法生产钛白粉的中间产物钛液为原料，采用晶种制备-均匀沉淀法，成功得到了平均晶粒尺寸为 80nm 的金红石型 TiO_2，产品的纯度达 99.95%，可以满足市场需求。孙家跃等采用 $Ti(SO_4)_2$ 和尿素为原料，在结合发泡工艺基础上，利用均相沉淀法制备了纳米 TiO_2，合成的纳米 TiO_2 在 500℃下焙烧，得到了相纯度较高，平均粒径约为 13nm 的锐钛矿晶型纳米 TiO_2。

11.4.2.3 溶胶-凝胶法

溶胶-凝胶技术是指金属有机或无机化合物经过溶液、溶胶、凝胶而固化，再经热处理而成氧化物或其他化合物固体的方法。该法不仅适合于制备微分，而且可用于薄膜、纤维、体材和复合材料的制备。由于溶胶-凝胶过程中的溶胶由溶液制得，化合物在分子水平混合，故胶粒内及胶粒间化学成分完全一致，是制备纳米级 TiO_2 比较成熟而得到广泛应用的一种合成技术。

在含有少量抑制剂的钛醇盐的乙醇或丙醇均相溶液中，通过加入少量蒸馏水促使钛醇盐水解形成溶胶，得到的溶胶经陈化形成三维网络的凝胶，在干燥的基础上形成含有有机基团和有机溶剂的干凝胶，经过研磨，煅烧干凝胶得到纳米级 TiO_2。由于溶胶-凝胶法制备的材料颗粒尺寸分布较宽，颗粒堆积形成的孔分布也相应较宽，因而用溶胶-凝胶法制备的 TiO_2 光催化活性往往不高。

吴腊英等以 $TiCl_4$ 的乙醇溶液为前驱体，利用溶胶-凝胶法合成了锐钛型和金红石型纳米 TiO_2。在相同条件下，当煅烧时间为 1~3h 时，生成含少量金红石相存在的纳米 TiO_2 锐钛型粉末，且锐钛型 TiO_2 晶体随着煅烧时间的延长而更加完善。当煅烧温度低于 500℃时，形成纯相 TiO_2 锐钛矿晶型，在 500℃范围内温度越高晶面越完善。Su C 等利用溶胶-凝胶法制备了纳米 TiO_2，得到的凝胶 400℃煅烧时产物仅为锐钛矿相，而 700℃煅烧主要生成金红石相，且纳米 TiO_2 的粒度随煅烧温度升高而增大。S Boujday 等利用溶胶-凝胶法，通过控制反应的基本条件制备了具有光催化特性的纳米 TiO_2。干燥和热处理步骤对 TiO_2 的最终特性至关重要，超临界干燥对 TiO_2 比表面积的提高促进了 TiO_2 的活性，使其活性提高了 10 倍。

11.4.2.4 水热法

水热反应是在高温、高压下，水溶液或蒸汽等流体中进行有关化学反应的总称。这种方法为制备具有晶粒发育完整、粒度小、分布均匀、颗粒团聚较轻，符合化学计量和晶型的纳米 TiO_2 提供了一个在常压条件下无法得到的、特殊的物理和化学环境。水热法的缺点是反应需在高温高压条件下进行，因而该法对设备要求高，能耗也较大。研究结果表明，溶液 pH 值、溶液浓度、水热温度和反应时间是影响水热法制备 TiO_2 的 4 大因素。

余家国等以硫酸钛和尿素为前驱物，通过水热法从前驱物直接合成得到具有良好结晶性锐钛相 TiO_2 而不需要经过任何热处理，160℃水热反应 3h 或 180℃水热反应 2h 制备的纳米 TiO_2 显示出比 P25（粒度为 30nm，比表面积为 $55m^2/g$，锐钛矿相占 80%的商品纳米氧化钛光催化剂）高 3 倍多的光催化活性。Su C 等以正丁醇钛为前驱物，利用溶胶-水热法制备了可控晶型和结构的纳米 TiO_2，同时发现产物光催化活性和水热条件有着紧密联系。

Vadivel Murugan A 等以 $TiOCl_2$ 和尿素为原料，利用微波水热法制备了平均粒度为 10nm 的锐钛矿型 TiO_2。郑燕青等通过对 TiO_2 晶粒的水热制备发现，TiO_2 晶粒同质变体的生成与水热反应介质酸碱度以及前驱物种类有关。采用钛盐（包括有机盐）为前驱物，除在强碱性条件下可直接生成板钛矿型晶粒外，一般都得到锐钛矿型晶粒。以 $TiCl_4$ 为前驱物水热反应可直接生成金红石型晶粒，且产物的晶相与反应介质的酸碱性有关。

11.4.2.5 微乳液法

微乳液法是制备纳米 TiO_2 的新型方法。微乳液由表面活性剂、助表面活性剂、有机溶剂和水溶液 4 组分组成。当两种含有不同反应物的微乳液混合后，胶团颗粒的碰撞使水核内物质发生相互交换和传递，钛盐在水中的水解反应就在水核内进行，当核内粒子长到一定尺寸时，表面活性剂分子就附在粒子表面，使粒子稳定并防止其进一步长大，分离粒子与微乳液，用有机溶剂洗去粒子表面的油和活性剂，最后在一定温度下干燥，煅烧可以得到纳米 TiO_2。由于生成的粒子表面包覆有一层表面活性剂，从而不易聚集，可达到控制合成产物的粒度。该法的缺点是最终很难从产物粒子表面除去在制备过程中使用的表面活性剂。

Lin J 等在水/AOT/环己烷微乳液中控制钛醇盐水解制备了纳米 TiO_2，并在远低于传统固相煅烧处理所需的温度下退火胶束，使纳米 TiO_2 高度微晶化，保留在稳定的悬浮液中不发生沉降。牛新书等以 $TiCl_4$ 为原料，在 CTAB/正丁醇/环己烷/水组成的微乳液体系中制备了纳米 TiO_2，研究结果表明制得的 TiO_2 微粒颗粒均匀稳定，具有光催化氧化罗丹明 B 的良好特性。张朝平等以钛酸丁酯为前驱物，将其醇解为溶胶，制备成凝胶，再将其分散于微乳液中进行化学剪裁制备了表面活性剂包裹型纳米球状 TiO_2，与单纯用 Sol-Gel 工艺制备的锐钛矿型 TiO_2 纳米粉体（40~80nm）比较，本法制备的 TiO_2 颗粒更加均匀细小。

Stallings William E 等在超临界二氧化碳体系中加入水和表面活性剂，形成

W/C（Water in CO_2）型微乳液，制备出直径为20~800nm的TiO_2微球，该微球具有较高的比表面积（275~475m^2/g），采用超临界二氧化碳代替溶胶-凝胶法中的醇等水解抑制剂，避免了后期干燥除去醇的过程，减少了干燥过程中纳米晶体的团聚。

11.5 钒酸盐类光催化剂

11.5.1 钒酸盐光催化剂简介

金属钒酸盐主要应用于荧光材料、激光材料和可充电锂电池阴极材料的制备。近年来，作为一类新型高活性光催化剂，已引起人们普遍关注。钒酸盐类光催化剂主要包括$BiVO_4$、$InVO_4$、Ag_3VO_4、$FeVO_4$等。金属钒酸盐是一类优良的功能材料，除作为良好的基质材料广泛应用于荧光及激光材料领域，也可作为锂离子电池的阴极材料。最新的研究表明，某些钒酸盐在光催化领域存在着巨大的应用潜力，是一类新型的高活性光催化剂。

虽然钒酸盐是一类极具潜力的新型光催化剂，已报道的如钒酸铋、钒酸铟和钒酸银等都具有很窄的禁带宽度，从而能够更充分地利用太阳能进行降解污染物。但是，相距真正的实际应用，目前仍存在许多问题亟待解决：

（1）机理性问题。光催化机理的深入研究，对提高钒酸盐类催化剂的光催化效率和实际应用显得尤为重要。鉴于光催化过程的复杂性，钒酸盐类晶体结构差异，目前相关的光催化反应机理有待于进一步研究。

（2）光催化剂的固载化问题。光催化剂的固定和再生是光催化技术中存在的一项共性问题。针对钒酸盐类光催化剂，仍然存在着催化剂载体的合理选择，光催化剂的被覆等技术问题。通过相关研究，以期实现光催化剂的有效固定，同时，有利于光催化反应的进行，提高光催化活性。

（3）光催化剂的制备方法问题。目前已报道的钒酸盐合成方法，多在高温或比较苛刻的反应条件下进行，方法本身的限制将直接影响光催化剂的光催化活性及未来的广泛应用。相对而言，湿化学合成工艺等则能较好地防止产物颗粒的团聚，增加催化剂的比表面积，有利于催化剂性能的提高。因此，寻找简洁、实用和能够批量化的光催化剂制备方法仍为广大研究者所关注。

11.5.2 钒酸铋（$BiVO_4$）的性质及制备方法

$BiVO_4$是一种非TiO_2基的可见光半导体光催化剂。同时，也是一种具有铁电性和热致变色的功能材料，有可能作为固体氧化物燃料电池中电解液或阴极材料的替代品。$BiVO_4$的晶体结构主要有3种：四方晶系白钨矿型（高温相）、四方晶系硅酸锆型和单斜晶系变形白钨矿型（褐钇铌矿型）。

单斜晶系 $BiVO_4$ 一般采用高温固相反应、水热反应或金属醇盐水解法制备而得。由于固相反应法一般受反应组分间在固态条件下的扩散过程控制，通常需要较高的反应温度和较长的反应时间；制得的产物形貌不规则且颗粒尺寸较大，通常含有杂质相。水热法虽然可使产物的结晶度和纯度相比固相法有明显的提高，但需要使用特殊的合成设备，一般产物的产率不高。金属醇盐水解法具有制备工艺简单、化学组成控制精准等优点，但成本较高，需使用较多的有机添加物。

四方晶系硅酸锆型 $BiVO_4$ 可用水相沉淀法制备得到，但使用这种沉淀法很难获得单斜晶系或四方晶系白钨矿结构。虽然通过选择特殊的反应原料（如 $K_3V_5O_{14}$、KV_3O_8）能够在较低的温度下获得不同晶相结构的 $BiVO_4$ 材料，但一般需要很长的反应时间。研究表明，单斜晶系的 $BiVO_4$ 带隙为 2.3~2.4eV，在可见光照射下（$\lambda>420nm$）表现出较四方晶系更高的光催化活性。$BiVO_4$ 粉体及其光解水过程如图 11-5 所示。

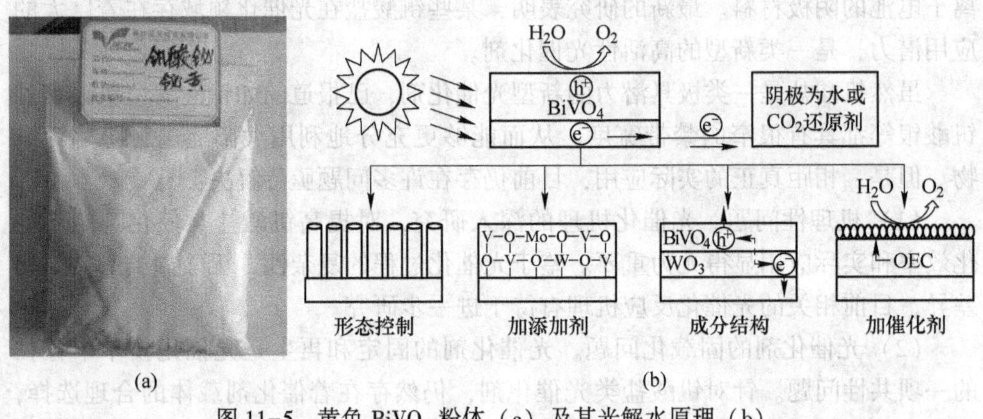

图 11-5 黄色 $BiVO_4$ 粉体（a）及其光解水原理（b）

Kudo 等采用液相法，在室温下耗时 3 天制备出了四方相和单斜相的钒酸铋材料。制得的四方相 $BiVO_4$ 吸收边落在紫外区，带隙约为 2.9eV；而单斜相的吸收边可扩展到可见光区，带隙也相应地缩小到 2.3~2.4eV。随后的紫外光下分解 $AgNO_3$ 水溶液产 O_2 的实验表明，单斜相的 $BiVO_4$ 比四方相 $BiVO_4$ 催化活性更高；与高温固相反应法相比，液相法所制得的单斜相 $BiVO_4$ 在可见光区具有更高的光催化活性。

Shigeru 等的实验结果也表明，$BiVO_4$ 在太阳光照射下降解废水中烷基苯酚的能力优于 TiO_2。Zhang 等采用水热法合成出了纯度高、分散性好的 $BiVO_4$ 纳米片，片厚约 10~40nm。并指出，通过添加十二烷基苯磺酸钠（SDBS）可以有效地控产物制颗粒形貌，在水热过程中，先是得到四方相的 $BiVO_4$ 纳米颗粒；随着反应时间的延长，纳米晶在 SDBS 的作用下聚集并发生相变，最终形成单斜相 $BiVO_4$ 纳米片。光催化实验结果表明，$BiVO_4$ 纳米片在可见光下具有比块体材料更强的催化活性，原因可能是 $BiVO_4$ 纳米片具有更大的比表面积。

11.5.3 钒酸铟（$InVO_4$）的性质及制备方法

$InVO_4$ 具有两种晶相结构：正交晶系和单斜晶系。由于其带隙仅为 2.0eV，在 $\lambda<650nm$ 的波长范围内均有响应。近年来，正交晶系的 $InVO_4$ 在太阳能利用、环境保护等领域日益引起人们的关注。

Ye 等采用高温固相反应（850℃）制得了一类新的钨锰铁矿型光催化剂 $InMO_4$（M=V，Nb，Ta），能在可见光照下直接分解水为 H_2 和 O_2，是一种极具潜力的优良光催化剂。但该方法所制得的催化剂比表面积较小（$<0.5m^2/g$）。Zhang 等则采用低温焙烧的方法成功地合成出单相纳米 $InVO_4$ 催化剂，并考察了焙烧温度、时间对 $InVO_4$ 纳米颗粒结晶度和尺寸大小的影响。与高温固相反应法相比，低温合成可以有效地防止 $InVO_4$ 纳米颗粒的团聚，增加比表面积，提高光催化性能。

研究表明，500℃下制得的产物是无定形状态；提高温度到 550℃，明显的 $InVO_4$ 特征峰出现，同时伴有一些杂质相存在。在反应温度大于 600℃的条件下可获得纯相的 $InVO_4$，而且，随着反应温度的进一步提高，XRD 衍射峰变得越来越尖锐，说明 $InVO_4$ 结晶度越来越好。此外，提高反应温度或延长反应时间还将促进 $InVO_4$ 粒径的长大，大小范围在 40~200nm 之间。相关的光催化活性试验表明，600℃下保温 8h 制得的 $InVO_4$ 光催化活性最好，主要归因于其较小的颗粒尺寸、较大的比表面积。

Xu 等利用模板剂导向自组装法合成了粒径大小约为 30~40nm 的 $InVO_4$ 纳米颗粒。后期的分解水产氢实验表明：产氢速率为 1836μmol/(g·h)，高于同样条件下的 TiO_2 和高温固相法合成的 $InVO_4$。Chen 等采用水热法，在 200℃下保温 24h 同样合成了 $InVO_4$ 纳米颗粒，并比较了在不同的有机添加剂的辅助下，$InVO_4$ 产物颗粒的形貌变化，未加任何添加剂条件下的产物粒径大小不一，微观形貌很不规则；加入十二烷基硫酸钠后，产物光催化性能得以改善，微观形貌基本上为规则的纳米棒，长 200~400nm，直径 100~140nm；采用十六烷基三甲基溴化胺时，$InVO_4$ 颗粒形貌再次发生变化，由纳米棒状变为方片状。而改用乙二胺四乙酸作为添加剂时，颗粒微观形貌主要表现为砖块状，尺寸也明显变大（长 750nm，直径 550nm）。

11.5.4 钒酸银（Ag_3VO_4）的性质及制备方法

Ag_3VO_4 的低能价带由 Ag 的 $4d^{10}$ 轨道和 O 的 $2p^6$ 轨道杂化组成，而其高能导带由 Ag 的 5s 轨道和 V 的 3d 轨道杂化组成。杂化的价带结构具有比单一 O 的 $2p^6$ 更活跃的能级，导致了更窄的禁带宽度。该结构特点使得 Ag_3VO_4 对光的响应范围扩展至可见光区，成为又一种极有前景的可见光响应光催化剂。

Konta 等采取先化学沉淀再固相反应的方法，合成了 α-$AgVO_3$、β-$AgVO_3$、$Ag_4V_2O_7$ 和 Ag_3VO_4。产物的吸收边均落在可见光区，但随后进行的可见光催化分解水产 O_2 的实验结果表明，只有 Ag_3VO_4 具有良好的可见光催化活性。Hu 等用 V_2O_5 和 $AgNO_3$ 作为起始反应物，先把 V_2O_5 溶解于氢氧化钠溶液中，在磁力搅拌下，将 $AgNO_3$ 溶液与其混合得到黄色沉淀。该混合物经不同温度水热处理可得 Ag_3VO_4 微晶，可能的反应过程如下：

$$V_2O_5+6OH^- \longrightarrow 2VO_4^{3-}+3H_2O$$

$$3Ag+VO_4^{3-} \longrightarrow Ag_3VO_4$$

研究表明，产物并不是纯相 Ag_3VO_4，其中还有 Ag 生成，合成的 Ag_3VO_4 颗粒大小在 1~4μm 之间。在 140℃和 180℃下，产物的结晶度均较差，而且含有较多的杂相 Ag；而在 160℃的水热温度下，产物结晶度良好，表面光滑，杂相 Ag 明显受到抑制。报道指出，在投加过量的钒盐、160℃保温 48h 条件下，获得的 Ag_3VO_4 光催化活性最高。过量的钒盐有利于产物结晶度的提高，并能抑制杂相 Ag 的出现。在可见光下对酸性红 B(ARB) 进行的光催化降解研究表明，100min 降解率超过 70%，而相同条件下 TiO_2 只能降解约 40%的 ARB。

目前，微米级 Ag_3VO_4 已经通过不同的方法合成出来，光催化实验也证明其具有优异的光催化性能。由于纳米颗粒量子效率高，比表面积大等优点，预期应具有更高的光催化活性，因此有必要加强对纳米尺度 Ag_3VO_4 的合成研究。

11.5.5 钒酸铁（$FeVO_4$）的性质及制备方法

钒酸铁属于 ABO_4 型光催化剂，具有三斜、正交（Ⅰ）、正交（Ⅱ）和单斜四种晶型结构。目前，有关制备 $FeVO_4$ 的报道还比较少，主要有高温固相反应法、水热法和液相合成法。

Hayashibara 等通过高温固相反应法，将 Fe_2O_3 和 V_2O_5 按 1∶1 的物质的量比混合，在 200MPa 压力下，压成小球。再把小球置于 650℃下保温 6h，可制得三斜晶型的 $FeVO_4$。但这种方法所合成的 $FeVO_4$ 粉体，颗粒尺寸粗大，分布不均匀，易团聚且比表面积较小，不利于光催化剂性能的提高。

Oka 采用水热法，将 $FeCl_3$ 和 $VOCl_2$ 混合后置于水热釜中，在 280℃下反应 40h，制得正交（Ⅰ）$FeVO_4$，粒径约在 100~300μm。Deng 等则利用湿化学法，将 0.26mol/L 的硝酸铁溶液迅速与事先配置好的 4.27×10^{-2}mol/L 的偏钒酸铵溶液相混合，75℃下连续搅拌 1h；而后，分别用水和丙酮清洗得到的沉淀以去除杂质，自然状态下干燥可得到 $FeVO_4$ 的先驱体。再将先驱体置于 100~600℃下煅烧 2h 得到最终产物。研究表明，煅烧温度达到 500℃才出现较弱的 $FeVO_4$ 特征峰。随后对橙黄Ⅱ所进行的光催化降解实验表明，$FeVO_4$ 具有比 α-Fe_2O_3，

Fe_3O_4 和 γ-FeOOH 更优良的光催化活性。

目前，$FeVO_4$ 光催化剂的相关研究还处于起始阶段。能否利用更简便的方法，在更温和的条件下合成纳米级的 $FeVO_4$ 颗粒仍然是一项很有挑战性的研究工作。

11.6 钒钛黑瓷远红外辐射材料

11.6.1 钒钛黑瓷简介

远红外辐射是指波长介于可见光与微波之间的电磁辐射，也叫热辐射。其短波方面界限一般为 0.75μm，长波方面界限约为 1000μm。产生远红外线主要方法选择热交换能力强、能放射特定波长远红外线的材料。远红外辐射在材料、医疗保健、生活等多领域应用广泛。远红外线纤维产品所采用的材料能有效放射 5.6~15μm 的远红外线，占整体波长 90%以上。

钒钛黑瓷远红外辐射率为 0.9，是一种良好的远红外辐射材料，远红外干燥比热力干燥节能 10%~30%。我国规模巨大的汽车、家电的涂装业、印刷业、印染业、食品业长期以来关于远红外干燥一直缺乏优质、低价、经久耐用的远红外辐射器，而钒钛黑瓷大尺寸中空板具有低价、优质、经久耐用等优点，可以直接用热燃气加热发射远红外射线。

钒钛黑瓷阳光吸收率为 0.9，具有很低的生产成本、优良的理化性能以及良好的光热转换性能，历经 10 年而未见性能衰减，可以作为光热转换元件的基体材料和结构材料，是制造太阳能房顶最好的材料之一。

提钒尾渣又称为钒浸出渣，其生产过程是钒钛磁铁矿经高温冶炼生产含钒铁水，将含钒铁水在炼钢转炉中吹炼得到钒渣，钒渣在回转炉中经钠化氧化焙烧，焙烧过的钒渣浸出可溶性钒盐后剩下的残渣便是提钒尾渣。尾渣中含有较多的 Fe、Cr、Mn、V、Ti、Co、Ni 等过渡金属化合物。钒钛黑瓷是在普通陶瓷原料中加入一定比例的提钒尾渣制造的陶瓷，其中提钒尾渣含量范围为 25wt%~100wt%，不同配方制作的钒钛黑瓷可以具有不同的性能，用于不同的用途。经过长期研究和数千次配方烧成试验得出结论，提钒尾渣和普通陶瓷原料按 1∶1 配比，用普通陶瓷的生产工艺和辊道窑设备经 1100℃烧成，即可生产出整体黑色的纯瓷质制品——钒钛黑瓷，这是生产钒钛黑瓷的基本配方。

11.6.2 钒钛黑瓷的制造工艺

钒钛黑瓷的生产工艺总流程如图 11-6 所示。在用提钒尾渣和普通陶瓷原料烧制钒钛黑瓷之前，需对各种原料进行前处理加工。提钒尾渣需经过预烧以减少烧成收缩，预烧温度 1000~1300℃，时间为 5min 左右，预烧的提钒尾渣用碎料机碾碎后，将其与普通陶瓷原料按配方过磅投放到球磨机中进行球磨细碎。

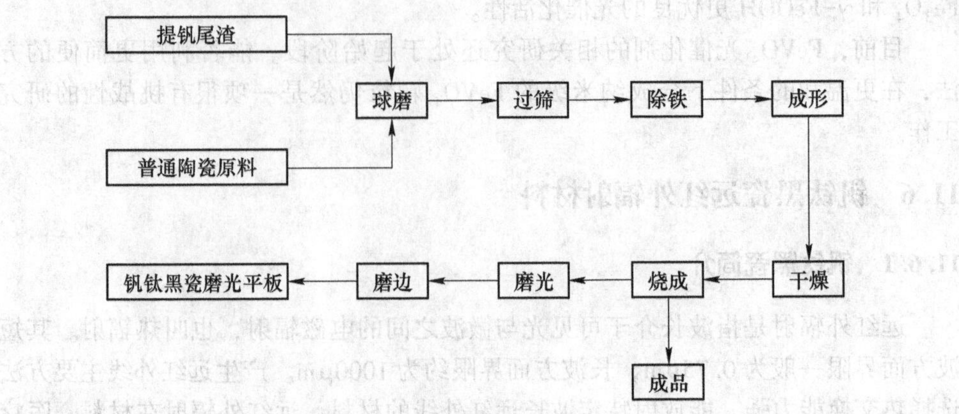

图 11-6 钒钛黑瓷的生产工艺

球磨 12h 后即达到所需细度，然后进行过筛、除铁、泥浆压滤脱水、真空炼泥等工序，其中过筛、除铁需分别进行两次，真空炼泥也需粗炼、精炼各两次，将练好的泥坯陈腐一段时间后，即进入素坯成形阶段。

成形工序采用辊轧机滚压成形，经干燥、修坯后，送入辊道窑进行烧成，烧成工序是钒钛黑瓷生成过程中最重要的工序，需严格控制温度变化曲线，避免升温过快，黑瓷烧结温度范围为 1000~1200℃，一般为 1100℃，烧结保温时间为 0.5~2h。

11.7 以 Na_3VO_4 为 V 源制备四方相 $LaVO_4$

11.7.1 稀土钒酸盐 $LaVO_4$ 简介

稀土钒酸盐由于具有神奇的磁性和发光性质被广泛地研究。稀土钒酸盐在稀土化合物这个大家庭中占有重要的一席之地，它在发光材料、催化剂材料等领域都有着广泛的应用。在稀土元素中，La 的离子半径是最大的，这一点导致镧的钒酸盐与其他稀土钒酸盐的相结构有所不同，$LaVO_4$ 的稳定相是单斜相，其他稀土钒酸盐的稳定相是四方相。单斜相的 $LaVO_4$ 没有表现出可用的性能，$LaVO_4$ 的亚稳态的四方相却表现出了很好的发光性质。由于普通 $LaVO_4$ 的热力学稳定结构是独居石结构单斜相，并不适合作为发光材料的基质。但四方相的 $LaVO_4$：Eu（t-$LaVO_4$：Eu）有着与 YVO_4：Eu 相似的结构，所以四方相 $LaVO_4$：Eu 很可能是一个很好的磷光体。

合成四方相的 $LaVO_4$：Eu 主要难度在于它是亚稳定状态，因此不能通过传统的方法来制得。亚稳相材料一般可以在相对较低温度的温和条件下得到。ROPP 等首次报道了 t-$LaVO_4$ 的合成，他们得到了晶度低的产品。从那以后，Escobar 等通过在 50~60℃下混合 NH_3VO_4 与 $La(NO_3)_3$ 溶液制得了 t-$LaVO_4$。由于

亚稳态的 $LaVO_4$ 的发光性能和催化性能都要比单斜相的 $LaVO_4$ 好很多，而且研究 $LaVO_4$ 的相转变对研究选择性合成特定相结构有重要意义，所以有很多关于选择性合成四方相 $LaVO_4$ 的报道。

通过加入 EDTA 等螯合物水热合成 t-$LaVO_4$ 是最常用的方法。Jia 等发现乙二铵四乙酸（EDTA）对形成四方相有很好的促进作用，通过便捷的湿化学法来制得四方相的 t-$LaVO_4$ 是可行的。Jia 等在 EDTA 的辅助作用下低温成功合成了亚稳态四方相的掺杂 Eu^{3+} 的 $LaVO_4$。由光致发光谱可以看出，由于结构的转变，锆石形态的 $LaVO_4$：Eu 与独居石型的完全不同，锆石型的是一种大有前途的红色磷光体。他们用的制备方法大致如下：在一烧瓶中加入适量的 $La(NO_3)_3$、$Eu(NO_3)_3$ 与 EDTA 溶液，搅拌一段时间便制得了前驱体混合液。接下来，在强力搅拌下将一定量的 Na_3VO_4 溶液滴加进此烧瓶中。然后通过 1mol/L 的溶液调节混合液的 pH 值至 10。最后，混合液转移至晶化釜中，在 180℃ 下水热处理 24h。在晶化釜自然冷却到室温后，沉淀通过离心分离机分离出来，分别用蒸馏水和无水乙醇洗 5 次，然后在 80℃ 下真空干燥，得到样品。Li 等以 NaOH、NH_3VO_4、油酸、乙醇等为原料，制得了四方相的 $LaVO_4$。他们制得的 $LaVO_4$ 呈现出漂亮的一面为正方形的块状结构，并提出了形成的机理。

11.7.2 四方相 $LaVO_4$ 的制备工艺

华东理工大学谢宝庚等以 Na_3VO_4 为 V 源制备了四方相 $LaVO_4$，并探究了影响因素。首先将 0.0016mol $La(NO_3)_3 \cdot 6H_2O$ 和 0.0016mol $Na_3VO_4 \cdot 6H_2O$ 倒入一烧杯中，加入去离子水，搅拌 10min，此时有白色沉淀产生，接着加入 3mol/L 的 HNO_3，直到调节 pH 值至 1.80 左右，此时白色沉淀已经溶解变为澄清透明的金黄色溶液。然后加入一定量的 1mol/L 的 NaOH，使得晶化后的最终 pH 值为 3.0~10.0，搅拌 10min 后，将得到的混合物转移至 100ml 的晶化釜中，在设定的温度下晶化一定时间，晶化完成后，让晶化釜在室温下自然冷却，将沉淀离心分离出来，用去离子水和无水乙醇洗涤多次，在室温下干燥后便得到了样品。

当样品的合成条件为 180℃ 晶化 3h，反应后溶液的 $pH<6.0$ 时，此时得到的样品是单斜相 $LaVO_4$ 和四方相 $LaVO_4$ 的混合物。随着值的升高，单斜相的峰渐渐消失，当 $pH \geq 6.0$ 时，单斜相的峰完全消失了，此时便得到了纯的四方相 $LaVO_4$。将合成条件控制在 100℃ 晶化 48h 时，在晶化后 $pH \geq 6.0$ 时才能得到纯的四方相 $LaVO_4$。不过 pH 值也不能过高，当过高时，单斜相的 $LaVO_4$ 又出现了。

在适宜的 pH 值下，将晶化温度控制在 180℃，研究晶化时间对纳米晶体的影响。要得到纯的四方相，晶化时间必须控制在 3~48h，另外，晶化时间为 24h 时，样品的结晶度最好。

当 pH 值和晶化时间处在适宜的范围时，纯的四方相 $LaVO_4$ 可以在一个很宽的温度范围得到。在适宜的 pH 值下搅拌 48h，纯的四方相甚至可以在室温下得到，这给大规模生产提供了便利的条件。进一步的实验还证实，如果不搅拌，只要将老化时间延长至 11 天，同样可以得到纯的四方相 $LaVO_4$。通过实验观察和检测，发现当合成溶液变为无色，沉淀变为白色时，此白色沉淀便是纯的四方相 $LaVO_4$。

在系统地研究了各种水热条件对样品结构的影响之后，将结果汇总在表 11-1 中，从表 11-1 可以看出，当晶化温度和晶化时间不同时，为了要得到纯的四方相，pH 值的范围必须随着改变。晶化温度越低，晶化时间越短，pH 值就要越高。当晶化条件为在 100℃至室温下晶化 48h，或者是在 180℃晶化 3~12h，此时四方相 $LaVO_4$ 要在碱性溶液中才能得到。当 pH 值较低的时候（如 pH≤6.0），需要更高的晶化温度（如 180℃）和更长的晶化时间（如 48h）才能得到纯的四方相 $LaVO_4$。而当晶化温度较低的时候（如 100℃）或者晶化时间较短（如 3h），必须在较高的 pH 值下才能得到纯的四方相 $LaVO_4$。

表 11-1 合成条件对 $LaVO_4$ 结构的影响

合成液最终 pH 值	温度/℃	时间/h	结 构
2.5~3.0	180	48	四方相和单斜相
3.0~6.0	180	48	四方相
6.0~7.0	180	48	四方相和单斜相
4.0~7.0	180	24	四方相
5.0~8.0	180	12	四方相
4.0~5.5	180	3	四方相和单斜相
6.0~9.0	180	3	四方相
4.5	180	48	四方相和单斜相
6.0~9.0	180	48	四方相
9.0~10.0	180	48	四方相和单斜相
6.5~10.0	180	48	四方相

通过上述实验，以 $La(NO_3)_3$ 和 Na_3VO_4 为原料，在不加入任何模板剂或者催化剂的条件下合成出了纯四方相 $LaVO_4$。并分别研究了 pH 值、晶化时间、晶化温度对样品的结构转变和形貌变化的影响。结果表明，纯四方相 $LaVO_4$ 可以在很宽的 pH 值（3.0~10.0）和晶化时间范围内得到，甚至可以在室温下制得，而在室温下能成功制备纯四方相 $LaVO_4$ 对它能大规模生产是很有利的。在酸性条件下制备了高长径比的纳米棒 $LaVO_4$，在弱酸和弱碱性条件下制备出的纳米棒的长径比较低。在室温下制备出的纳米晶体的形貌是无规则的，由大颗粒和小纳米棒组成，其中大颗粒是由小纳米棒晶体聚集而成的。

12 钒钛薄膜材料

12.1 薄膜材料概述

狭义来讲，厚度小于 1μm 的膜材料，称为薄膜材料。广义来讲，当固体或液体的一维线性尺度远远小于其他二维时，我们将这样的固体或液体称为膜。通常，膜可分为两类，一类是厚度大于 1μm 的膜，称为厚膜；另一类则是厚度小于 1μm 的膜，称为薄膜。

薄膜分类上，按物态分为气态、液态、固态。按结晶态分为：（1）非晶态：原子排列短程有序，长程无序；（2）晶态：1）单晶：外延生长，在单晶基底上同质和异质外延；2）多晶：在一衬底上生长，由许多取向相异单晶集合体组成。从化学角度分为有机和无机薄膜；按组成分为金属和非金属薄膜；按物性分为硬质、声学、热学、金属导电、半导体、超导、介电、磁阻、光学薄膜。通常，薄膜材料的分类如图 12-1 所示。

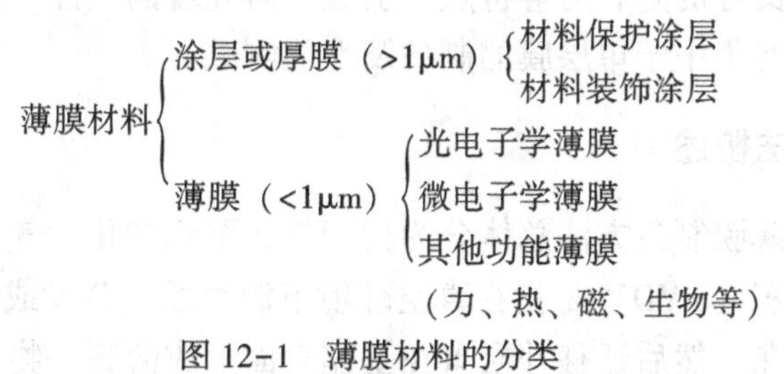

图 12-1 薄膜材料的分类

半导体功能器件和光学镀膜是薄膜技术的主要应用。当光学用薄膜材料（例如减反射膜消反射膜等）由数个不同厚度不同反射率的薄层复合而成时，它们的光学性能可以得到加强。相似结构的由不同金属薄层组成的周期性排列的薄膜会形成所谓的超晶格结构。在超晶格结构中，电子的运动被限制在二维空间中而不能在三维空间中运动于是产生了量子阱效应。

薄膜技术有很广泛的应用。长久以来的研究已经将铁磁薄膜用于计算机存储设备，医药品，制造薄膜电池，染料敏化太阳能电池等。陶瓷薄膜也有很广泛的应用。由于陶瓷材料相对的高硬度使这类薄膜可以用于保护衬底免受腐蚀氧化以及磨损的危害。在刀具上陶瓷薄膜有着尤其显著的功用，使用陶瓷薄膜的刀具的使用寿命可以有效提升几个数量级。

制膜技术的发展也十分迅速。制膜方法分为物理和化学方法两大类；具体方式上，分为干式、湿式和喷涂三种，而每种方式又可分成多种方法。薄膜材料制备的各种方法，包括真空蒸发法、真空溅射法、脉冲激光沉积法、分子束外延法、化学气相沉积法、化学浴沉积法、电沉积法、溶胶-凝胶法等。制膜技术如图 12-2 所示。

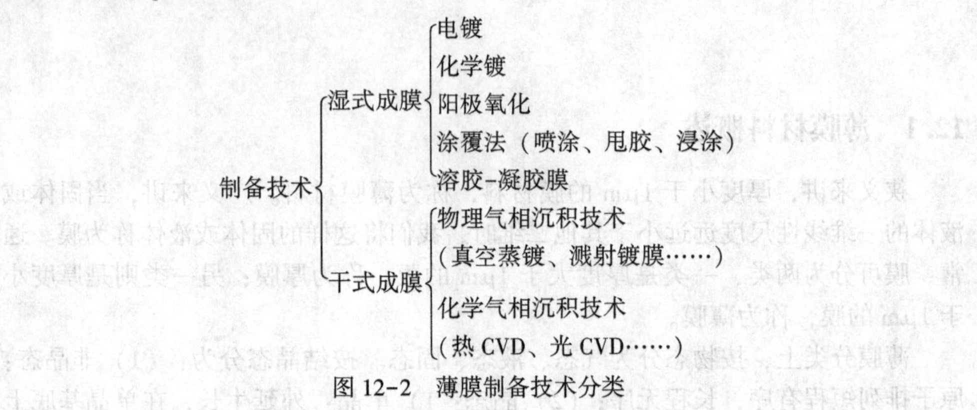

图 12-2 薄膜制备技术分类

12.2 钛系化合物薄膜的制备方法

以 TiN、TiC、TiB_2 等为代表的钛系化合物薄膜，由于其优良的力学性能、化学稳定性以及良好的附着力等特点，引起了研究者的关注。有关钛系化合物薄膜的研究热点主要集中于单层膜的制备及性能测试。

12.2.1 制备方法概述

钛系化合物薄膜制备方法总体分为物理气相沉积和化学气相沉积。

物理气相沉积（PVD）是指在真空环境下源物质经蒸发或溅射后以原子、分子或离子状态存在，然后迁移并凝聚在基体表面形成薄膜。物理气相沉积法的沉积温度相对较低，适用范围广泛，其制备的薄膜具有致密度高、结合力好、组分多样等优点。按照沉积时物理机制的差别，物理气相沉积主要分为真空蒸镀、溅射镀、离子镀等基本类型。当前，钛系薄膜的制备也多数采用物理气相沉积的方法。

化学气相沉积（CVD）是在高温条件下，混合气体与基体表面相互作用使混合气体中的某些成分分解，并在基体上形成一种金属或化合物的固态薄膜或镀层。化学气相沉积法具有沉积纯度高、致密性好、镀层均匀以及可在复杂形状的基体上镀膜的优点，但也有不足，如：反应温度高，产生有害气体会侵蚀基体表面并危害人体健康，影响了其在工业上的进一步推广应用。目前化学气相沉积方法应用较广的主要有等离子体增强化学气相沉积（PECVD）化学气相沉积（LCVD）法。

12.2.2 蒸镀法

蒸镀法是一种应用较早的物理气相沉积方法，有膜基结合力较差以及工艺重复性不好的缺点。因此，目前国内外有关采用蒸镀法制备钛系薄膜的研究较少。杜素梅等采用蒸镀法在金刚石薄膜上制备了 Ti/Ni/Au 多层膜。通过富氧预处理方法，金刚石膜和多层金属膜之间获得了很高的结合强度，其结合强度可达 47.8MPa。研究发现，C 向 Ti 层中进行扩散，并出现了厚约 90nm 的 TiC 稳定层，说明富氧处理为 TiC 的形成提供了合适的条件。Le Clair 等在 Si 基体上沉积得到 TiN 薄膜。研究发现，在 350~415℃时，薄膜呈现出金黄色光泽，晶粒大小为 10~150nm，TiN 薄膜沿（111）和（200）晶面择优取向生长，通过划痕实验发现 TiN 薄膜无明显剥落现象，说明薄膜基体有较好的结合强度。纳米 TiN 粉末及金属镀钛膜如图 12-3 所示。

(a)

表面镀有氮化钛薄膜的金属

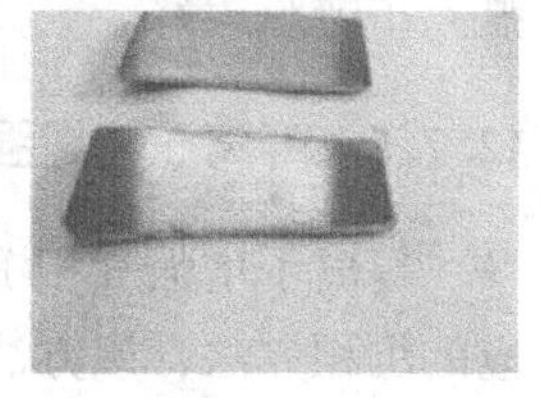

(b)

图 12-3 纳米 TiN 粉末（a）及金属镀钛膜（b）

12.2.3 溅射法

在各种沉积方法中溅射法具有多功能性和灵活性的特点，已成为当前薄膜制备的一种重要方法。根据溅射特征的不同，又可分为直流溅射、磁控溅射、交流溅射和反应溅射等。其中磁控溅射以工作温度低、工件变形小和膜层致密等优点，成为钛系化合物薄膜制备较为常用的一种方法。张敏等采用磁控溅射的方法在 Ti6Al4V 基体制备 TiN/Ti 复合膜，实验表明，通过添加一层 Ti 作为过渡层的方法，改善了薄膜与基体的结合强度，结合强度大于 100N，且经划痕试验后薄膜无明显剥落现象；摩擦实验发现镀有 TiN/Ti 薄膜的耐磨性能明显高于无膜的基体，其最大磨痕深度仅为基材的 1/2，磨损体积比基材减少了近 200%。Mattias 等通过在基体上施加负偏压法制备 TiB_2 薄膜，研究发现，随着偏压的增大 TiB_2

薄膜呈（0001）择优取向生长，偏压为-50V 时，薄膜硬度达到最大 53GPa，弹性模量可达 605GPa，分析认为 TiB_2(0001）择优取向生长对薄膜性能的提高起到促进作用。

12.2.4 离子镀法

离子镀是蒸镀与溅射镀膜技术的结合，具有膜基结合力强、适应性好等优点。在各种离子镀方法中，电弧离子镀以其离化率高、高效、低成本、薄膜质量好的优点，在离子镀技术中发展最快、应用最广。现今，电弧离子镀技术成为钛系薄膜制备的一种主要生产工艺。奚运涛等采用磁控溅射和多弧离子镀技术在钛合金（Ti6Al4V）表面制备了 TiN 薄膜。结果表明：磁控溅射和多弧离子镀 TiN 膜层均能显著提高钛合金表面的硬度和承载能力；磁控溅射 TiN 膜层表面光滑致密，无明显缺陷，但薄膜的承载能力和结合强度较低；多弧离子镀 TiN 膜层结合强度高、承载能力强，显微硬度可达 $HV_{0.025}$1956。划痕实验发现磁控溅射 TiN 膜层的划痕内部含有大量裂纹，并有轻微脱层现象；多弧离子镀 TiN 膜层未出现裂纹和脱层现象，且划痕较浅，表明磁控溅射膜层韧性较差，膜基结合强度不如多弧离子镀膜层好。

12.2.5 等离子体增强化学气相沉积

等离子增强气相沉积是一种利用低气压等离子体中的电子动能来激发化学反应的沉积方法，该方法显著降低了沉积温度。PECVD 不仅具有 CVD 的良好绕镀性，而且它还比 CVD 法制备的薄膜针孔少、组织致密、不易产生微裂纹，可以显著改善镀层的微观结构和性能。马胜利等在高速钢（W18Cr4V）基体上沉积得到 TiN 薄膜。研究发现：随着脉冲电压增大，TiN 晶粒变大，膜层脆性增大；膜基结合力随电压先增大后下降，当电压为 650V 时，TiN 薄膜为面心立方结构，晶粒细化，与基体结合最好。此时，膜基界面出现一层伪扩散层，可见伪扩散层的存在改善了膜基结合行为。

赵程等以 H_2、N_2 和 $TiCl_4$ 为反应气体，在高速钢（W6Mo5Cr4V2）基体上沉积得到 TiN 薄膜，并对薄膜进行热处理。研究发现：TiN 薄膜具有（200）择优取向，且随热处理温度的升高（200）晶面的衍射峰变强晶面间距变小；热处理后薄膜硬度先降低后升高，最高可达 20GPa，分析认为，热处理后薄膜的（200）织构变强、晶粒细化以及薄膜结晶度提高对薄膜性能产生了有利影响。

12.2.6 激光化学气相沉积

激光化学气相沉积充分利用了激光能量高、加热速度快等特点，使沉积速度大大提高。与普通 CVD 法相比具有低温化、低损伤以及选择性生长等方面的优点，沉积的薄膜表面平整，成分均匀，膜层较厚，目前看来 LCVD 法具有非常广阔的应用前景。王豫在高速钢（W18Cr4V）基体上沉积获得 TiN 薄膜。结果表明：TiN 薄膜在（111）、（200）和（220）晶面具有较强的衍射强度。在一定范围内，功率越大越容易沉积薄膜，但功率过高薄膜内应力上升，脆性增大；当功率为 600W，$H_2 : N_2 = 1 : 2$ 时沉积薄膜的性能最好，硬度可以达到 HV2500。公衍生等以 $C_{16}H_{40}N_4Ti$ 和 NH_3 为反应气体，在氧化铝基体上沉积得到 TiN_x 薄膜。结果表明：TiN_x 薄膜成分均匀，界面清晰，与基底结合紧密；随加热温度的升高，TiN_x 薄膜取向由（111）转为（200）；薄膜沉积速率随激光功率的升高先增大后减小，当功率为 100W 时，其沉积速率显著高于其他方法制备的 TiN_x 薄膜，达到 90μm/h。

12.3 钒系化合物薄膜材料

钒作为过渡族元素，与氧作用可以形成以固态存在的多种氧化物。常见的除了 VO_2 和 V_2O_5 外，还有十多种不同的物相，其中研究较多的氧化钒晶体有 VO_2 和 V_2O_5。VO_2 和 V_2O_5 薄膜具有热敏、气敏、电致变色、光致变色等多种性能，制备工艺成熟。并与半导体技术、微机械技术相结合在电子学、光学方面开辟了许多崭新的应用领域。

12.3.1 二氧化钒薄膜简介

二氧化钒(vanadium(Ⅳ))，分子量为 82.94。二氧化钒（vanadium dioxide）为深蓝色晶体粉末，单斜晶系结构。密度为 $4.260g/cm^3$，熔点为 1545℃。不溶于水，易溶于酸和碱中。溶于酸时不能生成四价离子，而生成正二价的钒氧离子。

钒氧化物是一种成分复杂的金属氧化物，具有 V_2O_5、VO_2、V_2O_3、VO 等至少 13 种不同的种类，并且存在着 V_nO_{2n-1}（$3 \leqslant n \leqslant 9$）和 V_nO_{2n+1}（$3 \leqslant n \leqslant 6$）的中间相。钒氧化物具有相变特性，其中 VO_2 相变温度为 68℃，最接近室温，使它在相变结构、制备方法、应用发展等方面广受研究。

相变前后结构的变化导致对红外光由透射向反射的可逆转变，人们根据这一特性将其应用于制备智能控温薄膜领域。由于其优异的导电特性，也同时应用于电子器件。VO_2 相变过程中伴随着晶体结构和能带结构的变化，从而在光学和电学性能上发生突变。光学上表现为红外透过率和折射率的突变，电学上表现为电阻温度系数（TCR）的突变，利用这一特性，VO_2 薄膜在红外光学智能窗、激光防护材料、自适应隐身、电致光开关器件、太赫兹调制器等领域具有广泛应用前景。二氧化钒薄膜调温原理如图 12-4 所示。

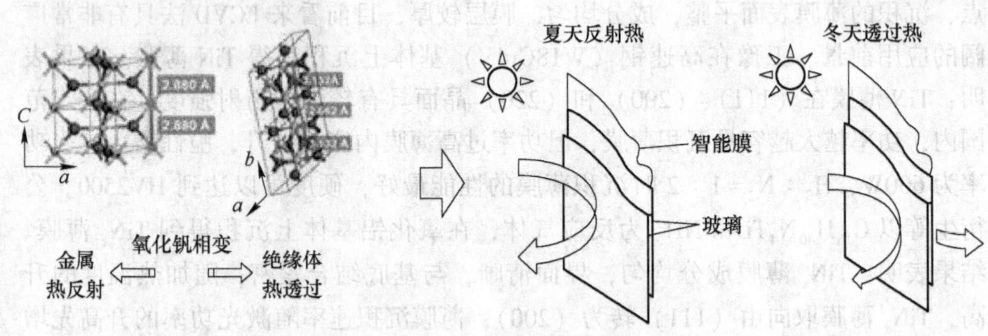

图 12-4 二氧化钒薄膜调温原理

12.3.2 五氧化二钒薄膜简介

V_2O_5 薄膜是很受重视的过渡族金属氧化物薄膜。由于 V_2O_5 有其特殊的结构特性，尤其是在电子器件上的应用，V_2O_5 更显示出了它特殊的电学和光学性质。

V_2O_5 的晶体类型属于钙钛矿结构，斜方八面体，具有层状结构，可看作由畸变的四方棱锥体连接而成。每个钒原子有一个单独的末端氧原子，相当于一个 V ═O 双键，其余四个氧原子与钒原子桥式连接形成 V—O—V 键，畸变的四方棱锥连接构成起皱的层状排列。从另一层引入第六个氧原子，这样各层便连接构成高度畸变的八面体 V_2O_5 晶体。

五氧化二钒的层状结构决定了薄膜在生长过程中，会出现层状的优先生长。从能量角度考虑，薄膜的择优取向或结构应遵循表面能、界面能和应变能的总体效应为最小。对于钙钛矿结构，从成键方式的角度考虑其能量最低的结晶取向，可以认为，薄膜是沿 *a*、*b* 轴平行于衬底的方向取向生长，即（001）晶面平行地平铺在衬底平面。

五氧化二钒在 257℃左右能发生从半导体相到金属相的转变。薄膜态的通常是缺氧的型半导体金属氧化物。当 V_2O_5 晶体处于半导体相时，它的禁带宽度大致在 1.95~2.70eV 范围（因为大多数工艺制备的材料可能都是混合物，因此各种工艺制备得到的禁带宽度可能不同），且具有负的电阻温度系数。V_2O_5 多晶薄膜在室温附近电阻率一般大于 100Ω · cm，甚至达到 1000Ω · cm，这取决于薄膜的制备条件，并且 V_2O_5 多晶薄膜在可见光和近红外区域（波长小于 2μm）比 VO_2 透过率要高。在相变前后 V_2O_5 薄膜的电阻率可以发生几个数量级的变化，同时伴随光学特性的显著变化。

12.3.3 二氧化钒粉体的合成方法

由五氧化二钒和三氧化二钒的固相反应合成。将化学计量的反应混合物装入石英管，抽真空密封，加热 40～60h。最初在 600℃下加热，接着加热到 750～800℃，直至反应完。

只要严格控制固、气相体系的氧化还原反应条件，也能制得组成比较一致的二氧化钒。例如：

(1) 应用 CO_2 和 H_2 混合缓冲气体：将 CO_2 和 H_2 在常温下的分压比（P_{CO_2}/P_{H_2}）从 1000∶1 调整到 3000∶1，在 1000～1400℃温度下的氧气分压调节为 1～100Pa。在这种气氛中，以五氧化二钒或三氧化二钒为起始原料，保持约 20h 以上，可以得到二氧化钒。

(2) 应用干燥 SO_2 气体：在以五氧化二磷干燥的 SO_2 气流中，于 500～650℃、20～40h 内，使五氧化二钒还原，或使三氧化二钒氧化，均可得到二氧化钒。

此外，还有水解法、草酸氧钒热分解法及水热法等。

12.3.4 二氧化钒及五氧化二钒薄膜的制备方法

二氧化钒及五氧化二钒薄膜有多种制备方法，主要包括磁控溅射法、脉冲激光沉积法、溶胶-凝胶法、真空蒸发法、化学气相沉积法等。

12.3.4.1 磁控溅射法

磁控溅射法通常利用氩离子轰击 V 或 V_2O_5 靶产生溅射效应，使 V 粒子或离子从靶表面射出，运动过程中再与氧气接触反应，继而在衬底表面沉积形成氧化钒薄膜。溅射法又可分为多种具体形式，如二极溅射、三极或四极溅射、磁控溅射、射频溅射等。其中，磁控溅射又细分为直接溅射、直流（DC）反应磁控溅射和射频（RF）反应磁控溅射等。磁控溅射法对靶材的要求就是必须为导体。磁控溅射法是溅射技术的最新成就之一，其主要特点是沉积速度较高（比其他溅射法高出一个数量级），并且溅射时衬底温度较低。采用此方法在 Ar 和 O_2 低压环境下溅射纯金属钒靶，可制备出性能优越的 VO_2 薄膜。但是对靶材的要求较高，一是纯度要求高，二是尺寸及表面光洁度要求较高。

12.3.4.2 脉冲激光沉积法（PLD）

脉冲激光沉积是利用脉冲激光加热 V 或 V_2O_5 靶材至熔融状态，促使靶材中的原子、电子甚至离子喷射出来与反应气体接触反应，并在一定距离外的基底上沉积形成氧化钒薄膜。脉冲激光沉积法（PLD 法）也属于真空蒸镀法之中的一种。自从 20 世纪 80 年代末脉冲激光沉积法在高温氧化物超导薄膜的研制上取得巨大成功后，已在诸多领域的材料制备中得到了广泛的应用。PLD 法被公认为目前制备薄膜的较好方法之一。

12.3.4.3 溶胶-凝胶法（Sol-Gel）

溶胶-凝胶法是化学法制备氧化钒薄膜的常用方法，根据制备过程不同可以分为无机 Sol-Gel 法和有机 Sol-Gel 法。无机 Sol-Gel 法是以 V_2O_5 为前体，高温熔融后迅速加入到蒸馏水中搅拌溶胶、凝胶，然后旋涂到基底上，再经热处理得到 VO_2 薄膜。Sol-Gel 法的基本原理是：前驱体（或称无机原体）溶于溶剂中（水或有机溶剂），形成均匀的溶液，溶质与溶剂发生水解（或醇解）反应，反应的生成物聚集成超细粒子并形成溶胶。溶胶经蒸发干燥形成具有一定空间结构的干凝胶，再经热处理既可制备出所需的无机晶体材料。前驱体一般使用金属醇盐（可用 $M(OR)_n$ 表示）。所制得的无机晶体材料，可以是颗粒粉末，也可以是薄膜或纤维等。

无机 Sol-Gel 法（Inorganic Sol-Gel），其原料一般是金属盐的水溶液。这种方法比较简单，原料成本低。其基本工艺过程为：首先制得含有全部或部分组分的溶液，经过水解形成溶胶，经过胶凝化形成凝胶，再经过烘干、煅烧等热处理过程制得所需形状的无机材料。有机 Sol-Gel 法（Organic Sol-Gel），其基本过程为：将易于水解的金属醇盐溶解在某种溶剂中，再加入所需的其他无机或有机物料，配制成均质溶液，在一定的温度下进行水解、缩聚等化学反应过程，由溶胶转变成凝胶。最后经过干燥、烧结等热处理过程，制得所需的晶体材料。其基本反应有水解反应和聚合反应。上述过程可在较低温度下进行，区别于溶液中的析晶过程。

12.3.4.4 真空蒸发法

真空蒸发法是在真空腔体内，对成薄原料进行加热蒸发，使原材料的原子或分子从表面气化并逸出，逐步沉积到衬底表面，附着凝结或发生化学反应从而形成氧化物薄膜。其加热方式主要有电阻法、电子束法、电弧法和激光法等。如将活性气体引入真空室，使活性气体的原子、分子和从蒸发源逸出的蒸发金属原子、低价化合物分子在衬底表面沉积过程中发生反应，从而形成所需的高价化合物薄膜，此时的蒸发法称为反应蒸发法。活性气体在真空室中的压强一般为 $10^{-1} \sim 10^{-3}$Pa。采用此法制备 VO_2 薄膜时以 O_2 为活性气体、加热蒸发纯金属钒，使其沉积到衬底上，得到钒氧化物薄膜，然后再进行镀后热处理即可获得 VO_2 薄膜。

12.3.4.5 化学气相沉积法（CVD）

化学气相沉积法是利用载气将气态反应物送入反应腔，在基底上发生化学反应、沉积生成 VO_2 薄膜的方法，根据压力不同分为常压 CVD 法和低压金属有机

MOCVD 法。

CVD 法是把含有构成薄膜元素的一种或几种化合物的单质气体供给衬底，利用加热等能源借助气相作用或在衬底表面的化学反应（如热分解、还原、氧化、化合等）生成所要求的薄膜。CVD 法是一种化学反应方法，其反应可在常压或低真空条件下进行，但要求反应物在沉积温度下必须具有足够高的蒸气压，同时沉积的薄膜必须具有足够低的蒸气压。此法可制备多种物质的单晶、多相或非晶态的无机薄膜。

MOCVD 法是利用金属有机化合物的热分解反应进行气相外延生长薄膜的一种 CVD 技术。该方法的主要过程是以不活泼气体为载气，将被蒸发的金属有机化合物输送到真空室待镀衬底表面处，待镀表面加热到某一适合于金属有机化合物分解的温度。通常选用金属的烷基或芳基衍生物、烃基衍生物、乙酰丙酮基化合物、羰基化合物等为源材料。MOCVD 法的主要特点是沉积温度低，工艺简单，容易实现，且适用范围广。

12.3.5 二氧化钒薄膜的应用领域

12.3.5.1 光学智能窗材料

随着能源问题日益突出，节能减排越来越受到人们的关注。VO_2 相变薄膜具有光透过率调节特性可作为光学智能窗材料。在低温半导体态，VO_2 的红外透过率高，而高温金属态时，红外波段透过率显著下降，可有效限制红外辐射对室内的温升效应。但 VO_2 的相变温度为 68℃，远高于室温，无法满足实际要求。大量研究发现，掺杂某些元素能改变 VO_2 的相变温度。

二氧化钒由于其在发生相变前后伴随优异的光学性质突变，成为智能控温薄膜材料的首选。但是由于受到制备的二氧化钒薄膜相变温度、可见光透过率和对太阳光调节能力的制约，二氧化钒薄膜智能窗的应用至今未能普及。

VO_2 作为一种典型的可逆热致相变功能材料，在经过多种加工工艺处理后均可以被制成具有明显相变特性的薄膜，当外界温度低于 VO_2 的临界相变温度 T_c 时，热致变色 VO_2 薄膜具有较高的红外光透过率，室内温度随着光线的进入而逐渐升高，当外界的温度高于 VO_2 临界相变温度 T_c 时，可见光区域透过率变化不大，薄膜对红外光的透过率降低，室内温度下降。因此 VO_2 薄膜在智能窗方面有非常广阔的应用前景。图 12-5 展示了智能窗在夏、冬两季对室内温度的控制原理。

使用纯相的 VO_2 是不实际的，在 VO_2 薄膜被实际推广应用之前，有 3 个主要问题需要解决：

第一，VO_2 的相变温度太高。VO_2 的“半导体-金属”相变温度（T_c）是 68℃，如果在室温条件下使用 VO_2，需要将 T_c 降低到室温范围。

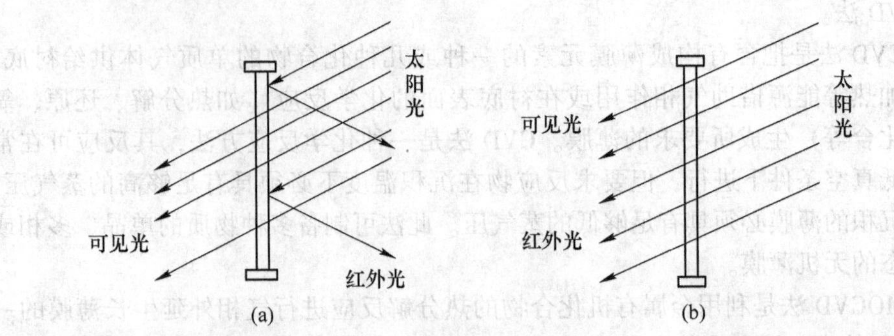

图 12-5 夏季室内温度较高（a）和冬季室内温度较低（b）时智能窗的控温原理

第二，VO_2 的透光率太低。一般所制备的二氧化钒薄膜在可见光区域的透过率为 40%左右，相对比较低，因此如果想将其广泛应用于智能窗材料，必须提高它们的可见光透过率。

第三，VO_2 的调节能力（ΔT_{SOL}）太小。在二氧化钒薄膜发生相变前后，对太阳能近红外透过率的调节能力（ΔT_{SOL}）太小，单层 VO_2 薄膜的 ΔT_{SOL} 通常不到 10%，所以需要提高 VO_2 薄膜对太阳能的调制能力。掺杂和复合膜结构是改进 VO_2 薄膜智能窗存在三大问题的两种重要方法。

12.3.5.2 电致光开关器件

电致光开关是 VO_2 电致相变理论的具体体现，在电场或脉冲电压诱导下，VO_2 同样会发生半导体-金属相变（SMT），通过电流将发生突变，并对相应波长辐射产生光开关效应。

12.3.5.3 激光防护材料

激光武器的出现，在很大程度上改变了现代战争的面貌。特别是强激光武器无论是对飞行器、导弹的硬摧毁，还是对导引头、探测器甚至人眼致盲、致眩的软杀伤，都给对手以极大的威慑。VO_2 在激光防护方面具有应用前景，低温相变之前，VO_2 具有较高透过率，保证探测器能正常工作；受到激光照射时，薄膜迅速吸热发生半导体-金属相变，在探测器达到损伤阈值之前将激光能量反射回去，待干扰激光消失后，探测器仍能继续工作。

12.3.5.4 记忆功能材料

VO_2 的相变过程是可逆的，但相变前后，单斜相结构与金红石结构的 VO_2 在晶格体积以及结构特性上存在差异，将产生相变阻力，相变曲线上表现为迟滞回线的产生。利用这一特性使用脉冲电压和激光激励 VO_2/SiO_2 薄膜，作用区域发生 SMT 相变，保持该区域温度不变（持续相变状态），再用脉冲电压或激光作用于该区域，则能以电阻或透过率的形式读出这一信号，即此时的VO_2薄膜具有记忆功能。

12.3.5.5 红外自适应隐身材料

VO_2热致相变会导致红外透过率的变化，同时也导致红外发射率的变化，表现为低温时的高发射率和高温时的低发射率。低温时发射率高，但根据斯忒藩-玻耳兹曼定律，辐射出射度M与温度T^4成正比，高发射率并不能引起质变；而高温时，由于发射率低，又能够很好地隐藏于环境之中，表现出弱的红外特性。这一过程随温度变化自发进行，因此VO_2可用于红外自适应隐身。

VO_2在温度升高时可以主动降低其红外发射率，控制自身红外辐射强度，具有自适应特性，是一种能够作为调控红外发射率的理想材料，广泛应用于自适应红外伪装隐身技术中。但是，VO_2材料的颜色为蓝黑色，在伪装上应用存在与可见光波段不兼容的问题，难以应用于多谱段伪装，如何改变VO_2材料的颜色、实现可见/红外兼容伪装这一难题亟待解决。

12.3.5.6 太赫兹温控调制器

太赫兹（0.1~10THz）波段（30μm~3mm）恰处于远红外与毫米波之间，在民用和军事上都是太赫兹探测及远红外热探测的重要频域。VO_2在太赫兹波段的应用主要是利用其相变特性对THz波的高调制作用。

综上，VO_2薄膜的制备方法多样且相当成熟，包括磁控溅射法、脉冲激光沉积法、溶胶-凝胶法、热蒸发法等，都能得到性能良好的VO_2薄膜，但由于V氧化物本身种类繁多且各种氧化物都包含多相，因而制备单一相、性能稳定的VO_2薄膜依然是一个难题。这也限制了VO_2薄膜的应用，尽管VO_2薄膜在光学智能窗、电致光开关、激光防护薄膜、红外自适应隐身材料等领域的应用研究较早，但不少领域仍停留在实验室阶段，部分应用还有待进一步探索。

12.3.6 五氧化二钒薄膜的应用领域

近年来，V_2O_5、LiV_2O_5、$LiMn_2O_4$、$LiCoO_2$等氧化物薄膜尤其在薄膜电池的电极材料、光电开关、MEMS和其他许多新领域的广泛应用逐渐为人们所关注。在这些氧化物薄膜电极材料中，非晶氧化钒α-V_2O_5薄膜是最有实用前途的薄膜锂电池电极材料。这主要是由于它具有高能量密度、高充放电容量和易于加工的特点。此外，在一些电致变色材料中的应用也得到了一定的发展。

12.3.6.1 电压开关

在V_2O_5薄膜中可以观察到电压开关特性。将Au蒸镀在薄膜上形成金电极，相隔 0.1mm 形成平面结构器件。其阈值电压约 25V，最小电流为 500μA。在开和关的状态下，电阻比 400，该值与器件的制备工艺有关，其值可高达 800，阈值电压与温度有关。同时开关特性还与 V^{4+} 所占的比例有关，当 V^{4+} 含量超过 4% 时，器件没有开关特性。

12.3.6.2 气体传感器

在 V_2O_5 薄膜中，如果有部分 V^{5+} 被还原为 V^{4+}，即存在一些氧空位，那么它将对还原气体非常敏感。我们可以把 V^{4+} 想象为 V^{5+} 外加一个电子，则这些负离子空位和间隙阳离子在效果上对材料电学性能影响是一致的。正是这个电子使得这种薄膜具有 n 型半导体性质，童茂松等用溶胶凝胶法制备了 V_2O_5+1wt%Pd+3wt%Au 薄膜气敏元件。

12.3.6.3 锂电池可逆阴极

锂电池利用了 Li^+ 能可逆地出入基体晶格的性质，在 V_2O_5 薄膜材料具有良好的可逆性是因为它具有层状结构，而且层与层之间具有较弱的 V—O 键，在 Li^+ 出入其中时晶格变化较小。研究表明，V_2O_5 干凝胶薄膜在适当的动力学热力学条件下有可能使锂离子嵌入量增大。

12.3.6.4 智能窗对电极层

V_2O_5 薄膜具有阴阳双重电致变色特性，因而用作智能窗对电极层。吴广明等发现，V_2O_5 薄膜在近紫外区域的吸收系数与 $h\nu$ 光子能量具有线性关系。由于薄膜是一种无序结构，波矢 κ 不再是很好的量子数，电子从价带跃迁到导带不再需要满足动量守恒。Li^+ 进入 V_2O_5 薄膜后引起的光学带隙增宽与半导体带隙随掺杂浓度增加而展宽的原理相似。

12.4 氧化钒-氧化石墨烯复合薄膜的制备及其光电特性

12.4.1 氧化钒复合薄膜的制备方法简介

目前，VO_x 薄膜的传统制备方法主要有磁控溅射、电子束或电阻蒸发、化学气相沉积等，溶胶-凝胶法是制备 VO_x 薄膜的重要方法。尽管 VO_x 薄膜具有较高的稳定性和较大的电阻温度系数（TCR），但通常溶胶-凝胶法直接制备的 VO_x 薄膜电阻率较高（100~1000Ω · cm），由此导致较大的器件噪声和较低的灵敏度，影响其在红外探测器中作为热敏材料的应用。为了进一步提高 VO_x 薄膜的性能，前人对 VO_x 复合薄膜进行了大量的探索。

石墨烯是由单原子层（厚度仅为 0.3354nm）构成的新型二维纳米材料，这种特殊的结构赋予了石墨烯许多优异的物理和化学性质。这些奇特的性能使石墨烯在电化学、能量储存、纳米光电器件及复合材料等方面具有广泛的应用前景。周宏等将氧化石墨烯（GO）纳米片和环氧树脂复合，通过调节 GO 的填充量，使复合材料的冲击强度和抗弯性能等获得明显改善。Zhang 等通过将石墨烯与 VO_x 复合，使复合薄膜具有更快的电致变色响应速率。虽然上述研究报道了一些相关内容，但是由于其侧重领域不同，这些成果不包含与红外探测器热敏电阻材料相关的光电性能的系统研究。因此，与传统的 VO_x 薄膜相比较，VO_x-石墨烯复合薄膜是否合适于红外探测器应用，国内外尚无定论。电子科技大学李欣荣等利用 GO 对 VO_x（其中，$1 \leqslant x \leqslant 2.5$）薄膜进行改性，采用旋涂 VO_x 和喷涂 GO 相结合的方法制备了 VO_x-GO 复合薄膜。

12.4.2 氧化钒-氧化石墨烯复合薄膜的制备工艺

12.4.2.1 VO_x 的制备

实验所用 V_2O_5 粉末、苯甲醇、异丁醇和无水乙醇等纯度均为分析纯。称取 3.28g V_2O_5 粉末、7.5mL 苯甲醇和 52.5mL 异丁醇倒入圆底烧瓶中，用玻璃棒搅拌使其均匀混合。然后，采用油浴加热的方法，将盛有混合溶液的圆底烧瓶在 110℃下磁力搅拌回流反应 4h。反应完成后，取出反应液，并以 2500r/min 离心 20min。提取离心获得的上清液，静置 24h 后进行二次离心分离，再取上清液得到 VO_x 溶胶。

12.4.2.2 GO 分散液的制备

GO 的分散均匀性是影响喷涂法制备薄膜的关键，为此，实验中选用了含有—OH 等官能团的 GO 试剂。与 GO 在去离子水中的情况相比，GO 在无水乙醇中具有更好的分散性，且分散液稳定、不易发生沉降现象。此外，由于乙醇的沸点为 78℃，在气体喷涂过程中能够很快挥发，不会凝结成液滴，从而有利于提高复合薄膜的成膜均匀性。而且，实验采用溶胶-凝胶法制备 VO_x 溶胶，在制备复合薄膜的过程中，需要避免水对 VO_x 的影响。鉴于以上几点，实验中采用乙醇作为分散剂制备 GO 分散液。称取 50mg 的 GO 粉末缓慢加入盛有 50mL 乙醇的烧杯中，搅拌，并在 70℃水浴环境下超声 4h，得到分散均匀的 GO 分散液，备用。

12.4.2.3 VO_x-GO 复合薄膜的制备

采用旋涂和喷涂相结合的方法制备复合薄膜：利用旋涂方法制备 VO_x 薄膜，通过喷涂方法将 GO 复合到 VO_x 薄膜中。VO_x 溶胶的旋涂条件为：初转 5s，转速为 1000r/min；二级旋转 40s，转速为 2500r/min。每次旋涂 VO_x 溶胶之后，均在

180℃温度下加热 20min，使溶胶初步固化，以便下次旋涂。GO 喷涂条件为：喷笔气压为 0.15MPa，距离衬底高度为 20cm，通过控制喷涂时间来调节复合薄膜中 GO 的含量。实验中，VO_x 溶胶旋涂与 GO 喷涂交替进行，VO_x 溶胶共旋涂 3 次，GO 共喷涂 2 次，控制所掺 GO 在复合薄膜中的质量比约为 5%。最后，将复合薄膜在 310℃下退火 1h。作为参照，在相同条件下，制备了未加入 GO 的纯 VO_x 薄膜。

12.4.2.4 VO_x 薄膜和 VO_x-GO 复合薄膜的表征

利用 SEM 分别对采用本方法制备的纯 VO_x 薄膜和 VO_x-GO 复合薄膜的形貌进行表征。进一步采用 XRD 对 VO_x 薄膜和 VO_x-GO 复合薄膜进行表征，以获取薄膜的晶体结构信息。然后，对所制的纯 VO_x 薄膜和 VO_x-GO 复合薄膜采用五振子 Tauc-Lorentz 模型进行了椭偏测试。利用紫外可见分光光度计和 FTIR 对所制备的 VO_x 和 VO_x-GO 复合薄膜的光学性能进行测试。此外，为了评价 GO 的加入对薄膜电学性能的影响，进一步采用高阻仪对 VO_x 和 VO_x-GO 复合薄膜的电阻温度特性进行了测试。

12.4.3 氧化钒-氧化石墨烯复合薄膜性能分析

VO_x 薄膜和 VO_x-GO 复合薄膜的电学性能如图 12-6 所示。纯 VO_x 薄膜的室温方阻约为 17.26MΩ，根据椭偏测量得到的该薄膜的厚度（62.7nm），可计算得到其电阻率约为 108.78Ω · cm，该值与文献报道的 V_2O_5 电阻率接近，说明 VO_x 薄膜主要成分为 XRD 所显示的 V_2O_5。

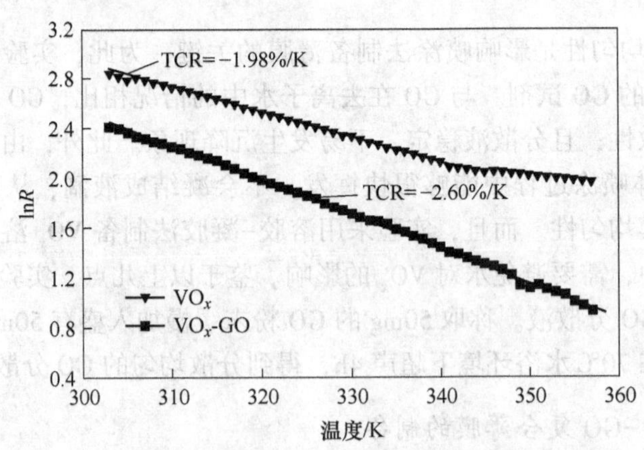

图 12-6 VO_x 薄膜和 VO_x-GO 复合薄膜的电阻-温度关系

采用溶胶-凝胶制备的 VO_x 薄膜，其主要成分为 V_2O_5 晶体，具有较高的电阻和较低的薄膜均匀性，不利于将其直接作为热敏材料应用在红外探测器中。采用旋涂和喷涂相结合的方法能够将GO、石墨烯与VO_x相复合，制成新型的VO_x-GO复合薄膜，提高了薄膜的致密度，为其实际应用带来薄膜质量的提高。此外，石墨烯与VO_x通过相互作用，使V_2O_5被还原成一定量的低价态VO_x。这些低价态VO_x与GO共同作用，使复合薄膜具有更高的电导率。当然，应该注意到，与形成VO_x-碳纳米管复合薄膜的情况相比较，形成VO_x-GO复合薄膜导致的阻值减小幅度并不大。因为实验中采用的主要是GO，不是导电性更强的纯石墨烯(纯石墨烯与VO_x的复合效果差)。而且，二维石墨烯由于尺寸及表面张力的原因，无法如碳纳米管一样在复合薄膜中形成大量交错的导电通路。因此，VO_x-GO复合薄膜电导率的提高程度不如VO_x-碳纳米管复合薄膜的明显。但是，由于GO具有较高的TCR，从而使VO_x-GO复合薄膜的TCR明显优于VO_x-碳纳米管复合薄膜。另一方面，与采用类似方法制备的纯VO_x薄膜相比较，VO_x-GO复合薄膜具有较低的薄膜电阻和较高的TCR，因此后者的综合电学性能获得提高。不仅如此，GO、石墨烯与VO_x的相互作用还使复合薄膜具有更高的光吸收性能。

上述实验表明，氧化石墨烯（GO）加入到氧化钒（VO_x，其中$1 \leqslant x \leqslant 2.5$）中形成复合薄膜之后，GO试剂中含有的石墨烯会与$VO_x$中含有的$V_2O_5$发生氧化还原反应，生成部分低价态的V；而且，GO中的O还会与VO_x中的V作用生成新的GO—V_2—O键，从而改变VO_x的形貌、组分、晶相、电学及光学性能。VO_x-GO复合薄膜除了具有较高的致密度和均匀性之外，还具有较低的方阻(11.21MΩ）和较高的电阻温度系数（-2.60%/K)，以及更强的光吸收性能。这些物理性质的提高，能够促进VO_x薄膜作为热敏电阻材料在非制冷红外探测器中的应用。

参考文献

[1] 殷景华．功能材料概论［M］．哈尔滨：哈尔滨工业大学出版社，2004.
[2] 王正品，张路，要玉宏．金属功能材料［M］．北京：化学工业出版社，2004.
[3] 马如璋，蒋民华，徐祖雄．功能材料学概论［M］．北京：冶金工业出版社，1999.
[4] 崔雅茹，王超．特种冶炼与金属功能材料［M］．北京：冶金工业出版社，2010.
[5] 张杨．镍钛形状记忆合金超弹性本构关系［D］．大连：大连理工大学，2013.
[6] 张超．基于形状记忆合金（SMA）柔性执行器的研究［D］．沈阳：沈阳工业大学，2010.
[7] 于振涛，余森，程军，等．新型医用钛合金材料的研发和应用现状［J］．金属学报，2017，53（10）：1238~1264.
[8] 付艳艳，于振涛，周廉，等．显微组织对 Ti-13Nb-13Zr 医用钛合金力学性能的影响［J］．稀有金属材料与工程，2005，34（6）：881.
[9] 胡忠鲠．现代化学基础（第三版）［M］．北京：高等教育出版社，2009.
[10] 张利军，周中波，常辉，等．高钼含量 β 型钛合金的偏析行为及预防措施［J］．中国有色金属学报，2013，23（8）：2206.
[11] Long M，Rack H J. Titanium alloys in total joint replacement—A materials science perspective［J］．Biomaterials，1998，19：1621.
[12] Rack H J，Qazi J I. Titanium alloys for biomedical applications［J］．Mater. Sci. Eng.，2006，C26：1269.
[13] Takahashi E，Sakurai T，Watanabe S，et al. Effect of heat treatment and Sn content on superelasticity in biocompatible TiNbSn alloys［J］．Mater. Trans.，2002，43：2978.
[14] 李献民，刘立，董洁．钛及钛合金材料经济性及低成本方法论述［J］．中国材料进展，2015，34（5）：401~406.
[15] 于振涛，余森，程军．新型医用钛合金材料的研发和应用现状［J］．金属学报，2017，53（10）：1238~1264.
[16] 赵强．TiFe 系贮氢合金研究进展［J］．山西化工，2005，25（5）：1~7.
[17] 裴沛．V 系储氢合金及其合金化［J］．材料导报，2006，20（10）：123~127.
[18] 李朵．钒基储氢合金的研究进展［J］．材料导报，2015，29（12）：92~97.
[19] 王常江．钒基贮氢合金的化学制备与表征［D］．重庆：重庆大学，2008.
[20] 牛森．钛基储氢合金的制备及电化学性能研究［D］．长沙：中南大学，2013.
[21] 邹建新，李亮，崔旭梅，等．钒钛产品生产工艺与设备［M］．北京：化学工业出版社，2014.
[22] 邹建新，彭富昌．钒钛物理化学［M］．北京：化学工业出版社，2016.
[23] 杨锦，刘颖．Ti（C，N）粉末制备技术的研究及进展［J］．硬质合金，2005，22（1）：51~55.
[24] 王佳．PZT 压电陶瓷制备工艺及性能研究［D］．哈尔滨：哈尔滨理工大学，2009.
[25] 熊焰．二硼化钛基金属陶瓷研究进展［J］．硅酸盐通报，2005（1）：60~64.
[26] 牟国洪．PZT 压电陶瓷粉体合成的研究进展［J］．中国陶瓷，2003，39（4）：11~15.

[27] 冯秀丽．钛酸盐功能材料的研究与应用［J］．化学进展，2005，11（6）：1019~1024.
[28] 周兰花．钛铁矿流态化氧化机理研究［J］．有色金属（冶炼部分），2003（4）：12~15.
[29] 纪鹏飞．钛酸钡压电陶瓷的制备与物性研究［D］．济南：山东大学，2013.
[30] 肖新星．NbTi 超导材料及其产业化前景分析［J］．科技和产业，2012，12（9）：37~39.
[31] 陈自力．铌钛超导体的非合金化制备［J］．低温物理学报，2005，27（5）：791~794.
[32] 王志．Ti/Al_2O_3 系梯度功能材料研究动态［J］．硅酸盐通报，2003（4）：50~56.
[33] 陈艳林．Ti 基功能梯度材料的研究进展［J］．材料导报，2012，26（19）：267~271.
[34] 李永．钛基梯度功能材料的复合结构研究进展［J］．稀有金属材料与工程，2005，34（2）：178~182.
[35] 全琳卡．钛生物种植体表面羟基磷灰石生成技术发展现状［J］．材料热处理技术，2010，39（22）：106~109.
[36] 黄子良．精制 $TiCl_4$ 蒸馏釜残液水解回收处理研究［J］．钛工业进展，2008，25（5）：35~38.
[37] 徐涛．医用钛表面羟基磷灰石涂层制备方法的研究现状［J］．云南冶金，2012，41（6）：53~56.
[38] 石玉英．水解沉降粗四氯化钛去除三氯化铝的工艺条件研究［J］．钛工业进展，2013，30（4）：36~40.
[39] 邓林龙．钙钛矿太阳能电池材料和器件的研究进展［J］．唐山工程技术学院学报，2015，54（5）：619~623.
[40] 周真一．TiO_2 光催化剂的研究进展及其应用［J］．山东陶瓷，2010，33（3）：17~22.
[41] 刘海涛．二氧化钛光催化剂载体研究进展［J］．重庆工商大学学报（自然科学版），2012，29（10）：73~77.
[42] 刘晔．钒酸盐类光催化剂的研究进展［J］．硅酸盐通报，2009，28（6）：1220~1225.
[43] 修大鹏．钒钛黑瓷的制造工艺及其在现代工业中的应用［J］．中国陶瓷，2008，44（4）：41~45.
[44] 于艳辉．纳米二氧化钛光催化剂研究进展［J］．材料导报，2008，22（X）：54~59.
[45] 潘欢欢．钛酸盐体系长余辉发光材料研究进展［J］．广州化工，2010，38（2）：3~7.
[46] 沈雷军．稀土钒酸盐体系发光材料研究进展［J］．稀土，2015，36（6）：129~135.
[47] 李健．钛酸盐发光材料的制备与荧光性能研究［D］．哈尔滨：哈尔滨理工大学，2015.
[48] 杨绍利．利用攀西钒资源研究开发钒功能材料展望［J］．钢铁钒钛，2016，37（2）：84~91.
[49] 杨绍利．VO_2 薄膜制备及其应用性能基础研究［D］．重庆：重庆大学，2003.
[50] 乔威．钒氧化物薄膜材料的制备［D］．昆明：昆明理工大学，2006.
[51] 晏鲜梅．氮化钛硬质薄膜的制备方法［J］．材料导报，2006，20（4）：236~241.
[52] 周长培．钛系化合物薄膜/多层膜的研究进展［J］．热加工工艺，2012，41（14）：151~155.
[53] 崔爱莉，王亭杰，金涌．TiO_2 表面包覆 SiO_2 和 Al_2O_3 的机理和结构分析［J］．高等学校化学学报，1998，19（11）：1727~1729.

[54] 邹建新，杨成，彭富昌．TiO_2 颗粒表面包覆 Al_2O_3/ZrO_2 复合膜制备高耐候性钛白［J］．矿冶工程，2009（1）：31~35.
[55] 王韫，严继康．钛白表面包膜的表征及机理［D］．昆明：昆明理工大学，2011.
[56] 梁焕龙，朱挺健．低浓度钛液水解制备偏钛酸的研究［J］．有色金属（冶炼部分），2014（7）：25~28.
[57] 田从学．煅烧时间对低浓度工业钛液制备锐钛型颜料钛白的影响研究［J］．钢铁钒钛，2012，33（5）：1~4.
[58] 崔爱莉，王亭杰，金涌．二氧化钛表面包覆氧化硅纳米膜的热力学研究［J］．高等学校化学学报，2001，22（9）：1543~1545.
[59] 崔爱莉，王亭杰，金涌．二氧化钛颗粒表面包覆 SiO_2 纳米膜的动力学模型［J］．高等学校化学学报，2000，21（10）：1560~1562.
[60] 彭兵．复杂硫酸盐溶液体系水解制取钛白的热力学研究［J］．湖南有色金属，1997，13（2）：47~50.
[61] 郝琳，卫宏远．二氧化钛水解过程的系统研究及优化［D］．天津：天津大学，2006.
[62] 彭兵．含钛高炉渣水解制取钛白的动力学研究［J］．湖南大学学报，1997，24（2）：31~34.
[63] 张登松，马寒冰．金红石型纳米二氧化钛表面包覆的若干研究［J］．应用化工，2003，32（6）：1~4.
[64] 邹建新，王荣凯，郑洪．回转窑煅烧钛白参数优化研究［J］．钛工业进展，2000（2）：38~40.
[65] 邹建新．回转窑煅烧钛白参数优化研究［D］．北京：清华大学，2000.
[66] 康春雷，李春忠．金红石型钛白粉表面包覆氧化铝的形态及机理［J］．华东理工大学学报，2001，27（6）：631~634.
[67] 石合立．锐钛型钛白生产中的盐处理及煅烧研究［J］．涂料工业，1995（4）：21~24.
[68] 杨成，邹建新．酸溶性钛渣制取钛白的酸解动力学［J］．矿产综合利用，2007（6）：24~27.
[69] 金斌．钛白粉水分散性机理的探讨［J］．涂料工业，2003，33（3）：17~19.
[70] 李向军，田建华．钛白生产中偏钛酸煅烧工艺的研究［D］．天津：天津大学，2006.
[71] 赵薇．氮化钛粉末制备的动力学和热力学研究［D］．西安：西安建筑科技大学，2004.
[72] 孙金峰．反应球磨钛与尿素制备氮化钛的反应机理研究［J］．无机材料学报，2009，24（4）：759~762.
[73] 朱联锡．高频等离子法制取超细氮化钛反应动力学研究［J］．金属学报，1990，26（1）：55~58.
[74] 郭海明．化学气相沉积碳化钛的热力学和动力学研究［J］．材料工程，1998（10）：25~27.
[75] 张建东．铝热法熔炼高钛铁的热力学分析及工艺探讨［J］．铁合金，2009（5）：11~13.
[76] 方民宪．碳热还原法制取碳氮化钛的热力学原理分析［J］．昆明理工大学学报（理工版），2006，31（5）：6~10.

[77] 黄利军．钛吸氢和放氢动力学［J］．金属功能材料，1998，5（3）：124~127.
[78] 罗雷，毛小南．电子束冷床熔炼 TC4 合金温度场模拟［J］．中国有色金属学报，2010，20（1）：404~408.
[79] 雷文光，于南南．电子束冷床熔炼 TC4 钛合金连铸凝固过程数值模拟［J］．中国有色金属学报，2010，20（1）：381~385.
[80] 田世藩，马济民．电子束冷炉床熔炼 EBCHM 技术的发展与应用［J］．材料工程，2012（2）：77~82.
[81] 李新生．高钙低品位钒渣焙烧-浸出反应过程机理研究［D］．重庆：重庆大学，2011.
[82] 高峰．偏钒酸铵的制备及沉钒动力学［J］．硅酸盐学报，2011，99（9）：1423~1427.
[83] 陈海军．两步法制备钒铝合金试验研究［J］．钢铁钒钛，2012，33（6）：11~15.
[84] 喇培清．铝热法制备高钒铝合金的研究［J］．粉末冶金技术，2012，30（5）：371~375.
[85] 徐先锋，王玺堂．氮化钒制备过程的研究［D］．武汉：武汉科技大学，2003.
[86] 梁连科．金属钒（V）、碳化钒（VC）和氮化钒（VN）制备过程的热力学分析［J］．钢铁钒钛，1999，20（3）：43~48.
[87] 吴恩熙，颜练武．氧化钒制取碳化钒的热力学分析［J］．硬质合金，2004，21（1）：1~5.
[88] 于三三，付念新．一步法合成碳氮化钒的动力学研究［J］．稀有金属，2008，32（1）：84~87.
[89] 陈志超，薛正良．用五氧化二钒制备氮化钒的基础研究［D］．武汉：武汉科技大学，2012.
[90] 吴恩熙，颜练武．直接碳化法制备碳化钒的热力学分析［J］．粉末冶金材料科学与工程，2004，9（3）：192~195.
[91] 许昂风，许茜．钒电池电解液热力学性质的研究［D］．沈阳：东北大学，2012.
[92] 吴雄伟．钒电解液的绿色制备及其热力学分析［J］．无机材料学报，2011，26（5）：535~538.
[93] 许维国．钒液流电池电解液的热力学研究进展［J］．储能科学与技术，2014，3（5）：513~517.
[94] 罗冬梅，隋智通．钒氧化还原液流电池研究［D］．沈阳：东北大学，2005.
[95] 李思昊，任广军．全钒氧化还原液流电池电解液性能的研究［D］．沈阳：沈阳理工大学，2013.
[96] 贾志军．全钒液流电池阳极电偶中 VO^{2+} 氧化反应动力学研究［J］．电源技术，2013，137（4）：582~585.
[97] 邹建新，彭富昌．钒钛概论［M］．北京：冶金工业出版社，2019.
[98] 邹建新，崔旭梅，彭富昌．钒钛化合物及热力学［M］．北京：冶金工业出版社，2019.
[99] 董晓蓉，左孝青，钟子龙，等．医用多孔 Ni-Ti 形状记忆合金的制备和性能研究进展［J］．材料导报，2014，28（2）：71~77.
[100] 周宇．新型医用钛合金的制备、热机械加工工艺及表面生物活化研究［D］．天津：天津大学，2010.

[101] 蒋利军．钛铬钒储氢合金及其复合材料的研究［D］．北京：北京有色金属研究总院，2015.

[102] 詹斌．超细晶粒 Ti（C，N）基金属陶瓷组织与性能及其刀具切削行为的研究［D］．合肥：合肥工业大学，2013.

[103] 王燕．钙钛矿型无铅压电陶瓷的液相法制备及电学性质研究［D］．成都：成都理工大学，2014.

[104] 马权．Nb、Ti、Ta 扩散行为对 NbTiTa 超导线材制备的影响［J］．材料导报，2007，21（4）：135~137.

[105] 李兰兰．羟基磷灰石/钛金属梯度生物涂层的制备及性能研究［D］．石家庄：石家庄铁道大学，2015.

[106] 乔芸．钛基氧化物锂离子电池负极材料的制备及电化学性能研究［D］．武汉：华中科技大学，2013.

[107] 谢宝庚．稀土钒酸盐的制备及发光和催化性能研究［D］．上海：华东理工大学，2011.

[108] 李欣荣．氧化钒-氧化石墨烯复合薄膜的制备及其光电特性［J］．复合材料学报，2018，35（7）：1903~1911.